スバラシク得点できると評判の

2025年度版

快速！解答

共通テスト

# 数学 I・A

馬場敬之
けいし

マセマ出版社

# ◆ はじめに ◆

みなさん，こんにちは。マセマの**馬場敬之（ばばけいし）**です。これから「**2025 年度版 快速！解答 共通テスト 数学 I・A**」の講義を始めます。

共通テストは国公立大の **2** 次試験や私立大の試験と違って，特殊な要素を沢山持っているので，"**何を**"，"**どのくらい**"，"**どのように**"勉強したらいいのか悩んでいる人が多いと思う。

また，**2022** 年度の共通テスト数学 I・A のように急に難化して平均点が **40** 点前後と異常に低くなるような場合もあるので，不安に感じている人も多いと思う。

しかし，このような状況下でも平均点よりも高い得点を取れれば志望校への合格の道が開けるわけだから，それ程心配する必要はないんだね。要は正しい方法でシッカリ対策を立て，それに従って学習していけばいいだけだからだ。

それでは共通テスト数学 I・A の特徴をまず下に列挙して示そう。

**(1) マーク式の試験なので，結果だけが要求される。**

**(2) 制限時間が 70 分の短時間の試験である。**

**(3) 問題の難度は，各設問の前半は易しいが，最後の方の問題では 2 次試験レベルのものや，計算がかなり大変なものも出題される。**

**(4) 誘導形式の問題が多く，いずれも問題文が冗長で異常に長い。**

共通テストでは，このように限られた短い時間しか与えられていないにも関わらず**冗長な長文問題**として出題され，さらに，花子や太郎という謎のキャラクターまで登場して冗長度に拍車（はくしゃ）がかけられており，しかも，各設問の最後の方は計算量も多く，難度も **2** 次試験レベルのものが出題されていたりするので，多くの受験生は時間を消耗して，思うように実力が出せず，低い得点しか取れなかったりするんだね。

このように**奇妙な特徴**をもつ共通テストだけれど，これを確実に攻略していくための **2** つのポイントを次に示そう。

ポイント1 まず，各設問毎に設定した**時間を必ず守って**解くことだね。与えられた時間内で，長文の問題であれば，冗長な部分は読み飛ばして**問題の本質**をつかみ，できるだけ問題を解き進めて深掘りし，できなかったところは最後は勘でもいいから解答欄を埋めることだ。そして，時間になると**頭をサッと切り替えて**次の問題に移り，同様のことを繰り返せばいいんだね。

ここで，決してやってはいけないことは，後半の解きづらい問題や計算の繁雑な問題にこだわって時間を消耗してしまうことだ。**5**分や**6**分の時間のロスが致命傷になるので，「**必ず易しい問題や自分の解き得る問題をすべて解く**」ということを心がけよう。このやり方を守れば，自分の実力通りの結果を得ることができるはずだ。

ポイント2 では次に，実力をどのように付けるか？そのために，この「**2025年度版 快速！解答 共通テスト数学 I・A**」があるんだね。これで，共通テストの標準的な問題を，与えられた制限時間内で必ず解けるようになるまで反復練習しよう。

以上**2**つのポイントで，共通テストでも平均点以上の得点を得られるはずだ。しかし，難化している共通テストをさらに高得点で乗り切るために次の参考書と問題集で練習しておくといいんだね。

・「**元気が出る数学 I・A**」，「**元気に伸びる数学 I・A 問題集**」

（これは，**2**次試験の易しい受験問題用の参考書と問題集だけれど，共通テストでも得点力アップが図れるはずだ。）

・「**合格！数学 I・A**」，「**合格！数学 I・A 実力 UP! 問題集**」

（これは，**2**次試験の本格的な受験問題用の参考書と問題集だけれど，共通テストの最後の高難度の問題を解くためにも役に立つはずだ。）

共通テストは本当に受験生にとって，やりづらい試験であるけれど，皆さんがこれを高得点で，そして笑顔で乗り切れることをマセマ一同，いつも心より祈っている！

マセマ代表　馬場 敬之

この**2025**年度版では，補充問題として，典型的な $A \cdot B = n$ 型の整数問題を加えました。

この本で学習した後は，実践的な練習として，実際の共通テストの**5**年分の過去問を，マセマ流に分かり易く解説した「**トライアル 共通テスト 数学 I・A 過去問題集**」で勉強することができます。これは マセマ**HP**の**EC**サイトから**E**ブック（電子書籍）としてまず先行発売致します。

3

# ◆ 目 次 ◆

4

# 講義1 数 と 式

## 有理化、1次方程式をマスターしよう！

- ▶因数分解
- ▶式の値の計算（有理化・対称式）
- ▶相加・相乗平均の不等式
- ▶1次方程式・1次不等式
- ▶1次不等式の理論

# ◆講◆義◆① 数と式

　さァ，これから，共通テスト数学 **I・A** の講義を始めよう。最初に扱うテーマは，**"数と式"** だよ。これは，共通テストの必答問題として，重要なテーマであるだけでなく，他の分野の問題を解いていく上でもその基礎として重要なので，当然初めにマスターしておく必要があるんだね。

　しかも，結構手応えのある問題も出題されることがあるから，これからの講義をよく聞いて，ここでシッカリマスターしておこう。

　それでは，**"数と式"** の中でこれから出題が予想される分野をまとめて示しておこう。

・因数分解

・式の値の計算（有理化，対称式）

・相加・相乗平均の不等式

・**1** 次方程式・**1** 次不等式（絶対値の入ったものも含む）

・**1** 次不等式の理論

共通テストの場合，特に時間が限られているので，出題が予想される典型的な問題については，解法の糸口，解法の流れ，計算テクニックに至るまで，自分の頭にシッカリ定着するまで何度でも反復練習しておくんだよ。もちろん，解き方を知らない問題を最初に解くときは，初めは時間がかかると思う。でも，一旦，その解法を理解したならば，後は，スラスラ解けるようになるまで，反復練習することだ。

　本書は，繰り返し練習することにより，本物の実力が身に付く良問ばかりで構成しているから，これで，本番の試験でも高得点が狙えるようになるはずだ。楽しみだね。夢をもって頑張ろうな！

## ● まず，因数分解の問題から始めよう！

　因数分解は，共通テストの頻出テーマではないけれど，もし出題されるとしたら，次のような **2** 次式を中心とした因数分解の問題になると思う。

| 演習問題 1 | 制限時間 5 分 | 難易度 ★ | CHECK*1* | CHECK*2* | CHECK*3* |

次の各式を因数分解すると，

(1) $xy + x - 3y - bx + 2ay + 2a + 3b - 2ab - 3$

$\qquad = (x + \boxed{\ ア\ } a - \boxed{\ イ\ })(y - \boxed{\ ウ\ } b + \boxed{\ エ\ })$ となる。

(2) $2x^2 - 5xy - 3y^2 + x + 11y - 6$

$\qquad = (\boxed{\ オ\ } x + y - \boxed{\ カ\ })(x - \boxed{\ キ\ } y + \boxed{\ ク\ })$ となる。

(3) $(x-1)(x+2)(x-3)(x+4) + 24$

$\qquad = (x - \boxed{\ ケ\ })(x + \boxed{\ コ\ })(x^2 + x - \boxed{\ サ\ })$ となる。

> **ヒント！** (1) $x, y, a, b$ のいずれでまとめてもいいけれど，ここでは $x$ でまとめてみよう。(2) 2 つの文字の入った整式の因数分解だね。これも，$x$ の 2 次式として因数分解すると，"たすきがけ"の因数分解の問題になる。(3) 一見難しそうに見えるけれど，$x^2 + x = A$ とおくと，$A$ の 2 次式の因数分解に帰着する。

### 解答 & 解説

(1) $\underline{\underline{xy}} + \underline{\underline{x}} - 3y - b\underline{\underline{x}} + 2ay + 2a + 3b - 2ab - 3$

$= \underline{\underline{x}}(y - b + 1) - 3y + 2ay + 2a + 3b - 2ab - 3$

$\qquad$ 残りについても $y - b + 1$ の形を捜す。

$= x(y - b + 1) - 3(y - b + 1) + 2a(y - b + 1)$

$\qquad$ $-3$ をくくり出した $\quad$ $2a$ をくくり出した

$= (y - b + 1)(x - 3 + 2a)$

$= (x + 2a - 3)(y - 1 \cdot b + 1)$ (答)(ア, イ, ウ, エ)

◇ $x, y, a, b$ のいずれの文字で見ても 1 次式なので，どの文字でまとめてもいいけれど，ここでは $x$ でまとめた。

◇ $y - b + 1$ が共通因数となるので，これをくくり出せばいい。

(2) $2\underline{\underline{x^2}} - 5\underline{\underline{x}}y - 3y^2 + \underline{\underline{x}} + 11y - 6$ $\quad$ $x$ から見たら定数項

$= 2\underline{\underline{x^2}} - (5y - 1)\underline{\underline{x}} - (3y^2 - 11y + 6)$

$\qquad$ $\begin{matrix} 3 & & -2 \\ & \times & \\ 1 & & -3 \end{matrix}$

$= 2x^2 - (5y - 1)x - (3y - 2)(y - 3)$

$\begin{matrix} 2 & & (y-3) \rightarrow & y - 3 \\ & \times & \\ 1 & & -(3y-2) \rightarrow & \dfrac{-6y+4}{-5y+1}( + \end{matrix}$

$= \{2x + (y - 3)\}\{x - (3y - 2)\}$

$= (2x + y - 3)(x - 3y + 2)$ …(答)(オ, カ, キ, ク)

◇ $x$ の 2 次式とみて，$x$ でまとめる。

◇ $y$ の 2 次式のたすきがけによる因数分解

◇ $x$ の 2 次式のたすきがけによる因数分解

### ココがポイント

9

(3) $(x-1)(x+2)(x-3)(x+4)+24$

$= \underline{(x^2+x-2)}\,\underline{\underline{(x^2+x-12)}}+24$

       Ⓐ        Ⓐ とおく

ここで，$x^2+x=A$ とおくと，

与式 $=(A-2)(A-12)+24$ ← Ⓐ の 2 次式

    $=A^2-14A+24+24$

    $=A^2\underline{-14A}+\underline{48}$

    たして $(-6)+(-8)$   かけて $(-6)\times(-8)$

    $=(A-6)(A-8)$

ここで，$A$ に $x^2+x$ を代入して，

与式 $=(x^2+1\cdot x-6)(x^2+x-8)$

    たして $(-2)+3$   かけて $(-2)\times 3$

    $=(x-2)(x+3)(x^2+x-8)$ ……………(答)

    (ケ, コ, サ)

⇦ $(x-1)(x+2)=x^2+2x-x-2$
              $=x^2+x-2$

   $(x-3)(x+4)=x^2+4x-3x-12$
              $=x^2+x-12$

となって，いずれも $x^2+x$ が出てくる。よって，$x^2+x=A$ とおくと，$A$ の 2 次式の因数分解の問題になるんだね。

⇦ $x^2+x-8$ の方はもう因数分解はできない形だ。

## ● 有理化と式の値は，共通テストでは頻出だ！

では次，分数式の有理化と式の値の問題を解いてみよう。これは，過去問だよ。

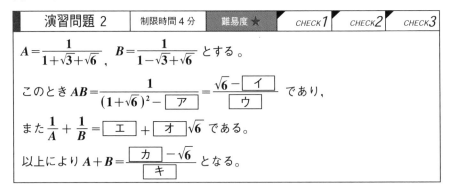

| 演習問題 2 | 制限時間 4 分 | 難易度 ★ | CHECK*1* | CHECK*2* | CHECK*3* |
|---|---|---|---|---|---|

$A=\dfrac{1}{1+\sqrt{3}+\sqrt{6}}$ ， $B=\dfrac{1}{1-\sqrt{3}+\sqrt{6}}$ とする。

このとき $AB=\dfrac{1}{(1+\sqrt{6})^2-\boxed{ア}}=\dfrac{\sqrt{6}-\boxed{イ}}{\boxed{ウ}}$ であり，

また $\dfrac{1}{A}+\dfrac{1}{B}=\boxed{エ}+\boxed{オ}\sqrt{6}$ である。

以上により $A+B=\dfrac{\boxed{カ}-\sqrt{6}}{\boxed{キ}}$ となる。

ヒント！ $A$，$B$ の共に分母に無理数が 2 つずつあるので，ていねいに有理化しよう。また，誘導形式の問題なので，流れに従って解いていくことも大切なんだね。

## 解答＆解説

$A = \dfrac{1}{1+\sqrt{6}+\sqrt{3}}$ , $B = \dfrac{1}{1+\sqrt{6}-\sqrt{3}}$ より,

・$AB = \dfrac{1}{1+\sqrt{6}+\sqrt{3}} \cdot \dfrac{1}{1+\sqrt{6}-\sqrt{3}}$

$= \dfrac{1}{\underbrace{(1+\sqrt{6})^2 - 3}_{2(\sqrt{6}+2)}}$ ·················(答)(ア)

$= \dfrac{1}{2} \cdot \dfrac{\sqrt{6}-2}{\underbrace{(\sqrt{6}+2)(\sqrt{6}-2)}_{(\sqrt{6})^2 - 2^2 = 6-4 = 2}}$ ← 分子・分母に $\sqrt{6}-2$ をかけた。

$= \dfrac{\sqrt{6}-2}{4}$ ··········①·········(答)(イ，ウ)

・$\dfrac{1}{A} + \dfrac{1}{B} = 1+\sqrt{6}+\sqrt{3} + 1+\sqrt{6}-\sqrt{3}$

$= 2 + 2\sqrt{6}$ ······②······(答)(エ，オ)

以上①，②より，

$\dfrac{1}{A} + \dfrac{1}{B} = \dfrac{B+A}{AB} = \dfrac{A+B}{AB}$

$\therefore A+B = \underbrace{AB}_{\frac{\sqrt{6}-2}{4}\,(①より)} \cdot \underbrace{\left( \dfrac{1}{A} + \dfrac{1}{B} \right)}_{2(\sqrt{6}+1)\,(②より)}$

$= \dfrac{1}{2}(\sqrt{6}-2)(\sqrt{6}+1)$

$= \dfrac{1}{2}(6 + \sqrt{6} - 2\sqrt{6} - 2)$

$= \dfrac{4-\sqrt{6}}{2}$ ·····················(答)(カ，キ)

## ココがポイント

⇦ $a^2 - b^2 = (a+b)(a-b)$ より,
$\{(1+\sqrt{6})+\sqrt{3}\}\{(1+\sqrt{6})-\sqrt{3}\}$
$= (1+\sqrt{6})^2 - (\sqrt{3})^2$
$= 1 + 2\sqrt{6} + 6 - 3$
$= 2\sqrt{6} + 4$
$= 2(\sqrt{6}+2)$

⇦ $A+B$ の値を求めるのに，①，②を利用すると早い。このような誘導形式が共通テストの特徴の1つなんだね。

それでは，もう1題，有理化と式の値の問題を解いてみよう。次も制限時間は4分なので，サクサク計算しよう。

$\dfrac{1}{1+\sqrt{2}-\sqrt{3}}$ の整数部分を $a$，小数部分を $b$ とおくと，

$a = \boxed{\phantom{ア}}$，$b = \dfrac{\sqrt{\boxed{\phantom{イ}}}+\sqrt{2}-\boxed{\phantom{ウ}}}{4}$ となる。

このとき，$4ab+4b^2 = \sqrt{\boxed{\phantom{エ}}} + \boxed{\phantom{オ}}$ となる。

**ヒント！** $\dfrac{1}{1+\sqrt{2}-\sqrt{3}}$ を有理化するために，この分子・分母に $(1+\sqrt{2})+\sqrt{3}$ をかけるといいよ。また，$\sqrt{2}=1.41\cdots$，$\sqrt{6}=2.44\cdots$ などは当然覚えておくんだよ。これから，$a$ や $b$，そして $4ab+4b^2$ の値が求められるからだ。

## 解答&解説

$\dfrac{1}{1+\sqrt{2}-\sqrt{3}}$ を有理化するために，分子・分母に $(1+\sqrt{2})+\sqrt{3}$ をかけると，

$$\dfrac{1}{1+\sqrt{2}-\sqrt{3}}=\dfrac{(1+\sqrt{2})+\sqrt{3}}{\{(1+\sqrt{2})-\sqrt{3}\}\{(1+\sqrt{2})+\sqrt{3}\}}$$

$$=\dfrac{(1+\sqrt{2})+\sqrt{3}}{\underbrace{(1+\sqrt{2})^2}_{1^2+2\cdot1\cdot\sqrt{2}+(\sqrt{2})^2}-\underbrace{(\sqrt{3})^2}_{3}}$$

**ココがポイント**

⇐分子・分母に $(1+\sqrt{2})+\sqrt{3}$ をかけて，分母を $(1+\sqrt{2})^2-(\sqrt{3})^2$ の形にもち込む!

よって，

$$\dfrac{1}{1+\sqrt{2}-\sqrt{3}}=\dfrac{1+\sqrt{2}+\sqrt{3}}{\cancel{1}+2\sqrt{2}+\cancel{2}-\cancel{3}}=\dfrac{1+\sqrt{2}+\sqrt{3}}{2\sqrt{2}}$$

$$=\dfrac{\sqrt{2}(1+\sqrt{2}+\sqrt{3})}{4}$$ ← 分子・分母に $\sqrt{2}$ をかけた。

⇐これで，分母が有理化できた!

$$=\dfrac{\sqrt{2}+2+\sqrt{6}}{4}=\dfrac{\overset{2.4}{\sqrt{6}}+\overset{1.4}{\sqrt{2}}+2}{4} \quad \cdots\cdots①$$

ここで，$\sqrt{2}\fallingdotseq1.4$，$\sqrt{6}\fallingdotseq2.4$ より，

⇐ここで，$\sqrt{2}\fallingdotseq1.4$ $\sqrt{6}\fallingdotseq2.4$ だね。

$$\text{与式} \fallingdotseq \frac{2.4+1.4+2}{4} = \frac{5.8}{4} \qquad \therefore \text{与式} = 1.\overbrace{4\cdots\cdots}^{\text{小数部分 } b}$$

（小数部分 $b$）

（整数部分 $a$）

⇦これで，整数部分 $a=1$ が分かるので，$b$ は，与式 $-1$ で求められる。

よって，$\dfrac{1}{1+\sqrt{2}-\sqrt{3}}$ の整数部分 $a$ は，$a=1\cdots$（答）（ア）

となる。また，$\dfrac{1}{1+\sqrt{2}-\sqrt{3}}$ から $a$ を引いたものが

小数部分 $b$ なので，

$$b = \frac{\sqrt{6}+\sqrt{2}-2}{4} \quad \cdots\cdots \text{②となる。} \cdots\cdots\text{（答）（イ，ウ）}$$

⇦$b = \dfrac{\sqrt{6}+\sqrt{2}+2}{4} - \overset{a}{\underset{1}{\boxed{1}}}$

$= \dfrac{\sqrt{6}+\sqrt{2}+2-4}{4}$

以上①，②より，$4ab+4b^2$ の値を求める。

$$4ab+4b^2 = 4b(a+b) \longleftarrow \boxed{\text{共通因数 } 4b \text{ をくくり出す}}$$

$\boxed{\dfrac{\sqrt{6}+\sqrt{2}-2}{4} \text{（②より）}}$ $\boxed{\dfrac{\sqrt{6}+\sqrt{2}+2}{4} \text{（①より）}}$

$$= \cancel{4} \cdot \frac{\sqrt{6}+\sqrt{2}-2}{\cancel{4}} \cdot \frac{\sqrt{6}+\sqrt{2}+2}{4}$$

$$= \frac{1}{4}\{(\sqrt{6}+\sqrt{2})-2\}\{(\sqrt{6}+\sqrt{2})+2\}$$

⇦$(a-b)(a+b)=a^2-b^2$
ここで，$a=\sqrt{6}+\sqrt{2}$
$b=2$ と考えよう。

$$= \frac{1}{4}\{\underbrace{(\sqrt{6}+\sqrt{2})^2}-\underbrace{2^2}_{\boxed{4}}\}$$

$\boxed{\begin{array}{l}6+2\sqrt{6}\cdot\sqrt{2}+2\\=6+4\sqrt{3}+2\end{array}}$

$$= \frac{1}{4}(8+4\sqrt{3}-4)$$

$$= \frac{4\sqrt{3}+4}{4} = \sqrt{3}+1 \quad \cdots\cdots\cdots\cdots\text{（答）（エ，オ）}$$

　以上で，有理化の数と式の問題にも慣れることができたと思う。計算は，まず正確さが必要なんだね。そして，正確に答えが出せるようになったら，今度は，制限時間内に解けるように，時間を意識して，解いていってくれ。

　では次，典型的な式の値の計算の問題にチャレンジしよう。これも，正確さと時間を意識しながら解いていこう。

| 演習問題 4 | 制限時間 6 分 | 難易度 ★ | CHECK 1 | CHECK 2 | CHECK 3 |

**(1)** $x + \dfrac{1}{x} = 3$ のとき,

  （ i ）$x^2 + \dfrac{1}{x^2} = \boxed{\ ア\ }$, （ ii ）$\left| x - \dfrac{1}{x} \right| = \sqrt{\boxed{\ イ\ }}$ である。

**(2)** $xyz = 1$ のとき,

$$\dfrac{x}{xy + x + 1} + \dfrac{y}{yz + y + 1} + \dfrac{z}{zx + z + 1} = \boxed{\ ウ\ }$$ である。

ヒント！ **(1)( i )** ではまず, $x + \dfrac{1}{x} = 3$ の両辺を 2 乗してみよう。また, **( ii )** では $|a|^2 = a^2$ となることに気を付けて解こう。**(2)** は, $z = \dfrac{1}{xy}(xy \neq 0)$ を与式に代入して, $x$ と $y$ だけの式にすると, 話が見えてくるはずだ。頑張ろう！

## 解答＆解説 / ココがポイント

**(1)** $x + \dfrac{1}{x} = 3$ ……① とおく。

⇦ $\dfrac{1}{x}$ があるので, 当然 $x \neq 0$ だ！

  （ i ）①の両辺を 2 乗して,

$$\left( x + \dfrac{1}{x} \right)^2 = 9$$

⇦ $(a+b)^2 = a^2 + 2ab + b^2$

$$x^2 + 2 \cdot \not{x} \cdot \dfrac{1}{\not{x}} + \dfrac{1}{x^2} = 9$$

$$x^2 + \dfrac{1}{x^2} = 9 - 2 = 7 \ \text{……②}\text{……………(答)(ア)}$$

  （ ii ）$\left| x - \dfrac{1}{x} \right|$ を 2 乗して, $\boxed{(a-b)^2 = a^2 - 2ab + b^2}$

$$\left| x - \dfrac{1}{x} \right|^2 = \left( x - \dfrac{1}{x} \right)^2 = x^2 - 2 \cdot \not{x} \cdot \dfrac{1}{\not{x}} + \dfrac{1}{x^2}$$

$$= x^2 + \dfrac{1}{x^2} - 2 = 7 - 2 = 5 \quad (\text{②より})$$

⇦ $|a|^2 = a^2$ となる。なぜなら, ( i ) $a \geqq 0$ のときは, $|a| = a$ で $|a|^2 = a^2$ だし, ( ii ) $a < 0$ のとき, $|a| = -a$ だけど, $|a|^2 = (-a)^2 = a^2$ となるからだ。

14

よって，$\left|x-\dfrac{1}{x}\right| \geqq 0$ より，

$$\left|x-\dfrac{1}{x}\right| = \sqrt{5} \quad\cdots\cdots\cdots\cdots\cdots\cdots\text{(答)(イ)}$$

(2) $xyz=1$ のとき，$xy \neq 0$ より，$z=\dfrac{1}{xy}\cdots$③ となる。

⇦ $xyz=1$ から，
$z=\dfrac{1}{xy}$ として，これを与式に代入すれば，$x$ と $y$ だけの式になって単純化できるんだね。

③を与式に代入すると，

$$\dfrac{x}{xy+x+1}+\dfrac{y}{y\boxed{z}+y+1}+\dfrac{\boxed{\dfrac{1}{xy}}\raisebox{0pt}{$\boxed{z}$}}{\boxed{z}x+\boxed{z}+1}$$

$$=\dfrac{x}{xy+x+1}+\dfrac{y}{y\cdot\dfrac{1}{xy}+y+1}+\dfrac{\dfrac{1}{xy}}{\dfrac{1}{xy}\cdot x+\dfrac{1}{xy}+1}$$

$$=\dfrac{x}{xy+x+1}+\dfrac{y}{y+1+\dfrac{1}{x}}+\dfrac{\dfrac{1}{xy}}{1+\dfrac{1}{y}+\dfrac{1}{xy}}$$

分子・分母に $x$ をかけた！

分子・分母に $xy$ をかけた！

$$=\dfrac{x}{xy+x+1}+\dfrac{xy}{x\left(y+1+\dfrac{1}{x}\right)}+\dfrac{xy\cdot\dfrac{1}{xy}}{xy\left(1+\dfrac{1}{y}+\dfrac{1}{xy}\right)}$$

⇦ これで，分母がすべて $xy+x+1$ に通分できた！

$$=\dfrac{x}{xy+x+1}+\dfrac{xy}{xy+x+1}+\dfrac{1}{xy+x+1}$$

$$=\dfrac{x+xy+1}{xy+x+1}=\dfrac{xy+x+1}{xy+x+1}=1 \quad \text{となる。}\cdots\text{(答)(ウ)}$$

次に，$A = B = C$ の形で与えられた式の値の問題も解いてみよう。

(1) $\dfrac{a+b}{3} = \dfrac{b+c}{5} = \dfrac{c+a}{4} \neq 0$ のとき，

　　( i ) $\dfrac{b-c}{b-a} = \boxed{\text{アイ}}$ ，( ii ) $\dfrac{ab+bc+ca}{a^2+b^2+c^2} = \dfrac{\boxed{\text{ウエ}}}{14}$ である。

(2) $xyz \neq 0$ のとき，

　　$\dfrac{y+z}{x} = \dfrac{z+x}{y} = \dfrac{x+y}{z} = \boxed{\text{オ}}$ または $\boxed{\text{カキ}}$ である。

**ヒント!** (1)(2) 共に，$A = B = C$ の形の式の値の問題だ。この形がきたら，$A = B = C = k$ (定数) とでもおいて，これを $A = k$，$B = k$，$C = k$ の 3 つの式に分解して解くとうまくいくことが多い。是非，頭に入れておこう。

## 解答 & 解説

(1) $\dfrac{a+b}{3} = \dfrac{b+c}{5} = \dfrac{c+a}{4} = k$ $(k \neq 0)$ とおくと，

$\dfrac{a+b}{3} = k$，$\dfrac{b+c}{5} = k$，$\dfrac{c+a}{4} = k$ より，

$$\begin{cases} a+b = 3k & \cdots\cdots① \\ b+c = 5k & \cdots\cdots② \\ c+a = 4k & \cdots\cdots③ \end{cases} \text{となる。}$$

ここで，①+②+③を実行すると，

$2a+2b+2c = 3k+5k+4k$

$2(a+b+c) = 12k$ $\quad \therefore a+b+c = 6k \cdots\cdots④$

④−②より，$a = k$

④−③より，$b = 2k$

④−①より，$c = 3k$ となる。

$a = k$，$b = 2k$，$c = 3k$ $(k \neq 0)$ より，

( i ) $\dfrac{b-c}{b-a} = \dfrac{2k-3k}{2k-k} = \dfrac{-k}{k} = -1$ $\cdots\cdots$(答)(アイ)

## ココがポイント

⇦ $A = B = C$ の式がきたら，$A = B = C = k$ とおいて，$A = k$，$B = k$，$C = k$ と 3 つの式に分解する。

⇦ ①，②，③の辺々をバサッとたし合わせて，④式を導くことがコツだ!

⇦ $a+b+c = 6k \cdots\cdots④$
　 $b+c = 5k \cdots\cdots②$
④−②より，
$a = 6k-5k = k$
となる。以下同様!

⇦ $a = k$，$b = 2k$，$c = 3k$ を与式に代入する。

( ii ) $\dfrac{ab+bc+ca}{a^2+b^2+c^2}=\dfrac{k\cdot 2k+2k\cdot 3k+3k\cdot k}{k^2+(2k)^2+(3k)^2}$

⇦ $a=k$, $b=2k$, $c=3k$ を
与式に代入する。

$\qquad =\dfrac{2k^2+6k^2+3k^2}{k^2+4k^2+9k^2}=\dfrac{11k^2}{14k^2}=\dfrac{11}{14}$ ……(答)(ウエ)

**(2)** $xyz\neq 0$ のとき,

$\dfrac{y+z}{x}=\dfrac{z+x}{y}=\dfrac{x+y}{z}=k$ …⑤ (定数)とおくと,

⇦ $xyz\neq 0$ より,
$x\neq 0$ かつ $y\neq 0$ かつ
$z\neq 0$ となる。
( たとえば, $x=0$ とす
る と, $xyz=0\cdot yz=0$
となって矛盾するから
だ。( 背理法 ) )

$\dfrac{y+z}{x}=k$, $\quad \dfrac{z+x}{y}=k$, $\quad \dfrac{x+y}{z}=k$ より,

$\begin{cases} y+z=kx & \cdots\cdots ⑥ \\ z+x=ky & \cdots\cdots ⑦ \\ x+y=kz & \cdots\cdots ⑧ \end{cases}$

⇦ これも, $A=B=C=k$ と
おいて, $A=k$, $B=k$, $C$
$=k$ の 3 つの式に分解し
た! 今回は, この $k$ の
値を求める問題だ。

ここで, ⑥+⑦+⑧を実行すると,

$2(x+y+z)=kx+ky+kz$

$k(x+y+z)=2(x+y+z)$

$k(x+y+z)-2(x+y+z)=0$

⇦ この両辺を $x+y+z$ で割
って, $k=2$ としてはい
けない。
なぜって? $x+y+z=0$
であるかも知れないから
だ。

$\underset{\text{共通因数}}{\underline{k(x+y+z)}-2\underline{(x+y+z)}=0}$

$(k-2)(x+y+z)=0$

∴ ( i ) $\underline{k=2}$, または ( ii ) $x+y+z=0$

これは解の **1** つ (オ)

( i ) $k=\dfrac{y+z}{x}=\dfrac{z+x}{y}=\dfrac{x+y}{z}=2$ ………(答)(オ)

( ii ) $x+y+z=0$ のとき,

$y+z=-x$, $z+x=-y$, $x+y=-z$ を

⑤の各分子に代入すると,

$\dfrac{\overbrace{y+z}}{-x}=\dfrac{\overbrace{z+x}}{-y}=\dfrac{\overbrace{x+y}}{-z}=-1$ となる。…(答)(カキ)

どう? これで, $A=B=C$ の形の問題にも自信がもてるようになった?
この種の問題も, 出題されるかも知れないので, よ～く復習しておこう。

17

## ● 対称式・基本対称式を利用しよう！

次の 2 重根号と対称式の計算をやってみよう。

| 演習問題 6 | 制限時間 6 分 | 難易度 ★ | CHECK 1 | CHECK 2 | CHECK 3 |

$a = \sqrt{7 + 2\sqrt{12}}$, $b = \sqrt{7 - 2\sqrt{12}}$ のとき，

(1) $a^2 + b^2 = \boxed{アイ}$ であり，$\dfrac{b}{a} + \dfrac{a}{b} = \boxed{ウエ}$ である。

(2) $a^4 + b^4 = \boxed{オカキ}$ である。

---

**ヒント！** まず，$a$，$b$ の 2 重根号をはずせば，$a = 2 + \sqrt{3}$，$b = 2 - \sqrt{3}$ となるね。(1)(2) の式はすべて，$a$ と $b$ の対称式になっているから，こういうときは，基本対称式：$a + b$，$ab$ の値をまず求めるんだ。

---

### 解答＆解説

たして　かけて
$a = \sqrt{\boxed{7} + 2\sqrt{\boxed{12}}} = \sqrt{4} + \sqrt{3} = 2 + \sqrt{3}$

たして　かけて
$b = \sqrt{\boxed{7} - 2\sqrt{\boxed{12}}} = \underset{大}{\sqrt{4}} - \underset{小}{\sqrt{3}} = 2 - \sqrt{3}$

以上より，$a$，$b$ の 2 重根号をはずした結果は，

$a = 2 + \sqrt{3}$，$b = 2 - \sqrt{3}$

よって，
$$\begin{cases} a + b = 2 + \sqrt{3} + 2 - \sqrt{3} = 4 \\ a \cdot b = (2 + \sqrt{3})(2 - \sqrt{3}) = 4 - 3 = 1 \end{cases}$$

（基本対称式）

### ココがポイント

⇦ たして 7，かけて 12 となる 2 つの数は 4 と 3 だね。
∴ $\sqrt{4} + \sqrt{3}$ や $\sqrt{4} - \sqrt{3}$ となるんだね。

⇦ まず，基本対称式の値を求める。

---

### Baba のレクチャー

2 重根号のはずし方は，$a > b > 0$ として，次の通りだね。

(1) $\sqrt{(a + b) + 2\sqrt{ab}} = \sqrt{a} + \sqrt{b}$
　　　たして　　かけて

(2) $\sqrt{(a + b) - 2\sqrt{ab}} = \sqrt{a} - \sqrt{b}$
　　　たして　　かけて

$(\sqrt{a} \pm \sqrt{b})^2 = a \pm 2\sqrt{ab} + b$
$(\oplus (\because a > b > 0))$
なので，この両辺の正の平方根をとって，
$\sqrt{a} \pm \sqrt{b} = \sqrt{(a + b) \pm 2\sqrt{ab}}$ が導ける！

## Baba のレクチャー

一般に，2 つの文字 $a$ と $b$ で表された式で，$a^2+b^2$ や $a^3+b^3$ などのように $a$ と $b$ を入れ替えても変化しない式を対称式といい，この中でも特に基本的な 2 つの式：$a+b$ と $ab$ を基本対称式と呼ぶんだね。

そして，対称式 $(a^2+b^2,\ a^2b+ab^2$ など…$)$ はすべて基本対称式 $(a+b$ と $ab)$ で表すことができることを覚えておこう！

$(ex)$ (1) $a^2+b^2=(a+b)^2-2ab$

(2) $a^2b+ab^2=ab(a+b)$

> すべて基本対称式
> $(a+b$ と $ab)$ で表せる

ここで，基本対称式の値が，$a+b=4$，$ab=1$ と分かったので，(1), (2) の式の値を求めてみよう。

(1) $a^2+b^2=(a+b)^2-2ab=14$ …………(答)(アイ)

$\Leftarrow(a+b)^2=a^2+2ab+b^2$ だから，両辺から $2ab$ を引いたんだ。

$$\frac{b}{a}+\frac{a}{b}=\frac{a^2+b^2}{ab}=\frac{(a+b)^2-2ab}{ab}$$

$$=\frac{4^2-2\times1}{1}=14$$ …………(答)(ウエ)

(2) $a^4+b^4$ の変形は，少し応用が入るけれど，次のようにすればいいね。

$\Leftarrow a^4+b^4$ は，
$(a^2+b^2)^2=a^4+2a^2b^2+b^4$
を基に考えるといい。

$$a^4+b^4=(a^2+b^2)^2-2a^2b^2$$

$$=\{(a+b)^2-2ab\}^2-2(ab)^2$$

$$=(4^2-2\times1)^2-2\times1^2$$

$$=14^2-2$$

$$=196-2=194$$ …………(答)(オカキ)

## ● 相加・相乗平均の不等式を使いこなそう！

次は，相加・相乗平均の不等式の問題だ。これは，数と式の分野の中だけでなく，さまざまな分野の問題を解くための道具としても使われるんだよ。

| 演習問題 7 | 制限時間 7 分 | **難易度 ★★** | CHECK*1* | CHECK*2* | CHECK*3* |
|---|---|---|---|---|---|

任意の正の数 $a$，$b$ について，

$\left(a+\dfrac{2}{b}\right)\left(b+\dfrac{3}{a}\right) \geqq \boxed{\phantom{ア}} + 2\sqrt{\boxed{\phantom{イ}}}$ ……① が成り立つ。①で，等号が

成り立つとき，$ab = \sqrt{\boxed{\phantom{ウ}}}$ である。

ここでさらに，$a+\dfrac{2}{b}=b+\dfrac{3}{a}$ が成り立つとする。このとき，

$a+\dfrac{2}{b}$ の最小値は $\sqrt{\boxed{\phantom{エ}}}+\sqrt{\boxed{\phantom{オ}}}$ であり，このとき，

$a=\sqrt{\boxed{\phantom{カ}}}$，$b=\sqrt{\boxed{\phantom{キ}}}$ である。

〉ヒント！） ①の左辺 $=ab+\dfrac{6}{ab}+5$ だから，$ab+\dfrac{6}{ab}$ の部分に，相加・相乗平均の不等式を使えばいいんだね。次に，$a+\dfrac{2}{b}=b+\dfrac{3}{a}$ のとき，これを $k$ とおいて，$k$ の最小値を求めるといい。

### Baba のレクチャー

相加・相乗平均の不等式は次の通りだ。

$a \geqq 0$，$b \geqq 0$ のとき，$a+b \geqq 2\sqrt{ab}$ （等号成立条件：$a=b$）

これは，単純な式だけど，すごく役に立つんだ。この証明は次の通りだ。

（実数）$^2 \geqq 0$ となるのは当たり前だね。

$a \geqq 0$，$b \geqq 0$ のとき，$(\sqrt{a}-\sqrt{b})^2 \geqq 0$　これを展開して，

$a-2\sqrt{ab}+b \geqq 0$　∴ $a+b \geqq 2\sqrt{ab}$ とすぐに証明できるよ。

ここで，$a=b$ のとき，$(\sqrt{a}-\underset{a}{\underline{\sqrt{b}}})^2 = (\sqrt{a}-\sqrt{a})^2 = 0$ となる。

## 解答 & 解説

①の左辺を変形すると，

> まず，これに対して相加・相乗平均の不等式を使う！

$$\left(a+\frac{2}{b}\right)\left(b+\frac{3}{a}\right)=ab+\frac{6}{ab}+\underline{\underline{5}}\ \ \text{だね}$$

> これは，後まわし

ここで，$a>0$，$b>0$ より，$ab>0$ だから，相加・相乗平均の不等式を用いると，

$$\overset{A}{\widehat{(ab)}}+\overset{B}{\frac{6}{ab}}\geqq 2\sqrt{\overset{A}{\widehat{(ab)}}\cdot\overset{B}{\frac{6}{ab}}}=2\sqrt{6}$$

この両辺に $\underline{\underline{5}}$ をたすと，

$$ab+\frac{6}{ab}+\underline{\underline{5}}\geqq 2\sqrt{6}+\underline{\underline{5}}$$

$$\therefore \left(a+\frac{2}{b}\right)\left(b+\frac{3}{a}\right)\geqq 5+2\sqrt{6}\ \ \cdots\cdots①\cdots\cdots(答)(ア，イ)$$

等号成立条件は，

$$\overset{A}{\widehat{(ab)}}=\overset{B}{\frac{6}{ab}}\ \text{より，}\ (ab)^2=6\ \ \therefore ab=\sqrt{6}\cdots②\cdots(答)(ウ)$$

> ⊕の数

ここでさらに，

$$a+\frac{2}{b}=b+\frac{3}{a}=k\ \ \text{とおくと，①は，}$$

$$k\times k=\boxed{k^2\geqq 5+2\sqrt{6}}\ \text{となる。}$$

$k>0$ だから，$k$ の最小値は，

$$\text{最小値}\ k=\sqrt{\underline{5}+2\sqrt{\underline{6}}}=\sqrt{3}+\sqrt{2}$$

たして かけて

$$\therefore \text{最小値}\ a+\frac{2}{b}=\sqrt{3}+\sqrt{2}\ \ \cdots\cdots③\cdots\cdots(答)(エ，オ)$$

## ココがポイント

⇦相加・相乗平均の不等式
$A+B\geqq 2\sqrt{AB}$

⇦等号成立条件：
$A=B$

たして かけて
⇦$\sqrt{(a+b)+2\sqrt{ab}}$
$=\sqrt{a}+\sqrt{b}$ と，2重根号をはずすんだね。

②，③から $b$ を消去して，まず $a$ の値を求めよう。

②より，$\dfrac{1}{b} = \dfrac{a}{\sqrt{6}}$ ……②′　②′ を③に代入して，

$$a + 2 \cdot \dfrac{a}{\sqrt{6}} = \sqrt{3} + \sqrt{2}$$

$$(\sqrt{6} + 2)a = \sqrt{6}(\sqrt{3} + \sqrt{2})$$

$$\sqrt{2}(\underline{\sqrt{3} + \sqrt{2}})a = \sqrt{6}(\underline{\sqrt{3} + \sqrt{2}})$$

$$\therefore a = \dfrac{\sqrt{6}}{\sqrt{2}} = \sqrt{3} \quad\cdots\cdots\cdots\cdots\cdots\cdots(答)(カ)$$

これを②に代入して，$\sqrt{3}\,b = \sqrt{6}$

$$\therefore b = \sqrt{2} \quad\cdots\cdots\cdots\cdots\cdots\cdots\cdots(答)(キ)$$

$$\Leftarrow (\sqrt{6} + \overset{(\sqrt{2})^2}{②})$$
$$= \sqrt{2}(\sqrt{3} + \sqrt{2})$$
とするのがコツだ！

　これで，相加・相乗平均の不等式の使い方にも慣れただろうね。便利な公式なので，是非使いこなしてくれ。最後に 1 題，例題をやっておこう。

---

◆例題◆

$x > 0$ のとき，$\dfrac{4x}{x^2 + 4}$ の最大値を求めよ。

分子・分母を $x$ で割った！

$$P = \dfrac{4x}{x^2 + 4} = \dfrac{4}{x + \dfrac{4}{x}}$$

とおくよ。

$x > 0$ より，この分母に相加・相乗平均の不等式を用いると，

$$x + \dfrac{4}{x} \geqq 2\sqrt{x \cdot \dfrac{4}{x}} = 2 \cdot \sqrt{4} = 4 \qquad 等号成立条件：x = \dfrac{4}{x} より，x = 2$$

$$[A + B \geqq 2\sqrt{A\,B}\,] \qquad\qquad\qquad\qquad [A = B]$$

よって，$x = 2$ のとき，分母が最小となるので，$P$ は最大となる。

$$\therefore x = 2 のとき，最大値 P = \dfrac{4}{x + \dfrac{4}{x}} = \dfrac{\boxed{4}\;最大値}{\boxed{4}\;最小値} = 1 となるんだね。$$

---

22

● **連立1次方程式と1次不等式でウォーミング・アップだ！**

まず，易しい連立1次方程式と1次不等式だよ。アッサリと解いてほしい。

| 演習問題 8 | 制限時間 4 分 | 難易度 ★ | CHECK *1* | CHECK *2* | CHECK *3* |
|---|---|---|---|---|---|

**(1)** 実数 $x$, $y$, $z$, $w$ が

$$\begin{cases} x+y+z=7 & \cdots\cdots① \\ x+y+w=6 & \cdots\cdots② \\ x+z+w=6 & \cdots\cdots③ \\ y+z+w=5 & \cdots\cdots④ \end{cases}$$
を満たすとき，

$x=\boxed{\text{ア}}$, $y=\boxed{\text{イ}}$, $z=\boxed{\text{ウ}}$, $w=\boxed{\text{エ}}$ である。

**(2)** $x$ の不等式 $6x+4<2x+5\leqq 3x+6$ の解は，

$\boxed{\text{オカ}}\leqq x<\dfrac{1}{\boxed{\text{キ}}}$ である。

**ヒント！** **(1)** を見て難しいと思う人は，これまでの復習が足りないよ。まず，①＋②＋③＋④を実行すれば，左辺＝$3(x+y+z+w)$ とキレイな形が出てくるんだね。この解法パターンは，演習問題5 (P16) と似ているだろう。**(2)** は，$6x+4<2x+5$ と $2x+5\leqq 3x+6$ の2つの1次不等式に分解して，解けばいいんだね。

### 解答＆解説

**(1)**
$$\begin{cases} x+y+z \quad\ =7 & \cdots\cdots① \\ x+y\quad\ +w=6 & \cdots\cdots② \\ x\quad\ +z+w=6 & \cdots\cdots③ \\ \quad\ y+z+w=5 & \cdots\cdots④ \end{cases}$$

ここで，①＋②＋③＋④を実行すると，

$3x+3y+3z+3w=7+6+6+5$

$3(x+y+z+w)=24$

∴ $x+y+z+w=8$ $\cdots\cdots⑤$

### ココがポイント

⇦このように書くと，①，②，③，④の左辺に $x,y,z,w$ がそれぞれ3つずつ存在するのが分かるだろう。

⇦⑤から，④，③，②，①を引けば，$x,y,z,w$ の値が求まる。

23

⑤−④より, $(x+\cancel{y}+\cancel{z}+\cancel{w})-(\cancel{y}+\cancel{z}+\cancel{w})=8-5$

$\qquad\qquad \therefore\ x=3$ ･････････････(答)(ア)

同様に,

⑤−③より, $y=2$ ･････････････(答)(イ)

⑤−②より, $z=2$ ･････････････(答)(ウ)

⑤−①より, $w=1$ ･････････････(答)(エ)

(2) $\underset{(\text{i})}{\underline{6x+4<2x+5}}\underset{(\text{ii})}{\underline{\leqq 3x+6}}$ …⑥を 2 つの不等式

$\Leftarrow A<B\leqq C$ のとき
$\begin{cases} (\text{i})\ A<B \\ \text{かつ} \\ (\text{ii})\ B\leqq C \ \text{に} \end{cases}$
分解して解く!

$\begin{cases} (\text{i})\ 6x+4<2x+5 \\ \dot{\text{か}}\dot{\text{つ}} \\ (\text{ii})\ 2x+5\leqq 3x+6 \end{cases}$ に分けて, 考える。

(i) $6x+4<2x+5$ より,

$\qquad 6x-2x<5-4$

$\qquad 4x<1 \qquad \therefore\ x<\dfrac{1}{4}$

(ii) $2x+5\leqq 3x+6$ より,

$\qquad 5-6\leqq 3x-2x \qquad \therefore\ \underline{-1\leqq x}$

以上 (i)(ii) より, ⑥の解は,

$\qquad -1\leqq x<\dfrac{1}{4}$ となる。････････(答)(オカ, キ)

$\Leftarrow$(i) $x<\dfrac{1}{4}$ かつ
(ii) $-1\leqq x$ より,

どう? これで, いいウォーミング・アップになったはずだ。だんだん本格的な問題になっていくけれど, ステップ・バイ・ステップに上がっていけばいいんだよ。

## ● 絶対値の入った1次方程式・不等式に挑戦だ！

絶対値の入った1次方程式・不等式の場合，絶対値内が**0**以上か，**0**より小かによって，場合分けが必要になる。まず，典型的な，絶対値の入った1次方程式と不等式の問題を解いてみよう。

| 演習問題 9 | 制限時間6分 | 難易度 ★ | | CHECK1 | CHECK2 | CHECK3 |
|---|---|---|---|---|---|---|

(1) 方程式 $3|x-4| = x+2$ を解くと，

$$x = \frac{\boxed{ア}}{\boxed{イ}}, \text{ または } \boxed{ウ} \text{ である。}$$

(2) 不等式 $|x-2| + |x-5| \leqq 5$ を解く。

（ⅰ）$x < \boxed{エ}$ のとき，$\boxed{オ} \leqq x < \boxed{カ}$

（ⅱ）$\boxed{エ} \leqq x < \boxed{キ}$ のとき，$\boxed{ク} \leqq x < \boxed{ケ}$

（ⅲ）$\boxed{キ} \leqq x$ のとき，$\boxed{コ} \leqq x \leqq \boxed{サ}$ となるので，

以上（ⅰ）（ⅱ）（ⅲ）より，$\boxed{シ} \leqq x \leqq \boxed{ス}$ となる。

ヒント！
$(1)(2)$ 共に，絶対値の公式 $|a| = \begin{cases} -a & (a < 0 \text{ のとき}) \\ a & (a \geqq 0 \text{ のとき}) \end{cases}$ を使って，

場合分けするんだね。(1) では，（ⅰ）$x < 4$，（ⅱ）$4 \leqq x$ の2通りで，また(2) では，（ⅰ）$x < 2$，（ⅱ）$2 \leqq x < 5$，（ⅲ）$5 \leqq x$ の3通りに場合分けして考えよう。

### 解答&解説

(1) $3|x-4| = x+2$ …① について，

（ⅰ）$x < 4$ のとき，

$-3(x-4) = x+2$

$\begin{array}{l} x-4 < 0 \text{ のとき，} \\ |x-4| = -(x-4) \text{ だね。} \end{array}$

$-3x + 12 = x+2 \qquad x + 3x = 12 - 2$

$4x = 10 \qquad \therefore x = \dfrac{10}{4} = \dfrac{5}{2}$

### ココがポイント

⇦ $|x-4|$ は，
$\begin{cases} (\text{ⅰ}) \ x-4 < 0 \\ (\text{ⅱ}) \ x-4 \geqq 0 \end{cases}$
で場合分けする。

⇦ これは，$x < 4$ をみたす。

25

( ii ) $4 \leq x$ のとき,

$$\overbrace{3(x-4)}=x+2$$

> $x-4 \geq 0$ のとき,
> $|x-4|=x-4$ だね。

$$3x-12=x+2 \qquad 3x-x=2+12$$

$$2x=14 \qquad \therefore \ x=7$$

⇐ これは,$4 \leq x$ をみたす。

以上（ i ）（ ii ）より,求める①の解は,

$$x=\frac{5}{2},\ \text{または}\ 7 \ \cdots\cdots\cdots\cdots \text{(答)}（ア,イ,ウ）$$

(2) $|x-2|+|x-5| \leq 5$ …②の $|x-2|$ と $|x-5|$ について,

$\cdot |x-2|=\begin{cases} -(x-2) & (x<2) \\ x-2 & (x \geq 2) \end{cases}$

$\cdot |x-5|=\begin{cases} -(x-5) & (x<5) \\ x-5 & (x \geq 5) \end{cases}$

| $|x-2|$ $=-(x-2)$ | $|x-2|$ $=x-2$ |
| --- | --- |

$$\begin{array}{ccc} & 2 & 5 \end{array} \xrightarrow{\quad} x$$

| $|x-5|$ $=-(x-5)$ | $|x-5|$ $=x-5$ |

となるので,この問題は

（ i ）$x<2$,（ ii ）$2 \leq x<5$,（ iii ）$5 \leq x$ の3通り
に場合分けして調べればいいんだね。

（ i ）$x<2$ のとき,$\cdots\cdots\cdots\cdots\cdots$ (答)（エ）

　　$|x-2|=-(x-2),\ |x-5|=-(x-5)$ より,

　　②は

　　$-(x-2)-(x-5) \leq 5,\quad -x+2-x+\cancel{5} \leq \cancel{5}$

　　$2 \leq 2x \qquad \therefore \ 1 \leq x$

　　よって,$1 \leq x<2$ となる。$\cdots\cdots$ (答)（オ,カ）

⇐ $x<2$ のとき,$1 \leq x$ より,
　$1 \leq x<2$ となる。

（ ii ）$2 \leq x<5$ のとき,$\cdots\cdots\cdots\cdots$ (答)（エ,キ）

　　$|x-2|=x-2,\ |x-5|=-(x-5)$ より,②は

　　$x-2-(x-5) \leq 5,\quad 5-2 \leq 5 \quad \therefore \ 3 \leq 5$

　　よって,$2 \leq x<5$ となる。$\cdots$ (答)（ク,ケ）

⇐ 当たり前の式で,これから $x$ の条件は何も出てこないので,$2 \leq x<5$ のとき,常に成り立つと考える。

（ⅲ）$5 \leqq x$ のとき，……………………(答)（キ）

$|x-2|=x-2$，$|x-5|=x-5$ より，②は

$x-2+x-5 \leqq 5$，$2x \leqq 12$

∴ $x \leqq 6$

よって，$5 \leqq x \leqq 6$ となる。……(答)（コ，サ）

以上より，

（ⅰ）$1 \leqq x < 2$，または（ⅱ）$2 \leqq x < 5$，または

（ⅲ）$5 \leqq x \leqq 6$ となるので，これらを併せたもの

が②の不等式の解となるんだね。

∴ ②の解は，$1 \leqq x \leqq 6$ である。……(答)（シ，ス）

⇦ $5 \leqq x$ のとき，
$x \leqq 6$ より

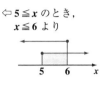

⇦

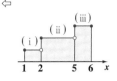

(1) は易しかったと思うけれど，(2) のように絶対値の付いた式が 2 つも
あると，3 通りに場合分けしなければならないので，大変に感じたかもし
れないね。でも，これも反復練習することにより，スラスラ解けるように
なるから，頑張ってくれ。

　それでは次は，絶対値と文字定数の入った 1 次不等式の問題にチャレン
ジしてみよう。共通テストで，1 次不等式はよく出題されるので，様々
な問題を解くことにより，本番の試験でも得点力を大きく伸ばせるはずだ。

(1) $0 < x < 1$ をみたすどんな $x$ に対しても，$|x-a| < 1$ となるとき，実数定数 $a$ の取り得る値の範囲は，$\boxed{\text{ア}} \leqq a \leqq \boxed{\text{イ}}$ である。

(2) $0 < x < 1$ をみたすある $x$ に対して，$|x-a| < 1$ となるとき，実数定数 $a$ の取り得る値の範囲は，$\boxed{\text{ウエ}} < a < \boxed{\text{オ}}$ である。

## Baba のレクチャー

$r$ を正の定数とするとき，

不等式 ⟨小⟩⟨大⟩ $|x| < r$ は

⟨文字定数 $r$ は分離されている。⟩

これを $y = |x|$ と $y = r$ に分解すると，

右のグラフより，

$-r < x < r$ となるのが分かるはずだ。

つまり，

$$|x| < r \iff -r < x < r$$

の関係が成り立つ。

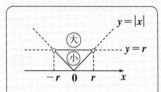

$$y = |x| = \begin{cases} -x & (x < 0) \\ x & (x \geqq 0) \end{cases}$$
$$y = r$$

のグラフから，
$|x| < r$ となる $x$ の範囲は
$-r < x < r$ となるね。

これから，$|x| < r$ は $x^2 - r^2 < 0$ とも同値 ( 必要十分条件 ) なんだね。

⟨$(x+r)(x-r) < 0$ より，$-r < x < r$ となるからね。⟩

同様に，$|x| \geqq r \iff x \leqq -r$，または $r \leqq x \iff x^2 - r^2 \geqq 0$

の関係も成り立つ。これも頭に入れておこう。

**ヒント!** $|x-a| < 1$ は，$-1 < x-a < 1$ と変形できるので，各辺に $a$ をたすと，$a-1 < x < a+1$ となるのはいいね。(1) では，$0 < x < 1$ をみたす $x$ はすべて $|x-a| < 1$ となると言っているので，$0 < x < 1$ の範囲が $a-1 < x < a+1$ の範囲に含まれればいいんだね。(2) は，否定から考えていくと分かりやすいはずだ。これは "**集合と論理**"(P37 以降 ) との融合問題でもあるんだよ。

## 解答&解説

$|x-a|<1$ より，$-1<x-a<1$

∴ $a-1<x<a+1$ となる。

(1) $0<x<1$ をみたすどんな $x$ でも

$|x-a|<1$，すなわち $a-1<x<a+1$ となると

いうことは，$\underline{0<x<1 \Rightarrow a-1<x<a+1}$ が成

これは「$0<x<1$ ならば，$a-1<x<a+1$ である」と読む。

り立つということだから，

右図のように，$0<x<1$

の範囲が $a-1<x<a+1$

の範囲に含まれることにな

るんだね。そのためには，

$a-1 \leqq 0$ かつ $1 \leqq a+1$

それぞれ等号が付く！

すなわち，

$a \leqq 1$ かつ $0 \leqq a$ より，

∴ $0 \leqq a \leqq 1$ となるんだね。……(答)(ア，イ)

たとえば，$a-1=0$ のとき，

$a-1$　$1$　$a+1$　$x$
$=0$

となって，

$a-1<x<a+1$ が

$0<x<1$ を含む！

$a+1=1$ のときも

同様だよ。

(2) $0<x<1$ をみたすある $x$ が

$|x-a|<1$，すなわち $a-1<x<a+1$ となるとい

うことは，$0<x<1$ と，$a-1<x<a+1$ に共通

部分が存在するということで，右に示すようにバ

リエーションが広くなって，扱いづらいんだね。

だから，この否定を考えてみよう。つまり，

"この2つの範囲に共通部分がない"というこ

となので，次の2つの場合だけを考えればいい

ことになる。

## ココがポイント

⇐ $|x|<r \ (r>0)$ ならば
$-r<x<r$ となるからね。

⇐ 命題「$p \Rightarrow q$」が成り立
つとき，$p$，$q$ を表す集
合をそれぞれ $P$，$Q$ とお
くと，$P \subseteqq Q$ の関係が
成り立つ。

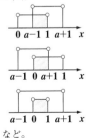

⇐ これは

$0$　$a-1$　$1$　$a+1$　$x$

$a-1$　$0$　$a+1$　$1$　$x$

$a-1$　$0$　$1$　$a+1$　$x$

など。

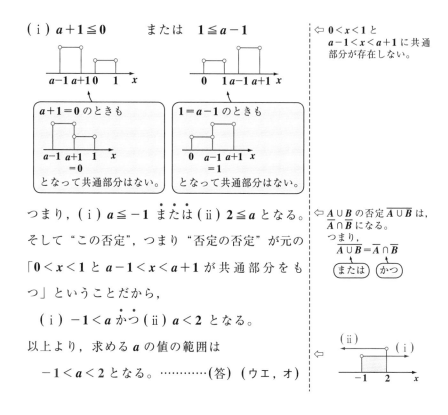

（ i ） $a+1 \leqq 0$　　　　または　　$1 \leqq a-1$

$a+1=0$ のときも
となって共通部分はない。

$1=a-1$ のときも
となって共通部分はない。

⇦ $0<x<1$ と
$a-1<x<a+1$ に共通
部分が存在しない。

つまり，（ i ） $a \leqq -1$ または（ ii ）$2 \leqq a$ となる。

そして "この否定"，つまり "否定の否定" が元の
「$0<x<1$ と $a-1<x<a+1$ が共通部分をも
つ」ということだから，

　（ i ）$-1<a$ かつ（ ii ）$a<2$ となる。

以上より，求める $a$ の値の範囲は

　　$-1<a<2$ となる。…………（答）（ウエ，オ）

⇦ $A \cup B$ の否定 $\overline{A \cup B}$ は，
$\overline{A} \cap \overline{B}$ になる。
つまり，
$$\overline{A \cup B}=\overline{A} \cap \overline{B}$$
　　または　　かつ

⇦

　かなり難しかっただろうね。単なる計算ではなくて，集合の考え方が沢
山含まれていたからだ。レベルは高いけれど，このような思考の流れが自
然にできるようになるとスバラシイよ。必ずできるようになるから，是非
頑張ってマスターしてくれ。

　それではさらに，1 次不等式や 1 次方程式について，共通テストが狙っ
てきそうな典型的な問題を練習しよう！

| 演習問題 11 | 制限時間 5 分 | 難易度 ★ | CHECK1 | CHECK2 | CHECK3 |

$a = 3 + 2\sqrt{2}$, $b = 2 + \sqrt{3}$, とすると,

$\dfrac{1}{a} = \boxed{ア} - \boxed{イ}\sqrt{\boxed{ウ}}$, $\dfrac{1}{b} = \boxed{エ} - \sqrt{\boxed{オ}}$,

$\dfrac{a}{b} - \dfrac{b}{a} = \boxed{カ}\sqrt{\boxed{キ}} - \boxed{ク}\sqrt{\boxed{ケ}}$

である。このとき, 不等式 $|2abx - a^2| < b^2$ を満たす $x$ の値の 範囲は

$\boxed{コ}\sqrt{\boxed{サ}} - \boxed{シ}\sqrt{\boxed{ス}} < x < \boxed{セ} - \boxed{ソ}\sqrt{\boxed{タ}}$

となる。

ヒント！ 有理化と式の値と，絶対値の入った 1 次方程式との融合問題なんだね。考え方は，特に難しいものはないんだけれど，最後まで結果を出すには，計算力が必要なんだね。頑張ろう！

## 解答＆解説

## ココがポイント

$a = 3 + 2\sqrt{2}$ ……① , $b = 2 + \sqrt{3}$ ……② より,

$\cdot \dfrac{1}{a} = \dfrac{1}{3 + 2\sqrt{2}} = \dfrac{3 - 2\sqrt{2}}{(3 + 2\sqrt{2})(3 - 2\sqrt{2})}$

$\boxed{3^2 - (2\sqrt{2})^2 = 9 - 8 = 1}$

$= 3 - 2\sqrt{2}$ ……③ ………………(答)(ア, イ, ウ)

⇦分子・分母に $3 - 2\sqrt{2}$ をかけて有理化する。

$\cdot \dfrac{1}{b} = \dfrac{1}{2 + \sqrt{3}} = \dfrac{2 - \sqrt{3}}{(2 + \sqrt{3})(2 - \sqrt{3})}$

$\boxed{2^2 - (\sqrt{3})^2 = 4 - 3 = 1}$

$= 2 - \sqrt{3}$ ……④ (答)(エ, オ)

⇦分子・分母に $2 - \sqrt{3}$ をかけて有理化する。

$\cdot \dfrac{a}{b} - \dfrac{b}{a} = a \cdot \dfrac{1}{b} - b \cdot \dfrac{1}{a}$

$\underbrace{3 + 2\sqrt{2}}_{(\text{①より})} \underbrace{2 - \sqrt{3}}_{(\text{④より})} \underbrace{2 + \sqrt{3}}_{(\text{②より})} \underbrace{\dfrac{3 - 2\sqrt{2}}{(\text{③より})}}$

$= (3 + 2\sqrt{2})(2 - \sqrt{3}) - (2 + \sqrt{3})(3 - 2\sqrt{2})$

$= 8\sqrt{2} - 6\sqrt{3}$ ……⑤ ……(答)(カ, キ, ク, ケ)

⇦$(3 + 2\sqrt{2})(2 - \sqrt{3})$
$\quad - (2 + \sqrt{3})(3 - 2\sqrt{2})$
$= 6 - 3\sqrt{3} + 4\sqrt{2} - 2\sqrt{6}$
$\quad - (6 - 4\sqrt{2} + 3\sqrt{3} - 2\sqrt{6})$
$= 8\sqrt{2} - 6\sqrt{3}$

31

$a = 3 + 2\sqrt{2} > 0$, $b = 2 + \sqrt{3} > 0$ より，

不等式 $\left|\underset{\oplus}{2ab}x - a^2\right| < b^2$ を変形すると，

$$2ab\left|x - \frac{a}{2b}\right| < b^2$$

両辺を $2ab$ で割って，

$$\left|x - \frac{a}{2b}\right| < \frac{b}{2a}$$ より，

⇦ $|x - \alpha| < r$ の形なので，
$-r < x - \alpha < r$
$\alpha - r < x < \alpha + r$
と変形できる。

$$-\frac{b}{2a} < x - \underset{\oplus}{\frac{a}{2b}} < \frac{b}{2a}$$

各辺に $\dfrac{a}{2b}$ をたして，

$$\frac{a}{2b} - \frac{b}{2a} < x < \frac{a}{2b} + \frac{b}{2a}$$

$$\frac{1}{2}\underbrace{\left(\frac{a}{b} - \frac{b}{a}\right)}_{\boxed{\begin{array}{c}8\sqrt{2} - 6\sqrt{3}\\(\text{⑤より})\end{array}}} < x < \frac{1}{2}\underbrace{\left(\frac{a}{b} + \frac{b}{a}\right)}_{\boxed{12 - 4\sqrt{6}}}$$

⇦ $\dfrac{a}{b} + \dfrac{b}{a} = a \cdot \dfrac{1}{b} + b \cdot \dfrac{1}{a}$
$= (3 + 2\sqrt{2})(2 - \sqrt{3})$
$\quad + (2 + \sqrt{3})(3 - 2\sqrt{2})$
$= 6 - 3\sqrt{3} + 4\sqrt{2} - 2\sqrt{6}$
$\quad + 6 - 4\sqrt{2} + 3\sqrt{3} - 2\sqrt{6}$
$= 12 - 4\sqrt{6}$

以上より，

$$\frac{8\sqrt{2} - 6\sqrt{3}}{2} < x < \frac{12 - 4\sqrt{6}}{2}$$

$$\therefore \ 4\sqrt{2} - 3\sqrt{3} < x < 6 - 2\sqrt{6} \ \cdots\cdots\cdots\cdots\cdots (\text{答})$$

(コ，サ，シ，ス，セ，ソ，タ)

これは，過去問だったんだね。解答に誘導の流れがあるので，途中の計算式も後の問題を解くために役に立つので，キチンと書き残しておくようにしよう。

講義

数と式
1

講義

集合と論理
2

講義

2次関数
3

## ● 1次不等式の理論も押さえよう！

　1次不等式の理論も，これから共通テストで出題される可能性が高いと思う。まず，典型的な1次不等式の理論の問題を解いてみよう。

| 演習問題 12 | 制限時間5分 | 難易度 ★ | CHECK1 | CHECK2 | CHECK3 |
|---|---|---|---|---|---|

(1) すべての実数 $x$ に対して，

　　$2ax + (1-x)a - 2x - 1 \geqq 0$ ……① 　が成り立つとき，

　　定数 $a$ の値は ア である。

(2) $x \geqq 1$ のすべての実数 $x$ に対して，

　　$(x-2)a + 2x + 3 \geqq 0$ ……② 　が成り立つとき，

　　定数 $a$ の取り得る値の範囲は イウ $\leqq a \leqq$ エ である。

ヒント！　どこから手を付けていいか，分からないって？　まず，(1)(2)共に $x$ の1次不等式と考えて，$mx + n \geqq 0$ の形にしてみることだ。そして，これをさらに分解して，2本の直線 $y = mx + n$ と $y = 0$ [ $x$ 軸] のグラフで考えると，話が見えてくるはずだ。頑張れ！

### 解答＆解説

### ココがポイント

(1) $2ax + (1-x)a - 2x - 1 \geqq 0$ ……①

　①を $x$ の1次不等式の形にまとめると，

　　$2ax + a - ax - 2x - 1 \geqq 0$

　　$\underbrace{(a-2)}_{m}x + \underbrace{a-1}_{n} \geqq 0$ ……①′ となる。

ここで，さらに①′を分解して，次の2つの直線の方程式の形にして考える。

$$\begin{cases} y = \underbrace{(a-2)}_{m}x + \underbrace{a-1}_{n} \\ y = 0 \ [\ x\ \text{軸}\ ] \end{cases}$$

⇦これで
$\underbrace{m}_{\text{傾き}}x + \underbrace{n}_{y\text{切片}} \geqq 0$
の形にまとまった。

⇦ $\begin{cases} y = mx + n \ \text{と} \\ y = 0 \ \text{で考える。} \end{cases}$

33

$y = mx + n$ の傾き $m$ が（ⅰ）$m > 0$ のとき，（ⅱ）$m < 0$ のときのいずれにおいても，右図に示すようにすべての実数 $x$ が，$mx + n \geqq 0$ ……①´ をみたすことはないんだね。つまり，

（ⅰ）$m > 0$ のとき，①´ の解は $x \geqq -\dfrac{n}{m}$ だし，

$\left( x < -\dfrac{n}{m} \text{ のときは } mx + n < 0 \text{ となるね。} \right)$

（ⅱ）$m < 0$ のとき，①´ の解は $x \leqq -\dfrac{n}{m}$ となる。

$\left( x > -\dfrac{n}{m} \text{ のときは } mx + n < 0 \text{ となるね。} \right)$

よって，すべての実数 $x$ に対して，

$\underset{\textcircled{0}}{mx + n} \geqq 0$（$\underset{\text{0以上}}{\textcircled{0以上}}$）となるための条件は，右図に示すように，

（ⅲ）$m = 0$ かつ $n \geqq 0$ しかないんだね。

このとき，直線 $y = \underset{\textcircled{0}}{mx} + n$ は $y = n\ (\geqq 0)$

となって，$x$ 軸と平行で，かつ $x$ 軸以上の位置にあるので，すべての実数 $x$ に対して，$mx + n \geqq 0$ が成り立つんだね。

（ⅰ）$m > 0$ のとき

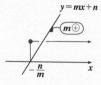

（ⅱ）$m < 0$ のとき

（ⅲ）$m = 0$ かつ $n \geqq 0$

このとき，すべての実数 $x$ に対して①，すなわち①´ が成り立つための条件は，

（ア）$a - 2 = 0$ かつ（イ）$a - 1 \geqq 0$ である。

（ア）より，$a = 2$

（イ）より，$a \geqq 1$

以上より，求める定数 $a$ の値は，$a = 2$ となる。

………(答)(ア)

$\Leftarrow \underset{\text{傾き}}{m = 0}$ かつ $\underset{\text{y切片}}{n \geqq 0}$

$\Leftarrow \begin{cases} a = 2 \\ \text{かつ} \\ a \geqq 1 \end{cases}$
をみたす $a$ の値は，$a = 2$ だ。

(2) $\overbrace{(\underline{\underline{x}}-2)}a+2\underline{\underline{x}}+3 \geqq 0$ ……②

②を $x$ の 1 次不等式の形にまとめると，

$ax-2a+2x+3 \geqq 0$

$\underbrace{(a+2)}_{\textcircled{m}\;\textcircled{傾き}}\underline{\underline{x}}\underbrace{-2a+3}_{\textcircled{n}\;\textcircled{$y$切片}} \geqq 0$ ……②´ となる。

⇦ $mx+n \geqq 0$ の
　形にまとめた！

ここで，さらに②´を分解して次の 2 つの直線
の方程式の形にして考える。

$$\begin{cases} y=f(x)=(a+2)x-2a+3 \\ y=0 \;[\,x\,軸\,] \end{cases}$$

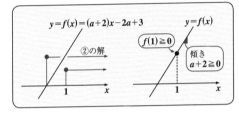

このとき $x \geqq 1$ をみたすすべ
ての実数 $x$ に対して②，すな
わち②´ が成り立つための条
件は，$x \geqq 1$ の範囲が，②すなわち②´ の解の
範囲に含まれることである。

　よって，求める条件は，

$$\begin{cases} (ア)\, y=f(x) \text{ の傾き} \boxed{a+2 \geqq 0} \\ \text{かつ} \\ (イ)\, f(1)=\boxed{(a+2) \cdot 1-2a+3 \geqq 0} \text{ となる。} \end{cases}$$

(ア) より，$a \geqq -2$

(イ) より，$a+2-2a+3 \geqq 0, \;-a+5 \geqq 0$

　　　∴ $a \leqq 5$

以上 (ア)(イ) より，求める $a$ の値の範囲は，

⇦
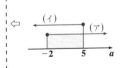

　$-2 \leqq a \leqq 5$ である。　………(答)(イウ，エ)

　1 次不等式の理論の問題は，直線と $x$ 軸との位置関係から，ヴィジュア
ル ( 図形的 ) に考えていけばいいんだね。面白かった？

**1. 指数法則**　$(m, n：自然数, m \geqq n)$

(1) $a^0 = 1$　　　　　(2) $a^1 = a$　　　　(3) $a^m \times a^n = a^{m+n}$

(4) $(a^m)^n = a^{m \times n}$　　　　(5) $\dfrac{a^m}{a^n} = a^{m-n}$　　(6) $\left(\dfrac{b}{a}\right)^m = \dfrac{b^m}{a^m}$

(7) $(a \times b)^m = a^m \times b^m$

**2. 乗法公式**

(1) $acx^2 + (ad+bc)x + bd = (ax+b)(cx+d)$　←　たすきがけ

(2) $a^2 + b^2 + c^2 + 2ab + 2bc + 2ca = (a+b+c)^2$　など。

**3. $A = B = C$ の式の変形法**

$A = B = C = k$ とおいて,

3つの式 $A = k$, $B = k$, $C = k$ に分解する。

**4. 2重根号のはずし方**

(1) $\sqrt{(a+b) + 2\sqrt{ab}} = \sqrt{a} + \sqrt{b}$　　(2) $\sqrt{(a+b) - 2\sqrt{ab}} = \sqrt{a} - \sqrt{b}$

たして　かけて　　　　　　　　たして　かけて　大　小

( ただし, (2) では, $a > b > 0$)

**5. 対称式は必ず基本対称式で表せる。**　←

(ex)
$a^3 + b^3 = (a+b)^3 - 3ab(a+b)$
対称式　　　　基本対称式

**6. 絶対値のはずし方**

$$|a| = \begin{cases} a & (a \geqq 0 \text{ のとき}) \\ -a & (a < 0 \text{ のとき}) \end{cases}$$

←　$|3| = 3, |-3| = 3$ など

**7. 相加・相乗平均の不等式**

$a \geqq 0$, $b \geqq 0$ のとき,

$a + b \geqq 2\sqrt{ab}$　　( 等号成立条件：$a = b$ )

**8. 絶対値の付いた 1 次不等式**　　( $r$：正の定数 )

(1) $|x| < r \Longleftrightarrow -r < x < r \Longleftrightarrow x^2 - r^2 < 0$

(2) $|x| \geqq r \Longleftrightarrow x \leqq -r$ または $r \leqq x \Longleftrightarrow x^2 - r^2 \geqq 0$

# 講義 2 集合と論理

## 集合の演算と必要・十分条件をマスターしよう!

▶集合の演算

▶集合の要素の個数

▶必要条件・十分条件

▶対偶による証明

努力の積み重ねが成功の秘訣!

# 講義2 集合と論理

　サァ，これから，**"集合と論理"** について勉強しよう。**"集合"** では，和集合や共通部分，ド・モルガンの法則など，集合の演算と，要素の個数の計算が，今後出題される可能性がある。

　また，**"論理"** では，必要条件・十分条件の問題がこれまでよく出題されてきたけれど，これからもさまざまな形で問われることになると思う。この論理では，これまでのような数式の計算ではなく，文章形式の出題になるので，苦手とする人が多いかも知れないね。でも，共通テストでは，長文の誘導形式の問題が多いから，文章を論理的に読み解く能力を身につけておくことは，とても重要なんだね。また分かりやすく教えるから，シッカリついてらっしゃい。

　それでは，**"集合と論理"** について，これから共通テストで出題されると予想される分野を具体的に下に示しておこう。
・集合の演算
・集合の要素の個数
・必要条件・十分条件
・対偶による命題の証明

　**"集合の要素の個数"** の計算は，本質的に **"場合の数"** の計算と同じだね。また，**"論理"** の考え方は，様々な問題を解く上でも重要な役割を演じるんだ。その意味でも，この **"集合と論理"** をシッカリマスターしておく必要があるんだね。頑張ろうね！

## ● 集合の演算をマスターしよう！

2 つの集合 $A$，$B$ が実数 $x$ の値の範囲で与えられているとき，$A \cap B$ や $A \cup \overline{B}$ などの集合がどのようなものになるか，この問題でジックリ考えてみるといいよ。

---

| 演習問題 13 | 制限時間 7 分 | 難易度 ★ | CHECK 1 | CHECK 2 | CHECK 3 |
|---|---|---|---|---|---|

2 つの集合 $A = \{x \mid |x| < a\}$，$B = \{x \mid |x-1| \geqq 2\}$ について次の問いに答えよ。ただし，$a$ は正の定数とする。

(1) $a = 2$ のとき，

$A \cap B = \{x \mid \boxed{アイ} < x \leqq \boxed{ウエ}\}$ である。

$A \cup B = \{x \mid x < \boxed{オ}$，または $\boxed{カ} \leqq x\}$ である。

$\overline{A} \cap B = \{x \mid x \leqq \boxed{キク}$，または $\boxed{ケ} \leqq x\}$ である。

$A \cup \overline{B} = \{x \mid \boxed{コサ} < x < \boxed{シ}\}$ である。

(2) $A \cap B = \phi$ ( 空集合 ) となるとき，$\boxed{ス} < a \leqq \boxed{セ}$ である。

(3) $A \cup \overline{B} = A$ となるとき，$\boxed{ソ} \leqq a$ である。

---

**ヒント！** (1) $a = 2$ のとき，$A = \{x \mid -2 < x < 2\}$，$B = \{x \mid x \leqq -1 , 3 \leqq x\}$ となる。これから，$A \cap B , \cdots , A \cup \overline{B}$ の集合の表す $x$ の範囲を求めるんだね。(2) $A \cap B = \phi$ のとき，$A$ と $B$ の共通部分が存在しないということだよ。
(3) $A \cup \overline{B} = A$ となるのは，$A$ が $\overline{B}$ を部分集合として含んでいるときだね。

---

## 解答＆解説

$A = \{x \mid |x| < a\}$

$|x| \geqq r \Longleftrightarrow x \leqq -r$ または $r \leqq x$

$\quad = \{x \mid -a < x < a\}$ ($a$：正の定数)

$B = \{x \mid |x-1| \geqq 2\}$

$\quad x-1 \leqq -2$ または $2 \leqq x-1$

$\quad = \{x \mid x \leqq -1$ または $3 \leqq x\}$

## ココがポイント

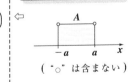

( "○" は含まない )

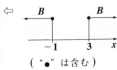

( "●" は含む )

## Baba のレクチャー

右のベン図に示すように，全体集合
$U$ と，その 2 つの部分集合 $A$ , $B$ が
与えられたとき，$A \cap B$ , $A \cup B$ , $\overline{A} \cap B$ ,
$A \cup \overline{B}$ の表すベン図のイメージをそれ
ぞれ下に示しておこう。

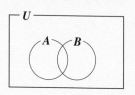

今回の (1) の問題では，$a = 2$ としているので，2 つの集合 $A$ , $B$ は
$A = \{x \mid -2 < x < 2\}$ , $B = \{x \mid x \leqq -1 , 3 \leqq x\}$ となるね。このとき，
$A \cap B$ , $A \cup B$ , $\overline{A} \cap B$ , $A \cup \overline{B}$ がどのような $x$ の値の範囲になるか，
自力でチャレンジしてごらん。

---

(1) $a = 2$ のとき，

$A = \{x \mid -2 < x < 2\}$

$B = \{x \mid x \leqq -1 , 3 \leqq x\}$

　(ⅰ) $A \cap B$ は，$A$ と $B$ の共通部分より，

　　$\underline{A \cap B = \{x \mid -2 < x \leqq -1\}}$ ‥‥‥‥‥(答)
　　　　　　　　　　　　　　　　　　　　　　（アイ，ウエ）
　　"$A$ かつ $B$" のこと

　(ⅱ) $A \cup B$ は，$A$ と $B$ の和集合より，

　　$\underline{A \cup B = \{x \mid x < 2 \ \text{または} \ 3 \leqq x\}}$‥‥‥‥‥(答)
　　　　　　　　　　　　　　　　　　　　　　（オ，カ）
　　"$A$ または $B$" のこと

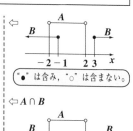

⇦$A \cap B$

⇦$A \cup B$

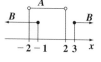

40

(ⅲ) $\overline{A}=\{x\,|\,x\leqq-2$ または $2\leqq x\}$ だね。よって，

$\overline{A}\cap B$ は，$\overline{A}$ と $B$ の共通部分より，

$\overline{A}\cap B=\{x\,|\,x\leqq-2$ または $3\leqq x\}$ となる。

$\cdots\cdots\cdots\cdots$(答)( キク，ケ)

⇦ $\overline{A}\cap B$

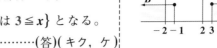

(ⅳ) $\overline{B}=\{x\,|\,-1<x<3\}$ だね。よって，

$A\cup\overline{B}$ は，$A$ と $\overline{B}$ の和集合より，

$A\cup\overline{B}=\{x\,|\,-2<x<3\}$ となる。$\cdots\cdots\cdots\cdots$(答)

( コサ，シ)

⇦ $A\cup\overline{B}$

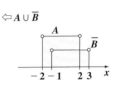

(2) $A=\{x\,|\,-a<x<a\}$，$B=\{x\,|\,x\leqq-1,\ 3\leqq x\}$

ここで，$A\cap B=\phi$ ( 空集合 ) のとき，右図のように $A$ と $B$ の共通部分は存在しないので，

$-1\leqq-a$ より，$1\geqq a$

この両辺に $-1$ をかけて

よって，$0<a\leqq1$ となる。$\cdots\cdots\cdots\cdots$(答)( ス，セ)

これは，$a\leqq3$ をみたす。

⇦ $A\cap B=\phi$ のとき

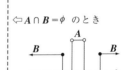

⇦ $a=1$ のときも

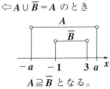

となって，ギリギリ $A\cap B=\phi$ をみたす。

(3) (2) と同様に，

$A\cup\overline{B}=A$ となるとき，$A$ は $\overline{B}$ を含む。

$a=3$ のとき，ギリギリ $A\supseteqq\overline{B}$ となる。

よって，右図より，$3\leqq a$ $\cdots\cdots\cdots\cdots\cdots\cdots$(答)(ソ)

これは，$-a\leqq-1$，すなわち $1\leqq a$ をみたす。

⇦ $A\cup\overline{B}=A$ のとき

$A\supseteqq\overline{B}$ となる。

　少し，頭が混乱しそうになったって？　これらの解答が，当然のことのようにスラスラ求められるようになるまで，練習するんだよ。ウォーミング・アップには最高に良い問題だったんだ。

次は3つの集合 $A$ , $B$ , $C$ の演算と，集合の要素の個数に関する問題だ。$n(A \cup B \cup C)$ がどのような式になるか，"張り紙のテクニック"を使えば，簡単に導けるんだね。

| 演習問題 14 | 制限時間7分 | 難易度 ★★ | CHECK1 | CHECK2 | CHECK3 |
|---|---|---|---|---|---|

**1** 以上，**200** 以下の自然数の集合を全体集合とおき，その **3** つの部分集合 $A$ , $B$ , $C$ を次のようにおく。

$\begin{cases} A \text{ は，3 の倍数すべての集合} \\ B \text{ は，5 の倍数すべての集合} \\ C \text{ は，7 の倍数すべての集合} \end{cases}$

また，集合 $A$ の要素の個数は，$n(A)$ などと表すことにする。このとき，

(1) $n(A) = \boxed{\text{アイ}}$ , $n(B) = \boxed{\text{ウエ}}$ , $n(C) = \boxed{\text{オカ}}$ である。

(2) $n(A \cap B) = \boxed{\text{キク}}$ より，$n(A \cup B) = \boxed{\text{ケコ}}$ である。

(3) $n(A \cup B \cup C) = \boxed{\text{サシス}}$ である。

(4) $n(\overline{A} \cap \overline{B} \cap \overline{C}) = \boxed{\text{セソ}}$ である。

ただし，$\overline{A}$ は $A$ の補集合を表す。

**ヒント！** (2) では，$n(A \cup B) = n(A) + n(B) - n(A \cap B)$ の公式を使い，(3) では，$n(A \cup B \cup C) = n(A) + n(B) + n(C) - n(A \cap B) - n(B \cap C) - n(C \cap A) + n(A \cap B \cap C)$ の公式を使う。(4) では，ド・モルガンの法則を使って，$\overline{A} \cap \overline{B} \cap \overline{C} = \overline{A \cup B \cup C}$ となるのも大丈夫だね。

### ■ Baba のレクチャー

（ i ）$n(A \cup B)$ について考えよう。

集合 $U$ と $A$ と $B$ の関係を右のベン図で示す。ここで，集合 $A \cup B$( 和集合：$A$ または $B$) の要素の個数 $n(A \cup B)$ は，台紙に，$n(A)$ と $n(B)$ を表す丸い紙をペタン，ペタンと張

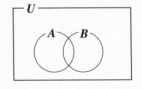

り，2 重に重なった $n(A \cap B)$ の部分を 1 枚ピロッとはがせば求

共通部分：$A$ かつ $B$

まる，と覚えておけばいいんだね。ボクは，これを "張り紙の

テクニック" と呼んでいる。つまり，

$$n(A \cup B) = n(A) + n(B) - n(A \cap B) \quad となる。$$

$$\left[\ \underset{}{\bigcirc\!\!\!\bigcirc} = \overset{\text{ペタン}}{\bigcirc} + \overset{\text{ペタン}}{\bigcirc} - \overset{\text{ピロッ！}}{\diagup}\ \right]$$

( ii ) $n(A \cup B \cup C)$ についても，同様に考えれ

ばいい。

　まず，集合 $U$ と $A$ と $B$ と $C$ の様子を

右のベン図に示した。ここで，和集合

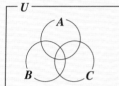

$A \cup B \cup C$ の要素の個数を求めるとき，これもまず台紙に $n(A)$，

$n(B)$，$n(C)$ を表す 3 枚の丸い紙を 1 部が重なるようにペタン，

ペタン，ペタンと張る。そして，2 重や 3 重に重なっている 3 つ

の部分 $n(A \cap B)$，$n(B \cap C)$，$n(C \cap A)$ をピロッ，ピロッ，ピロッ

とはがす。すると，真中で 3 重に重なっていた部分 $n(A \cap B \cap C)$

の部分がなくなってしまうので，この部分だけを最後に 1 枚ペタ

ンと張る。これで，$n(A \cup B \cup C)$ が求まるんだね。つまり，

$$n(A \cup B \cup C) = n(A) + n(B) + n(C)$$

$$\left[\ \underset{}{\bigcirc\!\!\!\bigcirc\!\!\!\bigcirc} = \overset{\text{ペタン}}{\bigcirc} + \overset{\text{ペタン}}{\bigcirc} + \overset{\text{ペタン}}{\bigcirc}\right.$$

$$-n(A \cap B) - n(B \cap C) - n(C \cap A) + (A \cap B \cap C)$$

$$\left.\underset{\text{ピロッ}}{-\ \diagup}\ \underset{\text{ピロッ}}{-\ \diagup}\ \underset{\text{ピロッ}}{-\ \diagup}\ \underset{\text{最後にペタン！}}{+\ \triangle}\ \right]$$

となる。どう？ "張り紙のテクニック" を使うと，簡単に集合

の要素の個数の公式が導けるだろう。

**ココがポイント**

(1) 全体集合 $U = \{1, 2, 3, 4, \cdots, 200\}$ より,

$U$ の要素の個数 $n(U) = 200$ だね。

$U$ の部分集合で, $3$ の倍数全体の集合, $5$ の倍数全体の集合, $7$ の倍数全体の集合をそれぞれ $A$, $B$, $C$ とおいているので,

$A = \{3, 6, 9, \cdots, 195, \boxed{198}\}$ ← $\boxed{3 \times \underline{66}}$

$B = \{5, 10, 15, \cdots, 195, \boxed{200}\}$ ← $\boxed{5 \times \underline{40}}$

$C = \{7, 14, 21, \cdots, 189, \boxed{196}\}$ より, ← $\boxed{7 \times \underline{28}}$

$n(A) = 66$ ……………………(答)( ア イ ) ⇦ $200 \div 3 = \underline{66}.\cdots$

$n(B) = 40$ ……………………(答)( ウ エ ) ⇦ $200 \div 5 = \underline{40}$

$n(C) = 28$ となる。…………(答)( オ カ ) ⇦ $200 \div 7 = \underline{28}.\cdots$

(2) $A \cap B$ は, $3$ かつ $5$ の倍数, すなわち $15$ の倍数全体の集合より, $n(A \cap B) = 13$ となる。

……………………(答)( キ ク ) ⇦ $200 \div 15 = \underline{13}.\cdots$

以上より, 和集合 $A \cup B$ の要素の個数は,

$n(A \cup B) = n(A) + n(B) - n(A \cap B)$

$\qquad = 66 + 40 - 13$

$\qquad = 93$ ……………………(答)( ケ コ )

(3) $B \cap C$ は, $5$ かつ $7$ の倍数, すなわち $35$ の倍数全体の集合より, $n(B \cap C) = 5$ であり, ⇦ $200 \div 35 = \underline{5}.\cdots$

$C \cap A$ は, $7$ かつ $3$ の倍数, すなわち $21$ の倍数全体の集合より, $n(C \cap A) = 9$ となる。 ⇦ $200 \div 21 = \underline{9}.\cdots$

さらに，$A \cap B \cap C$ は，3 かつ 5 かつ 7 の倍数，すなわち 105 の倍数全体の集合より，$n(A \cap B \cap C) = 1$ となるね。

⇦ $200 \div 105 = \underline{1.}\cdots$

以上より，集合 $A \cup B \cup C$ の要素の個数は，

$$\begin{aligned}
n(A \cup B \cup C) &= n(A) + n(B) + n(C) \\
&\quad - n(A \cap B) - n(B \cap C) - n(C \cap A) \\
&\quad + (A \cap B \cap C) \\
&= 66 + 40 + 28 \\
&\quad - 13 - 5 - 9 \\
&\quad + 1 \\
&= 108 \text{ となる。}\cdots\cdots\cdots(\text{答})(\text{サシス})
\end{aligned}$$

ペタン ペタン ペタン
⇦ 🍀 = ◯ + ◯ + ◯
ピロッ ピロッ ピロッ
－ ◗ － ◖ － ◗
ペタン！
＋ △

(4) $\overline{A} \cap \overline{B} \cap \overline{C} = \overline{A \cup B} \cap \overline{C} = \overline{A \cup B \cup C}$ より，

$\overline{A \cup B}$ ← ド・モルガン　　$\overline{A \cup B \cup C}$ ← ド・モルガン

⇦ ド・モルガンの法則
$\overline{X} \cap \overline{Y} = \overline{X \cup Y}$ を
2 回使うと，
$\overline{A} \cap \overline{B} \cap \overline{C} = \overline{A \cup B \cup C}$
が導ける！

$$\begin{aligned}
n(\overline{A} \cap \overline{B} \cap \overline{C}) &= n(\overline{A \cup B \cup C}) \\
&= \underbrace{n(U)}_{\boxed{200}} - \underbrace{n(A \cup B \cup C)}_{\boxed{108 \,((3) \text{の結果より})}} \\
&= 200 - 108 \\
&= 92 \text{ となって，答えだ！} \cdots\cdots\cdots(\text{答})(\text{セソ})
\end{aligned}$$

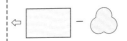

⇦ ☐ － 🍀

$n(A \cup B \cup C)$ を求める問題は，頻出典型問題の 1 つだから，共通テストでも当然出題される可能性が大きいよ。ペタン，ピロッと心の中で口ずさみながら解いていけば，間違いなく結果が導けるはずだ。頑張ってくれ！

## ● 必要条件と十分条件は，地図の北と南！？

必要条件・十分条件の問題は，共通テストでは頻出テーマの1つとなるはずだから，シッカリ，マスターしておこう！

---

| 演習問題 15 | 制限時間6分 | 難易度 ★ | CHECK*1* | CHECK*2* | CHECK*3* |
|---|---|---|---|---|---|

次の文中の　ア　～　オ　にあてはまるものを，下の⓪～③のうちから選べ。

(1) $xy = 0$ であることは，$x = 0$ かつ $y = 0$ であるための　ア

(2) $x < y$ であることは，$x^2 < y^2$ であるための　イ

(3) $|x| \leqq 3$ であることは，$x^2 \leqq 9$ であるための　ウ

(4) 正方形であることは，ひし形であるための　エ

(5) $A < 90°$ であることは，△ABC が鋭角三角形であるための　オ

(ただし，$x$，$y$ は実数，$A$ は△ABC の内角を表すものとする。)

⓪ 必要十分条件である。

① 必要条件ではあるが，十分条件でない。

② 十分条件ではあるが，必要条件ではない。

③ 必要条件でも，十分条件でもない。

---

ヒント！　命題：$p \to q$ (これを，"$p$ ならば $q$ である"と読む)が真のとき，$p$ を十分条件，$q$ を必要条件というんだね。この覚え方については，後で話そう。そして，$p \to q$ が偽であることを示すには，反例を1つだけ挙げればいいんだよ。

---

### Baba のレクチャー

(1) 必要条件，十分条件の覚え方

命題：

$p \to q$ が真のとき，$p$ を十分条件，$q$ を必要条件という。

必要条件 (*Necessary Condition*)

十分条件 (*Sufficient Condition*)

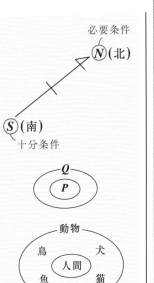

必要条件と十分条件の英語の頭文字はそれぞれ $N$ と $S$ だから，これは，右のような地図の記号と一緒に覚えておくと忘れないはずだね。

(2) 命題：$p \to q$ が真を示したいとするよ。このとき，右図のように，$p$ を表す集合 $P$ が，$q$ を表す集合 $Q$ に含まれることを示せばいいんだ。

たとえば，人間という集合は動物という集合に含まれるだろう。だから，人間→動物という命題は真といえるんだ。

〔人間ならば動物である！〕

---

## 解答＆解説

まず，命題が真であるときは " ○ " で，また，偽であるときは " × " で表すことにしよう。つまり，

(ⅰ) $p \to q$ が真ならば，$p \overset{\bigcirc}{\longrightarrow} q$ と表し，

(ⅱ) $p \to q$ が偽ならば，$p \overset{\times}{\longrightarrow} q$ と表そう。

(1) (ⅰ) $xy = 0 \overset{\times}{\longrightarrow} x = 0$ かつ $y = 0$

　　　（反例）$x = 1$，$y = 0$

(ⅱ) $xy = 0 \overset{\bigcirc}{\longleftarrow} x = 0$ かつ $y = 0$

これは，明らかに成り立つね。

以上 (ⅰ)(ⅱ) より，$xy = 0 \overset{}{\underset{}{\rightleftharpoons}} x = 0$ かつ $y = 0$

よって，$xy = 0$ は必要条件であるが，十分条件ではない。∴ ① ………………………(答)(ア)

## ココがポイント

⇦(ⅰ) $x = 1$，$y = 0$ のとき，$xy = 0$ だけど，$x = 0$ かつ $y = 0$ をみたさないね。だから，×だ。

⇦ $p \leftarrow q$ ：真

〔$N$（必要）だね！〕

47

(2) ( i ) $x < y \overset{\times}{\longrightarrow} x^2 < y^2$

　　　( 反例 )$x = -2$ , $y = 1$

　　( ii ) $x < y \overset{\times}{\longleftarrow} x^2 < y^2$

　　　( 反例 )$x = 1$ , $y = -2$

以上 ( i )( ii ) より，　$x < y \overset{\times}{\underset{\times}{\rightleftarrows}} x^2 < y^2$

よって，$x < y$ は，必要条件でも十分条件でも

ない。∴③ ……………………………………(答)(イ)

⇦ このとき，$x < y$ だけど，$x^2 = (-2)^2$, $y^2 = 1^2$ より，$x^2 > y^2$ となって，$x^2 < y^2$ は成り立たない。

⇦ このとき，$x^2 < y^2$ だけど，$x = 1$, $y = -2$ より，$x > y$ となって，$x < y$ は成り立たない。

(3) $|x| \leqq 3$ より，$-3 \leqq x \leqq 3$ となる。

また，

$x^2 \leqq 9$ より，$x^2 - 9 \leqq 0$

$(x + 3)(x - 3) \leqq 0$，　$-3 \leqq x \leqq 3$ となる。

よって，$|x| \leqq 3$ と $x^2 \leqq 9$ は，まったく同じ $x$ の

範囲を表すので，

$|x| \leqq 3 \overset{\bigcirc}{\underset{\bigcirc}{\rightleftarrows}} x^2 \leqq 9$ となる。

〔これは，必要十分条件〕

よって，$|x| \leqq 3$ は，$x^2 \leqq 9$ であるための必要十

分条件となる。∴⓪ ……………………………(答)(ウ)

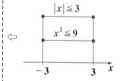

(4) ひし形とは，4 つの辺の長さが等しい四角形の

ことで，正方形とは，4 つの辺の長さが等しく，

かつ 4 つの内角がすべて 90° である四角形のこ

となんだね。

　ゆえに，右のベン図に示すように，正方形全

体を表す集合は，ひし形全体を表す集合に含ま

れる。

よって、　これは、"人間 $\longleftrightarrow$ 動物" と同じだね。

正方形 $\xleftarrow{\hspace{0.3cm}\times\hspace{0.3cm}}$ ひし形

これは矢印を出してるだけなので、十分条件 (S) だ！

以上より、正方形であることは、ひし形であることの十分条件であるが、必要条件ではない。

∴ ②　……………………………………(答)(エ)

⇦ ひし形であったとしても、4 つの内角が 90° になるとは限らないからね。

(5) 鋭角三角形とは、3 つの内角がすべて鋭角 (90°より小さい角) である三角形のことなんだ。

よって、

( i ) A < 90° $\xleftarrow{\hspace{0.5cm}\ominus\hspace{0.5cm}}$ △ABC が鋭角三角形

これは、必ず成り立つ。

( ii ) A < 90° $\xrightarrow{\hspace{0.3cm}\times\hspace{0.3cm}}$ △ABC が鋭角三角形

　( 反例 ) A = 30°、B = 20°、C = 130°

鈍角

以上 ( i )( ii ) より、

　A < 90° $\xleftarrow[\hspace{0.3cm}\times\hspace{0.3cm}]{\hspace{0.3cm}\ominus\hspace{0.3cm}}$ △ABC が鋭角三角形

これは矢印が来てるので、必要条件 (N) だ！

⇦ ∠A が鋭角でも、∠C が鈍角の場合もあり得る。

よって、

A < 90° であることは、△ABC が鋭角三角形であるための必要条件であるが、十分条件ではない。∴ ①　……………………………………(答)(オ)

どう？　この位練習すれば、必要条件・十分条件を解くためのコツがずい分つかめただろう。それでは、さらに練習してみよう。

次も，必要条件・十分条件の問題だけれど，対偶による命題の証明など
が必要になる，少しレベルの高い問題だ。頑張って，チャレンジしよう！

---

| 演習問題 16 | 制限時間7分 | 難易度 ★★ | CHECK1 | CHECK2 | CHECK3 |

次の文中の ア ～ ウ にあてはまるものを，下の⓪～③のうちから
選べ。

(1) 正の数 $a$, $b$ について，

　　$ab < 1$ であることは，$a + b < 2$ であるための ア

(2) 実数 $a$, $b$, $c$ について，

　　$a + b + c > 0$ であることは，$a$, $b$, $c$ のうち少なくとも1つが正で
　　あるための イ

(3) 整数 $a$, $b$ について，

　　$a^2 + b^2$ が4の倍数であることは，$a$, $b$ が共に偶数であるための
　　 ウ

⓪必要十分条件である。

①必要条件であるが，十分条件ではない。

②十分条件であるが，必要条件でない。

③必要条件でも，十分条件でもない。

---

**ヒント!** (1) で，"$ab < 1 \leftarrow a + b < 2$" が真であることを示すのに相加・相乗
平均の不等式が役に立つよ。(2)(3) については，対偶による証明法が有効だ。
(2) では "$a + b + c > 0 \rightarrow a$, $b$, $c$ のうち少なくとも1つが正"を，また (3)
では "$a^2 + b^2$ が4の倍数 $\rightarrow a$, $b$ が共に偶数"を，その対偶命題をとること
によって，真であることを示せばいいよ。論証の最終問題だ。頑張ろう！

---

## 解答&解説

命題が真であるときは"〇"で，また，偽である
ときは"×"で表すことにしよう。

## ココがポイント

**(1)** 正の実数 $a$, $b$ について,

(ⅰ) $ab < 1 \not\longrightarrow a + b < 2$

（反例）$a = 2$, $b = \dfrac{1}{3}$

⇦ (ⅰ) $a = 2$, $b = \dfrac{1}{3}$ のとき,
$a \cdot b = \dfrac{2}{3} < 1$ をみた
すけれど,
$a + b = 2 + \dfrac{1}{3}$
となって, $a + b < 2$
をみたさないね。

(ⅱ) $ab < 1 \longleftarrow a + b < 2$ について調べよう。

これは, $a > 0$, $b > 0$ の条件があるので,
容易に反例も見つからない。でも, $a + b$
と $ab$ は $a$ と $b$ の基本対称式であり, $a > 0$,
$b > 0$ の条件があるので, 相加・相乗平均
の不等式が使えそうだって, 気付いた人,
正解に近づいたんだよ。

⇦ 相加・相乗平均の不等式：
$a > 0$, $b > 0$ のとき,
$a + b \geqq 2\sqrt{ab}$
が成り立つ。
$\begin{pmatrix} \text{等号成立条件} \\ a = b \end{pmatrix}$

$a + b < 2$ のとき,

$a > 0$, $b > 0$ より, 相加・相乗平均の不等式
を用いて,

$\underline{\underline{2 > a + b \geqq 2\sqrt{ab}}}$ となる。

よって, $\underline{\underline{2 > 2\sqrt{ab}}}$ より, 両辺を 2 で割って,

$1 > \sqrt{ab}$

ここで, この両辺は正より, この両辺を 2
乗しても, 大小関係は変わらないね。こ
れから, $1 > ab$ となる。

よって, $ab < 1 \longleftarrow a + b < 2$ となる。

⇦ $A > B(>0)$ ならば,
$A^2 > B^2$ が成り立つ。

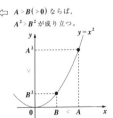

矢印が来てるので, 必要条件 $(N)$

以上 (ⅰ)(ⅱ) より, $ab < 1 \not\longleftrightarrow a + b < 2$

よって, $ab < 1$ は, 必要条件であるが, 十分
条件ではない。

∴ ① ......................................................(答)(ア)

対偶命題による証明法

命題 "$p \rightarrow q$" が真であることを示すには,

> "$p$ であるならば $q$ である"

その対偶命題 "$\overline{q} \rightarrow \overline{p}$" が真であることを示せばいい。

> "$q$ でないならば $p$ でない"

(2) 実数 $a$, $b$, $c$ について,

（ⅰ）$a+b+c>0$ ──→「$a$, $b$, $c$ のうち少なくとも 1 つは正」

について,この対偶命題をとると,

$a$, $b$, $c$ のいずれも 0 以下 ──→ $a+b+c \leqq 0$

となって,$a \leqq 0$ かつ $b \leqq 0$ かつ $c \leqq 0$ ならば,$a+b+c \leqq 0$ となることは真だね。よって,元の命題も真。

$$\therefore a+b+c>0 \longrightarrow 「a, b, c のうち少なくとも 1 つは正」$$

（ⅱ）$a+b+c>0$ ◁─✕─「$a$, $b$, $c$ のうち少なくとも 1 つは正」

（反例）$a=1$, $b=c=-1$

以上（ⅰ）（ⅱ）より,

$$a+b+c>0 \underset{✕}{\overset{\longrightarrow}{\longleftarrow}} 「a, b, c のうち少なくとも 1 つは正」$$

よって,$a+b+c>0$ は,十分条件であるが,必要条件ではない。∴ ② ‥‥‥‥‥‥‥‥(答)(イ)

⇦ 命題 "$p \rightarrow q$" の直接の証明が難しいときは,対偶 "$\overline{q} \rightarrow \overline{p}$" が成り立つことを示せばいい！

⇦ "少なくとも 1 つ" の否定は,"いずれも" になる。

⇦ 3 つの 0 以下の数をたしたものも当然 0 以下になる。

⇦ $a=1$, $b=c=-1$ のとき,$a$, $b$, $c$ のうちいずれか 1 つは正,をみたすが,$a+b+c=-1$ となって,$a+b+c>0$ をみたさない。

**(3)** 整数 $a$ , $b$ について,

$(\mathrm{I})$ $a^2+b^2$ が 4 の倍数 $\longrightarrow$ $a$ , $b$ 共に偶数

について, この対偶命題をとると,

<u>$a$ または $b$ が奇数</u> $\longrightarrow$ $a^2+b^2$ は 4 の倍数でない。

となる。 これは 3 通りある。

⇦ これも,証明しづらいので,対偶をとろう！

⇦ "共に ( かつ )" の否定は "または" になる。

よって, $k$ , $m$ を整数として,

$(\mathrm{i})$ $a=2k+1$ , $b=2m$ のとき,

$$a^2+b^2=(2k+1)^2+(2m)^2$$
$$=4(k^2+k+m^2)+1$$

4 の倍数 でない！

⇦ $a$ が奇数, $b$ が偶数

$(\mathrm{ii})$ $a=2k$ , $b=2m+1$ のとき,

$$a^2+b^2=4(k^2+m^2+m)+1$$

⇦ $a$ が偶数, $b$ が奇数

$(\mathrm{iii})$ $a=2k+1$ , $b=2m+1$ のとき,

$$a^2+b^2=4(k^2+k+m^2+m)+2$$

⇦ $a$ , $b$ が共に奇数

以上 $(\mathrm{i})(\mathrm{ii})(\mathrm{iii})$ より,

$a$ または $b$ が奇数 $\longrightarrow$ $a^2+b^2$ は 4 の倍数でない。

対偶が真なので, 元の命題も真だね。よって,

$a^2+b^2$ が 4 の倍数 $\longrightarrow$ $a$ , $b$ 共に偶数

$(\mathrm{II})$ $a^2+b^2$ が 4 の倍数 $\longleftarrow$ $a$ , $b$ 共に偶数

となるのはいいね。 $a$ , $b$ が共に偶数ならば,

$a=2k$ , $b=2m$ となって,

4 の倍数

$a^2+b^2=(2k)^2+(2m)^2=4(k^2+m^2)$ だからね。

以上 $(\mathrm{I})(\mathrm{II})$ より,

$a^2+b^2$ が 4 の倍数 $\Longleftrightarrow$ $a$ , $b$ 共に偶数

よって, $a^2+b^2$ が 4 の倍数であることは, $a$ , $b$

が共に偶数であるための必要十分条件となる。

$\therefore$ ⓪ ………………………………………(答)(ウ)

$k$ を定数とする。自然数 $m, n$ に関する条件 $p, q, r$ を次のように定める。

$p : m > k$ または $n > k$ 　　　　$q : mn > k^2$ 　　　　$r : mn > k$

**(1)** 次の ｜ ア ｜ に当てはまるものを，下の⓪～③のうちから一つ選べ。

　　$p$ の否定 $\bar{p}$ は ｜ ア ｜ である。

　　⓪ $m > k$ または $n > k$ 　　　　① $m > k$ かつ $n > k$

　　② $m \leqq k$ かつ $n \leqq k$ 　　　　③ $m \leqq k$ または $n \leqq k$

**(2)** 次の ｜ イ ｜ ～ ｜ エ ｜ に当てはまるものを，下の⓪～③のうちから一つずつ選べ。ただし，同じものを繰り返し選んでもよい。

　（ i ）$k = 1$ とする。

　　$p$ は $q$ であるための ｜ イ ｜。

　（ ii ）$k = 2$ とする。

　　$p$ は $r$ であるための ｜ ウ ｜。$p$ は $q$ であるための ｜ エ ｜。

　⓪ 必要十分条件である 　　　① 必要条件であるが，十分条件でない

　② 十分条件であるが，必要条件でない

　③ 必要条件でも十分条件でもない

> ▶ **ヒント！** **(1)** "または" の否定は "かつ" になることに気を付けよう。**(2)** の命題の証明では，対偶を使って考えると分かりやすいはずだ。頑張ろう！

### 解答＆解説

**(1)** $p : m > k$ または $n > k$ の否定 $\bar{p}$ は，

　　$\bar{p} : m \leqq k$ かつ $n \leqq k$ 　　∴② …………………(答)(ア)

**(2)** ( i ) $k = 1$ のとき，自然数 $m, n$ について，

$$\begin{cases} p : m > 1 \text{ または } n > 1 \\ q : mn > 1 \end{cases} \text{ となる。}$$

　　・$p$ の否定 $\bar{p}$ は，$m \leqq 1$ かつ $n \leqq 1$ より，

　　　自然数 $m, n$ の組は $(m, n) = (1, 1)$ のみ。

　　・$q$ の否定 $\bar{q}$ は，$mn \leqq 1$ より，これをみたす

　　　自然数 $m, n$ の組は $(m, n) = (1, 1)$ のみ。

　　以上より，$\bar{p}$ と $\bar{q}$ はいずれも同じ $(m, n) = (1, 1)$

### ココがポイント

⇦ "または" の否定は "かつ" となることに要注意だ。

⇦ $q : mn > 1^2$ だからね。

$\therefore \overline{p} \longrightarrow \overline{q}$ より $p \longleftarrow q$

$\overline{p} \longleftarrow \overline{q}$ より $p \longrightarrow q$

対偶による
証明だね。

⇦ 命題が真のときは "○" を，偽のときは "×" をつけて示す。

よって，$p \overset{\bigcirc}{\underset{\phantom{x}}{\longleftrightarrow}} q$ より，$p$ は $q$ であるための必要十分条件である。　$\therefore$ ⓪ ………(答)(イ)

(ⅱ) $k=2$ のとき，自然数 $m$，$n$ について，

$\cdot \begin{cases} p: m>2 \text{ または } n>2 \\ r: mn>2 \end{cases}$ となる。

$\cdot$ $p$ の否定 $\overline{p}: m \leqq 2$ かつ $n \leqq 2$ より，

$(m, n)=(1,1),\ (1,2),\ (2,1),\ (2,2)$ の **4** 通り

$\cdot$ $r$ の否定 $\overline{r}: mn \leqq 2$ より

$(m, n)=(1,1),\ (1,2),\ (2,1)$ の **3** 通り

⇦ $\overline{p}$ の集合 $\overline{P}$ は，$\overline{r}$ の集合 $\overline{R}$ を含む。　つまり，

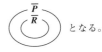

となる。

よって，$\overline{r} \longrightarrow \overline{p}$ より

$p \longrightarrow r$ となる。

対偶による証明

よって，$\overline{r} \longrightarrow \overline{p}$

"人間" ⟶ "動物" と同じ

$(\overline{r} \longleftarrow\!\!\!\times\!\!\!\longrightarrow \overline{p})$

$\therefore$ $p$ は，$r$ であるための十分条件であるが，必要条件ではない。　　$\therefore$ ② ………(答)(ウ)

$\cdot \begin{cases} p: m>2 \text{ または } n>2 \\ q: mn>4 \end{cases}$ となる。

$\cdot$ $p$ の否定 $\overline{p}$ は，$(m, n)=(1,1),\ (1,2),$
$(2,1),\ (2,2)$ の **4** 通り

$\cdot$ $q$ の否定 $\overline{q}: mn \leqq 4$ より，

$(m, n)=(1,1),\ (1,2),\ (1,3),\ (1,4),$
$\qquad\quad\ (2,1),\ (2,2),\ (3,1),\ (4,1)$
の **8** 通り

⇦ $\overline{p}$ の集合 $\overline{P}$ は，$\overline{q}$ の集合 $\overline{Q}$ に含まれる。

よって，$\overline{p} \longrightarrow \overline{q}$

$(\overline{p} \longleftarrow\!\!\!\times\!\!\!\longrightarrow \overline{q})$

よって，$\overline{p} \longrightarrow \overline{q}$ より

$p \longleftarrow q$ となる。

対偶による証明

$\therefore$ $p$ は，$q$ であるための必要条件であるが，十分条件ではない。　$\therefore$ ① ………(答)(エ)

これは，過去問だったんだね。対偶と真理集合をうまく使うことが，コツだったんだね。大丈夫だった？

三角形に関する条件 $p$, $q$, $r$ を次のように定める。

$p$：三つの内角がすべて異なる     $q$：直角三角形でない

$r$：$45°$ の内角は一つもない

条件 $p$ の否定を $\overline{p}$ で表し，同様に $\overline{q}$, $\overline{r}$ はそれぞれ条件 $q$, $r$ の否定を表すものとする。

(1) 命題「$r \longrightarrow (p$ または $q)$」の対偶は「$\boxed{\text{ア}} \longrightarrow \overline{r}$」である。

$\boxed{\text{ア}}$ に当てはまるものを，次の⓪〜③のうちから一つ選べ。

⓪ $(p$ かつ $q)$　　①$(\overline{p}$ かつ $\overline{q})$　　②$(\overline{p}$ または $q)$　　③$(\overline{p}$ または $\overline{q})$

(2) 次の⓪〜④のうち，命題「$(p$ または $q) \longrightarrow r$」に対する反例となっている三角形は $\boxed{\text{イ}}$ と $\boxed{\text{ウ}}$ である。

$\boxed{\text{イ}}$ と $\boxed{\text{ウ}}$ に当てはまるものを，⓪〜④のうちから一つずつ選べ。ただし，$\boxed{\text{イ}}$ と $\boxed{\text{ウ}}$ の解答の順序は問わない。

⓪直角二等辺三角形　①内角が $30°$, $45°$, $105°$ の三角形　②正三角形

③3辺の長さが 3，4，5 の三角形　④頂角が $45°$ の二等辺三角形

(3) $r$ は $(p$ または $q)$ であるための $\boxed{\text{エ}}$。

$\boxed{\text{エ}}$ に当てはまるものを，次の⓪〜③のうちから一つ選べ。

⓪ 必要十分条件である　　① 必要条件であるが，十分条件ではない

② 十分条件であるが，必要条件ではない

③ 必要条件でも十分条件でもない

ヒント！ **(2)** 長文で読みづらい問題だけれど，各三角形について，$p$, $q$, $r$ をみたすか否かの表を作って考えると，シンプルに解けるはずだ。チャレンジしてごらん。

**解答＆解説**

**ココがポイント**

(1) 命題「$r \longrightarrow (p$ または $q)$」の対偶は，

「$\overline{(p\text{ または }q)} \longrightarrow \overline{r}$」，すなわち

「$(\overline{p}$ かつ $\overline{q}) \longrightarrow \overline{r}$」となる。∴① ………(答)(ア)

⇦ "または" の否定は "かつ" になる。

56

(2) ⓪〜④の三角形で，$p$，$q$，$r$をみたすものには "○" を，みたさない
ものには "×" をつけて表にすると，右下のようになる。

これから，$(p$ または $q)$ をみたすのは，

①，②，③，④であり，この内，

$(p$ または $q) \longrightarrow r$ に対する

反例となるものは，①と④である。

…………(答)(イ，ウ)

|     | $p$ | $q$ | $r$ |
|-----|-----|-----|-----|
| ⓪   | ×   | ×   | ×   |
| ①   | ○   | ○   | ×   |
| ②   | ×   | ○   | ○   |
| ③   | ○   | ×   | ○   |
| ④   | ×   | ○   | ×   |

$\left[\begin{array}{l} (p \text{ または } q) \text{ は，} \\ p, q \text{ の内，少な} \\ \text{くとも } 1 \text{つが○で} \\ \text{あればいい。} \end{array}\right]$

(3) (2) の結果より，

$r \overset{\times}{\longleftarrow} (p$ または $q)$ 　（反例は①，④）

よって，$r$は必要条件ではない。

次に，

$r \longrightarrow (p$ または $q)$ の真・偽を調べるために，

この対偶をとると，

$\overline{r} \longleftarrow (\overline{p}$ かつ $\overline{q})$ となる。

ここで，$\overline{p}$ かつ $\overline{q}$：少なくとも **2** つの内角が等し
い直角三角形とは，辺の比が $1:1:\sqrt{2}$ の直角二
等辺三角形のことである。よって，$\overline{r}$をみたす。

$\therefore \overline{r} \longleftarrow (\overline{p}$ かつ $\overline{q})$ より

　$r \longrightarrow (p$ または $q)$ となるので，

$r$は，十分条件である。

以上より，$r$は，$(p$ または $q)$ であるための十分
条件であるが，必要条件ではない。

$\therefore$ ② …………………………………………(答)(エ)

⇦ $\overline{p}$：3 つの内角のうち，少
　なくとも 2 つは等しい。
　$\overline{q}$：直角三角形である。
　$\overline{r}$：少なくとも 1 つの内角
　は 45° である。

⇦ 対偶による証明法を
　使った。

文章も長く，しかも，条件 $p$，$q$，$r$ が否定形で与えられているので，とて
も読みづらい問題だけれど，表を使ったり，対偶をとったりして，うまく
解きこなしていくことがコツなんだね。

では次，背理法による証明問題についても練習しておこう。

正の数 $a$, $b$ を用いて, $2$ つの式 $A$, $B$ を次のようにおく。

$A = a + 4b$ ……① , $B = \dfrac{9}{a} + \dfrac{1}{b}$ ……②

このとき,

命題「$A$, $B$ のうち少なくとも $1$ つは $5$ 以上である。」……($**$)

が真であることを背理法により示す。まず,

$A <$ ［ ア ］ かつ $B <$ ［ ア ］ と仮定すると,

①＋②より, $A + B <$ ［ イウ ］ ……③ となる。

ここで, 相加・相乗平均の不等式より,

$a + \dfrac{9}{a} \geqq$ ［ エ ］ となり, かつ,

$4b + \dfrac{1}{b} \geqq$ ［ オ ］ となる。よって,

$A + B \geqq$ ［ カキ ］ となって, これは③に矛盾する。

以上から, 背理法により, 命題 ($**$) は真である。

ヒント！ 命題「$q$ である。」が真であることを示すには, まず「$q$ でない。」と仮定して矛盾を導けばいい。これが, 背理法による証明法なんだね。今回の問題では, 相加・相乗平均の不等式も利用して解いていこう。

### 解答＆解説

正の数 $a,b$ を用いて, $2$ つの式 $A,B$ を次のようにおく。

$A = a + 4b$ ……①　　　$B = \dfrac{9}{a} + \dfrac{1}{b}$ ……②

このとき, 命題「$A$, $B$ のうち少なくとも $1$ つは $5$ 以上である。」……($**$) が真であることを背理法により示す。

まず, ($**$) の否定として,

「$A$, $B$ が共に $5$ より小である。」, すなわち,

$\begin{cases} A = a + 4b < 5 \quad \text{かつ} \\ B = \dfrac{9}{a} + \dfrac{1}{b} < 5 \quad \text{であると仮定する。} \end{cases}$ ………(答)(ア)

### ココがポイント

⇦ 命題 ($**$) の否定は「$A$, $B$ は共に $5$ より小である。」になるんだね。

58

これらを辺々たし合わせると，

$A + B < 5 + 5$

$\therefore A + B < 10$ ……③ となる。 ……………(答)(イウ)

ここで，①，②より，

$\underset{\sim}{A} + \underline{B} = a + 4b + \dfrac{9}{a} + \dfrac{1}{b}$

$\qquad\qquad = a + \dfrac{9}{a} + 4b + \dfrac{1}{b}$ ……④ となる。

ここで，$a > 0$，$b > 0$ より，相加・相乗平均の不等式を用いると，

$a + \dfrac{9}{a} \geqq 2\sqrt{a \times \dfrac{9}{a}} = 2 \times 3 = \underset{=}{6}$ ……………(答)(エ)

$4b + \dfrac{1}{b} \geqq 2\sqrt{4b \times \dfrac{1}{b}} = 2 \times 2 = \underset{=}{4}$ ……………(答)(オ)

となる。

よって，④は，

$A + B = a + \dfrac{9}{a} + 4b + \dfrac{1}{b} \geqq \underset{=}{6} + \underset{=}{4} = 10$

すなわち，

$A + B \geqq 10$……………………………(答)(カキ)

となって，③の不等式と矛盾する。

以上より，

命題「$A$, $B$ のうち少なくとも $1$ つは $5$ 以上である。」

……( ＊＊ ) は真である。

⇦ $x > 0$ かつ $y > 0$ のとき，
相加・相乗平均の不等式より，
$x + y \geqq 2\sqrt{xy}$ となる。
(等号成立条件：$x = y$)

⇦ これで，背理法が完成したんだね。

　どう？背理法と相加・相乗平均の不等式を利用する面白い問題だったでしょう？共通テストでは，これから，論証系の問題も頻出となるはずだから，よく反復練習しておこう。

**1. 和集合の要素の個数**

（ ⅰ ）$A \cap B \neq \phi$ のとき，　←　$n(A \cap B) \neq 0$

$$n(A \cup B) = n(A) + n(B) - n(A \cap B)$$

$$\left[ \; \bigcirc\!\!\bigcirc \; = \; \bigcirc \; + \; \bigcirc \; - \; \Diamond \; \right]$$

（ ⅱ ）$A \cap B = \phi$ のとき，　←　$n(A \cap B) = 0$

$$n(A \cup B) = n(A) + n(B)$$

$$\left[ \; \bigcirc\bigcirc \; = \; \bigcirc \; + \bigcirc \; \right]$$

**2. ド・モルガンの法則**

（ ⅰ ）$\overline{A \cup B} = \overline{A} \cap \overline{B}$ 　　　（ ⅱ ）$\overline{A \cap B} = \overline{A} \cup \overline{B}$

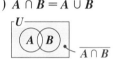

**3. 必要条件・十分条件**

命題 "$p \to q$" が真のとき，

$$\begin{cases} \text{・} p \text{ は } q \text{ であるための十分条件} \\ \text{・} q \text{ は } p \text{ であるための必要条件} \end{cases}$$

$p \to q$ が真のとき

$P$ ：$p$ の真理集合
$Q$ ：$q$ の真理集合

**4. 対偶**

命題：$p \to q$　　「$p$ ならば，$q$ である。」

対偶：$\overline{q} \to \overline{p}$　　「$q$ でないならば，$p$ でない。」

　　（元の命題とその対偶の真・偽は一致する。）

**5. 対偶による証明法：**"$p \to q$" が真であることをいうためには，
対偶 "$\overline{q} \to \overline{p}$" が真であることを示せばよい。

**6. 背理法による証明：**"$p \to q$" や "$q$ である" が真であることを
示すには，$\overline{q}$（$q$ でない）と仮定して矛盾を示せばよい。

**7. 否定**

（ ⅰ ）"または" の否定は "かつ"

（ ⅱ ）"かつ" の否定は "または"

（ ⅲ ）"少なくとも 1 つ" の否定は "すべての"

（ ⅳ ）"すべての" の否定は "少なくとも 1 つ"

# 講義 3 2次関数

## 2次関数はグラフと場合分けがポイントだ!

- ▶ **2次方程式・2次不等式**
  （絶対値が入ったものも含む）

- ▶ **2次関数と最大・最小**

- ▶ **2次関数の応用**
  （$x$軸との位置関係、平行・対称移動など）

- ▶ **2次方程式の解の範囲の問題**

あせらず コツコツと...

# ◆講◆義◆3◆ 2次関数

　さァ，これから"**2次関数**"の解説講義に入るよ。これも"**数と式**"と同じように，共通テスト数学 **I・A** の必答問題として必ず出題されるだけでなく，他の分野の問題を解く上での基本にもなっている。つまり，**2**次関数は共通テスト数学の中で，最重要分野と言えるんだよ。

　それでは，ここで，"**2次関数**"の中でも，特によく共通テストで狙われる分野を下に列挙しておくから，参考にしてくれ。
・**2次方程式・不等式**
・**絶対値の入った2次不等式**
・**2次関数と最大・最小**
・**2次関数の応用 (**$x$ **軸との位置関係，平行移動など )**
・**解の範囲の問題**

　**2**次関数については，結構得意にしている人が多いと思うけれど，共通テストでは，さまざまな融合形式で出題されるし，計算量も多いから，思ったより手ゴワインだよ。しかも，限られた短い時間内で解かないといけないから，油断は禁物だ。

　また，**2**次方程式の判別式や，**2**次関数と $x$ 軸との位置関係，および **2**次関数の対称移動など，重要と思われるテーマについては，この講義で詳しく教えていくつもりだ。今回も基本からていねいに解説するから，シッカリ理解してくれ。そして，その後の反復練習をキッチリやれば，この **2**次関数も本当の得意分野になるんだよ。頑張ろうな！

## ● 絶対値の入った2次不等式の問題から始めよう！

それではまず，絶対値の入った次の**2次不等式**の問題を解いてみよう。

| 演習問題 20 | 制限時間5分 | 難易度 ★ | CHECK*1* | CHECK*2* | CHECK*3* |
|---|---|---|---|---|---|

$x$ の不等式 $|x^2 - 4x| \leq 1$ の解は，

$$\boxed{ア} - \sqrt{\boxed{イ}} \leq x \leq \boxed{ウ} - \sqrt{\boxed{エ}},$$

$$\boxed{オ} + \sqrt{\boxed{カ}} \leq x \leq \boxed{キ} + \sqrt{\boxed{ク}} \text{ である。}$$

ヒント！ $|A| \leq r$ ($r$：正の定数) ならば，$-r \leq A \leq r$ となるんだったね。だから，この不等式 $|x^2 - 4x| \leq 1$ は，$-1 \leq x^2 - 4x \leq 1$ と変形できるので，後は2つの不等式に分解して解いていけばいいんだね。

### 解答&解説

$|x^2 - 4x| \leq 1$ …① より，

$\underset{(\text{i})}{-1} \leq \underset{(\text{ii})}{\underbrace{x^2 - 4x}} \leq 1$ …② となるんだね。

②はさらに次の2つの不等式に分解される。

$\begin{cases} (\text{i}) \ x^2 - 4x \geq -1 \text{ …③} \quad \dot{\text{か}}\dot{\text{つ}} \\ (\text{ii}) \ x^2 - 4x \leq 1 \text{ ……④} \end{cases}$

( i ) $x^2 - 4x \geq -1$ …③ より，

$x^2 - 4x + 1 \geq 0$

2次方程式 $\underset{(a)}{1} \cdot x^2 \underset{(2b')}{- 4x} \underset{(c)}{+ 1} = 0$ の解は，

$x = \dfrac{-(-2) \pm \sqrt{(-2)^2 - 1 \cdot 1}}{1}$

解の公式：$x = \dfrac{-b' \pm \sqrt{b'^2 - ac}}{a}$

$= 2 \pm \sqrt{3}$ となる。

∴③の不等式の解は，

$x \leq \underset{(1.7)}{2 - \sqrt{3}}$ または $\underset{(1.7)}{2 + \sqrt{3}} \leq x$ となる。

### ココがポイント

⇦ $|A| \leq r$ ($r > 0$)
ならば，
$-r \leq A \leq r$ と変形できる！

⇦ $y = x^2 - 4x + 1$ とおくと，
$y \geq 0$ となる $x$ の範囲が，
( i ) の解になる。

講義1 数と式

講義2 集合と論理

講義3 2次関数

63

（ⅱ）$x^2 - 4x \leqq 1$ …④より，

$x^2 - 4x - 1 \leqq 0$

2次方程式 $\underset{\underset{(a)}{\smile}}{1} \cdot x^2 \underset{\underset{(2b')}{\smile}}{-4x} \underset{\underset{(c)}{\smile}}{-1} = 0$ の解は，

$$x = \frac{-(-2) \pm \sqrt{(-2)^2 - 1 \cdot (-1)}}{1}$$

解の公式：
$$x = \frac{-b' \pm \sqrt{b'^2 - ac}}{a}$$

$= 2 \pm \sqrt{5}$

∴④の不等式の解は，

$\underset{\underset{(2.2)}{\smile}}{2 - \sqrt{5}} \leqq x \leqq \underset{\underset{(2.2)}{\smile}}{2 + \sqrt{5}}$

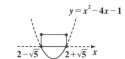

⇦$y = x^2 - 4x - 1$ とおくと，$y \leqq 0$ となる $x$ の範囲が，（ⅱ）の解となる。

$y = x^2 - 4x - 1$

$2 - \sqrt{5}$　$2 + \sqrt{5}$　$x$

以上より，

$\begin{cases}（ⅰ）x \leqq \underset{\underset{(0.3)}{\smile}}{2 - \sqrt{3}} \text{ または } \underset{\underset{(3.7)}{\smile}}{2 + \sqrt{3}} \leqq x \\ \text{かつ} \\ （ⅱ）\underset{\underset{(-0.2)}{\smile}}{2 - \sqrt{5}} \leqq x \leqq \underset{\underset{(4.2)}{\smile}}{2 + \sqrt{5}} \quad \text{となるので，} \end{cases}$

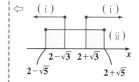

⇦（ⅰ）　　　（ⅰ）

　　　　　（ⅱ）

$2 - \sqrt{3}$　$2 + \sqrt{3}$　$x$

$2 - \sqrt{5}$　　　　$2 + \sqrt{5}$

（ⅰ）と（ⅱ）を同時にみたす $x$ の範囲が②，すなわち①の不等式の解となる。

∴ $2 - \sqrt{5} \leqq x \leqq 2 - \sqrt{3}$，または

$2 + \sqrt{3} \leqq x \leqq 2 + \sqrt{5}$ である。……………(答)

（ア，イ，ウ，エ，オ，カ，キ，ク）


　ウォーミング・アップ問題にしてはかなり計算も大変だったね。このように2次不等式は，2次関数のグラフのイメージで解くと分かりやすいんだね。

## ● 整数問題との融合問題にチャレンジだ！

それでは次，2次関数と整数問題が組み合わされた問題を解いてみよう。この整数問題は範囲が押さえられる型のものだ。落ちついて解いていこう！

| 演習問題 21 | 制限時間10分 | 難易度 ★★ | CHECK1 | CHECK2 | CHECK3 |
| --- | --- | --- | --- | --- | --- |

$a$ を定数とし，2次関数 $y=-x^2+(2a-5)x-2a^2+5a+3$ のグラフを $C$ とする。

(1) グラフ $C$ の頂点の座標は $\left(\dfrac{2a-\boxed{\text{ア}}}{\boxed{\text{イ}}},\ \dfrac{-4a^2+\boxed{\text{ウエ}}}{4}\right)$ である。

(2) グラフ $C$ と $x$ 軸が異なる2点で交わるための $a$ の範囲は

$$-\dfrac{\sqrt{\boxed{\text{オカ}}}}{\boxed{\text{キ}}}<a<\dfrac{\sqrt{\boxed{\text{オカ}}}}{\boxed{\text{キ}}}\ \cdots\text{①}\ \text{である。}$$

(3) $a$ は①を満たす整数とする。このとき，グラフ $C$ と $x$ 軸との二つの交点の $x$ 座標がともに整数となるのは，$a=\boxed{\text{ク}}$ または $a=\boxed{\text{ケコ}}$ の場合であり，その場合に限る。$a=\boxed{\text{ケコ}}$ のとき，交点の $x$ 座標は $\boxed{\text{サシ}}$ と $\boxed{\text{スセ}}$ である。ただし，$\boxed{\text{サシ}}$ と $\boxed{\text{スセ}}$ は解答の順序を問わない。

ヒント！ (1)は2次関数の頂点を求めるだけだね。(2)は，判別式 $D>0$ を用いてもいいよ。(3)は，整数問題だけど，予め範囲が押さえられているので解きやすいと思う。これは過去問だ。例年，このレベルの問題が出題されるんだよ。頑張ろう！

### 解答＆解説

### ココがポイント

(1) $y=-x^2+(2a-5)x-2a^2+5a+3$

$=-\left\{x^2-(2a-5)x+\dfrac{(2a-5)^2}{4}\right\}$ ← $-(x-p)^2$ の形を作る！

（2で割って2乗）

$-2a^2+5a+3+\dfrac{(2a-5)^2}{4}$ ← $\dfrac{(2a-5)^2}{4}$ を引いた分，たす！

⇦ 2次関数の一般形

65

$$y = -\left(x - \frac{2a-5}{2}\right)^2 - 2a^2 + 5a + 3 + \frac{4a^2 - 20a + 25}{4}$$

$$\underbrace{\frac{-8a^2 + 20a + 12 + 4a^2 - 20a + 25}{4}}$$

$$\therefore \ y = -\left(x - \frac{2a-5}{2}\right)^2 + \frac{-4a^2 + 37}{4} \quad \boxed{\text{上に凸の放物線}}$$

よって，この放物線 $C$ の頂点の座標は，

$$\left(\frac{2a-5}{2}, \ \frac{-4a^2+37}{4}\right) \text{である。} \cdots \text{(答)}(ア，イ，ウエ)$$

⇦ 標準形：$y = -(x-p)^2 + q$ から，点 $(p,\ q)$ を頂点とする上に凸の放物線だと分かる。

**(2)** 曲線 $C$ は上に凸の放物線より，これが $x$ 軸と異なる $2$ 点で交わるための条件は，右図に示すように，この頂点の $y$ 座標が正となることだね。よって，

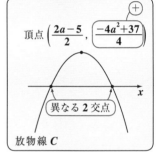

$$\frac{-4a^2 + 37}{4} > 0$$

$\boxed{\text{両辺に } 4 \text{ をかけて}}$

$$-4a^2 + 37 > 0$$

$\boxed{\text{両辺に } -1 \text{ をかけて}}$

$$4a^2 - 37 < 0$$

$$(2a + \sqrt{37})(2a - \sqrt{37}) < 0 \text{ の解は}$$

$$\left(\begin{array}{l} \text{方程式 } (2a + \sqrt{37})(2a - \sqrt{37}) = 0 \text{ の} \\[4pt] \text{解 } a = -\dfrac{\sqrt{37}}{2}, \ \dfrac{\sqrt{37}}{2} \text{ より} \end{array}\right)$$

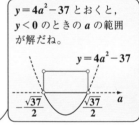

$y = 4a^2 - 37$ とおくと，$y < 0$ のときの $a$ の範囲が解だね。

$$-\frac{\sqrt{37}}{2} < a < \frac{\sqrt{37}}{2} \quad \cdots ① \quad \cdots \text{(答)} \cdots (オカ，キ)$$

$$\underbrace{\phantom{xx}}_{\boxed{-3.\cdots}} \qquad \underbrace{\phantom{xx}}_{\boxed{3.\cdots}}$$

⇦ $\sqrt{36} = 6$ だから $\sqrt{37} \fallingdotseq 6.1$ と見る。

## Baba のレクチャー

2 次方程式 $ax^2+bx+c=0\ (a \neq 0)$ …㋐ の解は,

$$x=\frac{-b \pm \sqrt{b^2-4ac}}{2a}\ \ \text{だね。}$$

（$D$（判別式）、$\boxed{\frac{D}{4}}$）

$$\left(ax^2+2b'x+c=0\ (a \neq 0,\ b':\text{整数}) \text{のとき,}\ x=\frac{-b' \pm \sqrt{b'^2-ac}}{a}\right)$$

ここで, $\sqrt{\ }$ 内の中身を判別式 $D$ と呼び,

$D=b^2-4ac$ となる。

そして, 一般に㋐の 2 次方程式は,

この判別式 $D$ により次のように分類される。

（ⅰ）$D>0$ のとき, 相異なる 2 実数解をもつ。

（ⅱ）$D=0$ のとき, 重解をもつ。

（ⅲ）$D<0$ のとき, 実数解をもたない。

この判別式 $D$ と, 2 次関数と $x$ 軸との位置関係

についての知識はもっておこう。

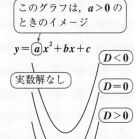

このグラフは, $a>0$ の
ときのイメージ

$y=\textcircled{a}x^2+bx+c$

実数解なし、$D<0$、$D=0$、$D>0$、重解、相異なる 2 実数解

---

この (2) の問題も, 放物線 $C:y=-x^2+(2a-5)x-2a^2+5a+3$ が,

$x$ 軸と異なる 2 点で交わるということは, 2 次方程式

$$-1 \cdot x^2+(2a-5)x-2a^2+5a+3=0$$

すなわち,（両辺に $-1$ をかけた）

$$\underset{\textcircled{a}}{1} \cdot x^2 \underset{\textcircled{b}}{-(2a-5)}x+\underset{\textcircled{c}}{2a^2-5a-3}=0 \ \text{が相異}$$

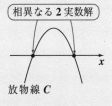

相異なる 2 実数解

放物線 $C$

なる 2 実数解をもつことと同値だね。よって,

判別式 $D=(2a-5)^2-4 \cdot 1 \cdot (2a^2-5a-3)$（$D>0$）

$$=4a^2-20a+25-8a^2+20a+12=\boxed{-4a^2+37>0}$$

∴ $-4a^2+37>0$ の両辺に $-1$ をかけて, 同じ $4a^2-37<0$ が導ける。

(3) $\dfrac{-\sqrt{37}}{2} < a < \dfrac{\sqrt{37}}{2}$ …① より，これをみ

$\underbrace{}_{(-3.\cdots)}$ $\underbrace{}_{(3.\cdots)}$

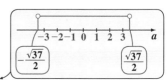

たす整数 $a$ の値は，$a = 0$，$\pm 1$，$\pm 2$，$\pm 3$

となるね。 予め，$a$ の値の範囲が押さえられている。

放物線 $C : y = -x^2 + (2a-5)x - 2a^2 + 5a + 3$ と

$x$ 軸 $y = 0$ との交点の $x$ 座標は，2 次方程式

$-1 \cdot x^2 + (2a-5)x - 2a^2 + 5a + 3 = 0$

すなわち，

$\underbrace{1}_{a} \cdot x^2 \underbrace{-(2a-5)}_{b} x + \underbrace{2a^2 - 5a - 3}_{c} = 0$ の解だね。

⇐ $ax^2 + bx + c = 0$ の解は，
$x = \dfrac{-b \pm \sqrt{D}}{2a}$ となる。
$(a \neq 0, \ D = b^2 - 4ac)$

これは，$x = \dfrac{2a - 5 \pm \overbrace{\sqrt{37 - 4a^2}}^{\text{判別式 } D}}{2}$ …② となる。

ここで，$x$ が整数となるためには，

$\sqrt{37 - 4a^2} = \sqrt{\underbrace{(\text{平方数})}_{1^2, \ 2^2, \ 3^2, \cdots \text{などの数}}}$ となって，$\sqrt{\phantom{x}}$ をはず

⇐ ・$a = 0$ のとき
$\sqrt{37}$ でダメ
・$a = \pm 1$ のとき
$\sqrt{33}$ でダメ
・$a = \pm 2$ のとき
$\sqrt{21}$ でダメ

せないといけない。ここで，$0$，$\pm 1$，$\pm 2$，$\pm 3$

をシラミつぶしに代入すると，$a = \pm 3$ のとき，

$\sqrt{37 - 4a^2} = \sqrt{37 - 36} = \sqrt{1} = 1$ となって，OK だね。

よって，交点の $x$ 座標が整数となる可能性がある

のは $a = 3$ または $-3$ のときだ。…(答)(ク，ケコ)

そして，実際に $a = -3$ を②に代入すると，

⇐ $a = 3$ のとき，②より
$x = 0$，$1$ も導ける。
自分で確かめてごらん。

$x = \dfrac{2 \cdot (-3) - 5 \pm \overbrace{\sqrt{1}}^{D}}{2} = \dfrac{-11 \pm 1}{2}$ となるんだね。

∴ $x = -5$ と $-6$ の整数が導ける。…………(答)

(サシ，スセ)

慣れないうちは，この問題を 10 分で解くのは大変かも知れないね。でも，
練習により，クリアできるようになるんだよ。頑張ろうな！

## ● 2次関数の平行移動も頻出だ！

それでは次，2次関数の平行移動をテーマにした問題を2題解いてみよう。

---

| 演習問題 22 | 制限時間9分 | 難易度 ★★ | CHECK1 | CHECK2 | CHECK3 |

2次関数 $y = -2x^2 + ax + b$ のグラフを $C$ とする。

$C$ は頂点の座標が $\left( \dfrac{a}{\boxed{\text{ア}}},\ \dfrac{a^2}{\boxed{\text{イ}}} + b \right)$ の放物線である。

$C$ が点 $(3,\ -8)$ を通るとき，$b = \boxed{\text{ウエ}}\, a + 10$ が成り立つ。このときのグラフ $C$ を考える。

(1) $C$ が $x$ 軸と接するとき，$a = \boxed{\text{オ}}$，または，$a = \boxed{\text{カキ}}$ である。

$a = \boxed{\text{カキ}}$ のときの放物線は，$a = \boxed{\text{オ}}$ のときの放物線を $x$ 軸方向に $\boxed{\text{ク}}$ だけ平行移動したものである。

(2) $C$ の頂点の $y$ 座標の値が最小になるのは，$a = \boxed{\text{ケコ}}$ のときで，このときの最小値は $\boxed{\text{サシ}}$ である。

---

ヒント！ (1) は，放物線の平行移動の問題だね。頂点の座標に着目すればいいよ。(2) 頂点の $y$ 座標を $q$ とでもおくと，$q$ は $a$ の2次関数になるんだね。

---

### ▌ Baba のレクチャー

一般に，$y = f(x)$ を $\underline{(p,\ q)}$ だけ平行移動するためには次のようにする。

"$x$ 軸方向に $p$，$y$ 軸方向に $q$" の意味

$$y = f(x) \xrightarrow[\text{平行移動}]{(p,\ q)\ \text{だけ}} y - q = f(x - p)$$

$$\begin{cases} x \to x - p \\ y \to y - q \end{cases}$$

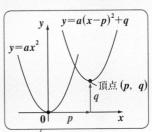

よって，2次関数の場合，

基本形 $y = ax^2 \xrightarrow[\text{平行移動}]{(p,\ q)\ \text{だけ}} y - q = a(x - p)^2$

標準形 $y = a(x - p)^2 + q$

---

69

放物線 $C : y = -2x^2 + ax + b$ …① とおく。

①を変形して，

$$y = -2\left(x^2 - \dfrac{a}{2}x + \dfrac{a^2}{16}\right) + b + \dfrac{a^2}{8}$$

（2で割って2乗）

$\dfrac{a^2}{8}$ を引いた分，たす。

$$= -2\left(x - \dfrac{a}{4}\right)^2 + \dfrac{a^2}{8} + b \quad \text{…②}$$（標準形）

（$p$）（$q$）

よって，放物線 $C$ は上に凸の放物線で，

その頂点の座標は $\left(\dfrac{a}{4},\ \dfrac{a^2}{8} + b\right)$ である。…(答)（ア，イ）

放物線 $C$ が点 $(\underline{3},\ \underline{-8})$ を通るとき，$x = \underline{3}$，$y = \underline{-8}$

を①に代入しても成り立つので，

$$\underline{-8} = -2 \cdot \underline{3}^2 + a \cdot \underline{3} + b, \quad -8 = -18 + 3a + b$$

$\therefore b = \underline{-3a + 10}$ …③ となる。…………(答)（ウエ）

よって，頂点の $y$ 座標は，

$$\dfrac{a^2}{8} + b = \dfrac{1}{8}a^2 - 3a + 10 \text{ となる。}$$

（$-3a + 10$（③より））

**(1)** 放物線 $C$ が $x$ 軸と接するとき，頂点の $y$ 座標が 0

となるので，

$$\dfrac{1}{8}a^2 - 3a + 10 = 0$$

（両辺に 8 をかけて）

$$a^2 - 24a + 80 = 0$$

$$(a - 4)(a - 20) = 0$$

$$\therefore a = 4 \text{ または } 20 \quad \text{……………(答)（オ，カキ）}$$

⇦ 一般形：$y = ax^2 + bx + c$
を変形して
標準形：$y = a(x - p)^2 + q$
とすると，
頂点 $(p,\ q)$ が分かる。

⇦ 頂点 $\left(\dfrac{a}{4},\ \dfrac{a^2}{8} - 3a + 10\right)$

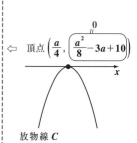

放物線 $C$

$a = 4$ のとき，放物線 $C$ は，②より，

$$y = -2\left(x - \frac{4}{4}\right)^2 + 0 = -2(x-1)^2$$ ← これを $C_1$ とおく。

$a = 20$ のとき，放物線 $C$ は，②より，

$$y = -2\left(x - \frac{20}{4}\right)^2 + 0 = -2(x-5)^2$$ ← これを $C_2$ とおく。

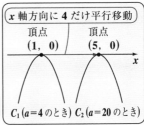

$a = 4$，$20$ のそれぞれのときの放物線を $C_1$，$C_2$ とおくと，$C_2$ は $C_1$ を $x$ 軸方向に $4$ だけ平行移動したものである。……………………(答)(ク)

(2) 放物線 $C$ の頂点の $y$ 座標を $q$ とおくと，

$$q = \frac{1}{8}a^2 - 3a + 10 \text{ となる。}$$ ← $q$ を $a$ の $2$ 次関数と見る！

よって，

$$q = \frac{1}{8}(a^2 - 24a + 12^2) + 10 - \frac{12^2}{8}$$ ← $\frac{12^2}{8}$ をたした分，引く。
$2$ で割って $2$ 乗

⇦ $\frac{12 \times 12}{8} = \frac{\overset{3}{\cancel{12}} \times \overset{6}{\cancel{12}}}{\cancel{4} \times \cancel{2}} = 18$

$$q = \frac{1}{8}(a - 12)^2 - 8$$

よって，$q = \frac{1}{8}a^2 - 3a + 10$ は，点 $(12, -8)$ を頂点とする下に凸の放物線より，

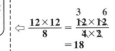

⇦ $xy$ 座標系でなく，$aq$ 座標系でもかまわない！文字は何でもいいんだからね。

$a = 12$ のとき，$q$，すなわち $C$ の頂点の $y$ 座標は最小値 $-8$ をとる。………(答)(ケコ，サシ)

　これも，過去に出題された問題だったんだよ。平行移動の要素がさりげなく入っていたね。また，(2)では"$q$ が $a$ の $2$ 次関数"というのに戸惑ったかも知れないね。でも，文字は $x$ と $y$ でなくてもかまわない。頭をやわらかくして考えよう！

$a$ を定数とし，$x$ の 2 次関数 $y = x^2 - 2(a+2)x + a^2 - a + 1$ のグラフを $G$ とする。

(1) グラフ $G$ と $y$ 軸との交点の $y$ 座標を $Y$ とする。$Y$ の値が最小になるのは $a = \dfrac{\boxed{\text{ア}}}{\boxed{\text{イ}}}$ のときで，最小値は $\dfrac{\boxed{\text{ウ}}}{\boxed{\text{エ}}}$ である。このときグラフ $G$ は $x$ 軸と異なる 2 点で交わり，その交点の $x$ 座標は，

$$\dfrac{\boxed{\text{オ}} \pm \sqrt{\boxed{\text{カキ}}}}{\boxed{\text{ク}}}$$ である。

(2) グラフ $G$ が $y$ 軸に関して対称になるのは $a = -\boxed{\text{ケ}}$ のときで，このときのグラフを $G_1$ とする。

グラフ $G$ が $x$ 軸に接するのは $a = -\dfrac{\boxed{\text{コ}}}{\boxed{\text{サ}}}$ のときで，このときのグラフを $G_2$ とする。

グラフ $G_1$ を $x$ 軸方向に $\dfrac{\boxed{\text{シ}}}{\boxed{\text{ス}}}$，$y$ 軸方向に $\boxed{\text{セソ}}$ だけ平行移動するとグラフ $G_2$ に重なる。

**ヒント!** (1) では，放物線 $G$ の $y$ 切片 $Y$ が，$a$ の 2 次関数になるんだね。(2) は，放物線の平行移動の問題だね。これも共通テストの過去問だよ。

### 解答＆解説

放物線 $G : y = x^2 - 2(a+2)x + \underbrace{a^2 - a + 1}_{y切片}$ …①
とおく。

(1) $x = 0$ のときの $y$ 切片を $Y$ とおくと，

$Y = \underline{a^2 - a + 1}$　となる。

これを変形して，標準形にすると，

### ココがポイント

⇦ $Y$ は $a$ の 2 次関数と考える！

$$Y = \left( a^2 - 1 \cdot a + \frac{1}{4} \right) + 1 - \frac{1}{4}$$

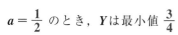

2で割って2乗

$\frac{1}{4}$ をたした分，引く。

$$Y = \left( a - \frac{1}{2} \right)^2 + \frac{3}{4}$$

⇐ 標準形になった！

これは，点 $\left( \dfrac{1}{2},\ \dfrac{3}{4} \right)$ を頂点に

もつ下に凸の放物線より，

$a = \dfrac{1}{2}$ のとき，$Y$ は最小値 $\dfrac{3}{4}$

をとる。 …………………………(答)（ア，イ，ウ，エ）

$Y = a^2 - a + 1$

最小値

$\dfrac{3}{4}$

$a = \dfrac{1}{2}$ のとき，①より，放物線 $G$ は，

$\dfrac{3}{4}$ (最小値)

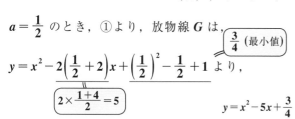

$$y = x^2 - 2\left( \frac{1}{2} + 2 \right)x + \left( \frac{1}{2} \right)^2 - \frac{1}{2} + 1 \text{ より，}$$

$2 \times \dfrac{1+4}{2} = 5$

$$y = x^2 - 5x + \frac{3}{4} \text{ となる。}$$

$y = x^2 - 5x + \dfrac{3}{4}$

$y = 0$ のとき，

$\dfrac{5 - \sqrt{22}}{2}$　$\dfrac{5 + \sqrt{22}}{2}$

⇐ $x$ 軸との交点の $x$ 座標を求めるので，$y = 0$ とおいた。

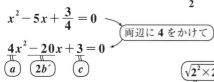

$$x^2 - 5x + \frac{3}{4} = 0$$

両辺に 4 をかけて

$$4x^2 - 20x + 3 = 0$$

$a$　$2b'$　$c$

$\sqrt{2^2 \times 22} = 2\sqrt{22}$

$$x = \frac{10 \pm \sqrt{10^2 - 4 \cdot 3}}{4} = \frac{10 \pm \sqrt{88}}{4}$$

⇐ $x = \dfrac{-b' \pm \sqrt{b'^2 - ac}}{a}$

$$\therefore x = \frac{5 \pm \sqrt{22}}{2} \text{ となる。} \cdots\cdots(答)（オ，カキ，ク）$$

**(2)** $G: y = x^2 - \underline{2(a+2)}x + \underline{a^2-a+1}$ ···①

               ⓪                  ⓠ

⇦ $y = x^2 + q$ のとき, $y$ 軸に関して対称なグラフになる。

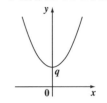

$G$ は, $2(a+2)=0$, すなわち $a=-2$ のとき,
$y$ 軸に関して対称なグラフになる。···(答)(ケ)

これを $G_1$ とおくと,

$G_1: y = x^2 + \underline{(-2)^2-(-2)+1}$ より,

$G_1: y = x^2 + 7$   $\boxed{4+2+1}$

⇦ $G_1$ の頂点は $(0, 7)$

①を変形して, 標準形になおすと,
$\boxed{\text{$(a+2)^2$ をたした分, 引く。}}$

$y = \{x^2 - 2(a+2)x + (a+2)^2\} + a^2-a+1-(a+2)^2$

              2で割って2乗   $\boxed{\cancel{a^2}-a+1-\cancel{a^2}-4a-4}$

$y = \{x - (a+2)\}^2 \underline{-5a-3}$

$\boxed{\text{頂点の $y$ 座標。}\\ \text{これが $0$ のとき, $G$ は $x$ 軸に接する。}}$

$G$ が $x$ 軸に接するとき,

$-5a-3 = 0$ より, $a = -\dfrac{3}{5}$ ……(答)(コ, サ)

このときの $G$ を $G_2$ とおくと,

$G_2: y = \left\{x - \left(-\dfrac{3}{5}+2\right)\right\}^2 + 0$

$G_2: y = \left(x - \dfrac{7}{5}\right)^2$

以上より, 放物線 $G_1$ を
$x$ 軸方向に $\dfrac{7}{5}$, $y$ 軸方向
に $-7$ だけ平行移動する
と放物線 $G_2$ になる。

  ……(答)(シ, ス, セソ)

⇦ $G_2$ の頂点は $\left(\dfrac{7}{5}, 0\right)$

$y$ ↑ $G_1: y = x^2+7$

$G_2: y = \left(x - \dfrac{7}{5}\right)^2$

$(0, 7)$   $\boxed{\dfrac{7}{5}}$   $\boxed{-7}$

$0$   $\left(\dfrac{7}{5}, 0\right)$   $x$

## ● カニ歩き&場合分けの問題も解いてみよう！

放物線が横に移動 ( カニ歩き ) するときの最大・最小問題にもチャレンジしてみよう。この問題は，過去問だけれど，この "カニ歩き&場合分け" の問題はこれからも出題される可能性は大きいよ。シッカリ練習しておこう。

---

**演習問題 24** 　制限時間 13 分　難易度 ★★★　CHECK1　CHECK2　CHECK3

$a$ を定数とし，2 次関数 $y = -4x^2 + 4(a-1)x - a^2$ のグラフを $C$ とする。

(1) $C$ が点 $(1, -4)$ を通るとき，$a = \boxed{\text{ア}}$ である。

(2) $C$ の頂点の座標は $\left( \dfrac{a-1}{\boxed{\text{イ}}}, \boxed{\text{ウエ}}\, a + \boxed{\text{オ}} \right)$ である。

(3) $a > 1$ とする。$x$ が $-1 \leqq x \leqq 1$ の範囲にあるとき，この 2 次関数の最大値，最小値を調べる。最大値は $1 < a \leqq \boxed{\text{カ}}$ ならば $-2a + \boxed{\text{キ}}$，$a > \boxed{\text{カ}}$ ならば $-a^2 + 4a - \boxed{\text{ク}}$ である。

また，最小値は $-a^2 - \boxed{\text{ケ}}\, a$ である。最大値と最小値の差が 12 になるのは $a = -1 + \boxed{\text{コ}} \sqrt{\boxed{\text{サ}}}$ のときである。

---

**ヒント！**　(1)(2) は，計算ミスさえ出さなければ易しい問題だね。(3) は，放物線 $C$ の頂点の $x$ 座標が $\dfrac{a-1}{2}$ なので，$a$ の値によって放物線 $C$ は横に移動 ( カニ歩き ) する。よって，$-1 \leqq x \leqq 1$ の範囲における最大値は場合分けが必要となるんだね。

---

### 解答&解説

放物線 $C : y = -4x^2 + 4(a-1)x - a^2 \cdots$ ① とおく。

(1) $C$ が点 $(\underline{1}, \underline{-4})$ を通るとき，①に $x = \underline{1}$，$y = \underline{-4}$ を代入しても成り立つので，

$$-4 = -4 \cdot 1^2 + 4(a-1) \cdot 1 - a^2$$

$$a^2 - 4a + 4 = 0 \quad (a-2)^2 = 0$$

∴ $a = 2$ となって，答えだ。……………(答) (ア)

### ココがポイント

⇦ $C$ は，上に凸の放物線だね。

**(2)** ①の $C$ の方程式を標準形に変形すると，

$$y = -4x^2 + 4(a-1)x - a^2$$

> $(a-1)^2$ を引いた分，たす！

$$= -4\left\{x^2 - (a-1)x + \frac{(a-1)^2}{4}\right\} - a^2 + \frac{(a-1)^2}{\phantom{4}}$$

2で割って2乗　　　$a^2 - 2a + 1$

$$= -4\left(x - \frac{a-1}{2}\right)^2 \underset{q}{- 2a + 1}$$

$\underset{p}{}$

> これが大事！

⇦ 標準形
$y = -4(x-p)^2 + q$
になって，
頂点は $(p, \ q)$ になる。

よって，$C$ の頂点の座標は $\left(\dfrac{a-1}{2}, \ -2a+1\right)$

だね。……………………………(答) (イ，ウエ，オ)

---

## ■ Baba のレクチャー

$C : y = -4\left(x - \dfrac{a-1}{2}\right)^2 - 2a + 1$ は，頂点 $\left(\dfrac{a-1}{2}, \ -2a+1\right)$ の上に凸

> $x^2$ の係数が ⊖ より，上に凸

> 頂点の $x$ 座標が $a$ の式→カニ歩き

の放物線だね。

ここで，$a$ が，$a > 1$ の範囲で変化

するとき，

$a - 1 > 0$，$\dfrac{a-1}{2} > 0$ より，右図の

イメージのように，放物線 $C$ は，

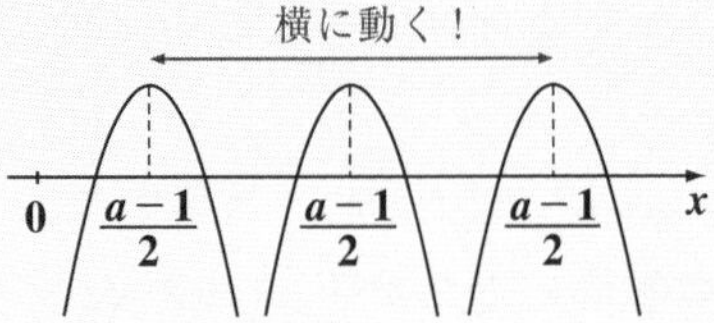

横に動く！

その頂点の $x$ 座標 $\dfrac{a-1}{2}$ が正の範囲で横に移動 (カニ歩き) する。

ここで，$-1 \leqq x \leqq 1$ の定義域の範囲内で，この2次関数の最大値を

調べようとすると，$\dfrac{a-1}{2} = 1$，$a - 1 = 2$，すなわち $a = 3$ を境にして

場合分けするといいんだね。

(3)  $C : y = f(x) = -4x^2 + 4(a-1)x - a^2$

$f(x)$ の定義域

$\quad\quad\quad = -4\left(x - \dfrac{a-1}{2}\right)^2 - 2a + 1 \quad (-1 \leqq x \leqq 1)$

とおく。$a > 1$ のとき，$-1 \leqq x \leqq 1$ の範囲におけ

る $y = f(x)$ の最大値・最小値は，（ⅰ）$1 < a \leqq 3$ か，

（ⅱ）$3 < a$ の場合に分けて調べる。

⇦ 放物線 $C$ がカニ歩きする
ので，このような場合分
けが必要となるんだね。

（ⅰ）$1 < a \leqq 3$ のとき　　　（ⅱ）$3 < a$ のとき

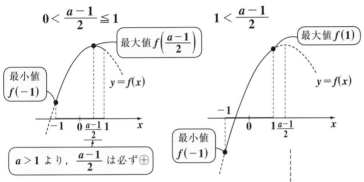

$0 < \dfrac{a-1}{2} \leqq 1$　　　　　$1 < \dfrac{a-1}{2}$

最大値 $f\left(\dfrac{a-1}{2}\right)$　　　　最大値 $f(1)$

最小値 $f(-1)$　　　$y = f(x)$　　　　$y = f(x)$　　最小値 $f(-1)$

$a > 1$ より，$\dfrac{a-1}{2}$ は必ず ⊕

上のグラフより，

（ⅰ）$1 < a \leqq 3$ のとき，……………………（答）（カ）

　　$-1 \leqq x \leqq 1$ における $y = f(x)$ の最大値は，

　　最大値 $f\left(\dfrac{a-1}{2}\right) = -2a + 1$ だね。…（答）（キ）

⇦ $1 < a \leqq 3$
$0 < a - 1 \leqq 2$
$0 < \dfrac{a-1}{2} \leqq 1$ となる。

（ⅱ）$a > 3$ のとき，

　　$-1 \leqq x \leqq 1$ における $y = f(x)$ の最大値は，

　　最大値 $f(1) = -4 \cdot 1^2 + 4 \cdot (a-1) \cdot 1 - a^2$

　　　　　　　$= -a^2 + 4a - 8$ となる。…（答）（ク）

⇦ $3 < a$
$2 < a - 1$
$1 < \dfrac{a-1}{2}$ となる。

最小値は（ⅰ）$1 < a \leqq 3$，（ⅱ）$3 < a$ のいずれに

おいても，

$f(-1) = -4 \cdot (-1)^2 + 4 \cdot (a-1) \cdot (-1) - a^2$

$\quad\quad\quad = -\cancel{4} - 4a + \cancel{4} - a^2$

$\quad\quad\quad = -a^2 - 4a$ となる。……………（答）（ケ）

⇦ グラフから，いずれの場
合でも最小値は $f(-1)$ だ
ね。

77

(最大値)−(最小値)＝12 となる $a$ の値を調べるときも（ⅰ）$1 < a \leqq 3$ か，または（ⅱ）$3 < a$ に分けて調べる。

（ⅰ）$1 < a \leqq 3$ のとき，

$$(最大値) − (最小値) = -2a+1-(-a^2-4a)$$

$$= \boxed{a^2+2a+1=12} \quad となるとすると，$$

$(a+1)^2 = 12$ より，$a+1 = \pm\sqrt{12} = \pm 2\sqrt{3}$

$$\therefore \ a = -1 \pm 2\underset{\boxed{2.4,\ -4.4}}{\overset{\boxed{1.7}}{\sqrt{3}}}$$

この内，$\underline{a = -1 + 2\sqrt{3}}$ は，$1 < a \leqq 3$ をみたす。

⇦ 共通テストの場合この時点で答えとしていいよ。時間をセーブするためだ！

（ⅱ）$3 < a$ のとき，

$$(最大値) − (最小値) = -a^2+4a-8-(-a^2-4a)$$

$$= \boxed{8a-8=12} \quad となるとすると，$$

$8a = 20$

$a = \dfrac{20}{8} = \dfrac{5}{2}$ となって，$a > 3$ をみたさない。

よって，不適。

以上（ⅰ）（ⅱ）より，求める $a$ の値は

$\underline{a = -1 + 2\sqrt{3}}$ となる。……………（答）（コ，サ）

　共通テストでも，場合分けが必要な問題も出題される。時間をかなり消耗するので，よく練習して，本番の試験に備える必要があるんだね。

## ● $x$ 軸に関する対称移動は，$y$ の代わりに $-y$ だ！

次の問題を解いてみよう。$x$ 軸に関する対称移動や，2 次不等式と 2 次関数の関係など，さまざまな要素が含まれているよ。

| 演習問題 25 | 制限時間 8 分 | 難易度 ★★ | CHECK1 | CHECK2 | CHECK3 |
|---|---|---|---|---|---|

(1) 2 次関数 $y = ax^2 + bx + c$ のグラフを $x$ 軸に関して対称移動し，

さらにそれを $x$ 軸方向に $-1$，$y$ 軸方向に $3$ だけ平行移動したところ，

$y = 2x^2$ のグラフが得られた。

このとき $a = \boxed{\text{アイ}}$，$b = \boxed{\text{ウ}}$，$c = \boxed{\text{エ}}$ である。

(2) 2 次関数 $y = px^2 + qx + r$ のグラフの頂点は $(3, -8)$ であるとする。

このとき，$q = \boxed{\text{オカ}}\, p$，$r = \boxed{\text{キ}}\, p - \boxed{\text{ク}}$ である。

さらに，$y < 0$ となる $x$ の範囲が $k < x < k + 4$ であるとすれば，

$k = \boxed{\text{ケ}}$，$p = \boxed{\text{コ}}$ である。

ヒント！ (1) $y = 2x^2$ を出発点として，平行移動と対称移動を逆にたどっていけば，$y = ax^2 + bx + c$ の $a$，$b$，$c$ の値が分かるよ。(2) $y = p(x-3)^2 - 8$ とおいて，$q$ と $r$ を $p$ の式で表せるね。また，後半は，グラフで考えると簡単に解けるはずだ。

### 解答&解説

(1) 問題文から，次の流れ図が描けるね。

$$y = ax^2 + bx + c \xrightarrow[\text{対称移動}]{x\text{軸に関して}} \cdot \xrightarrow[\text{平行移動}]{(-1,\, 3)\text{だけ}} y = 2x^2$$

元の関数：$y = ax^2 + bx + c$ の $a$，$b$，$c$ の値を求めるには，この流れを逆にたどっていけばいいよ。

$$y = 2x^2 \xrightarrow[\text{平行移動}]{\overset{(\text{i})}{(1,\, -3)\text{だけ}}} \cdot \xrightarrow[\text{対称移動}]{\overset{(\text{ii})}{x\text{軸に関して}}} y = ax^2 + bx + c$$

### ココがポイント

⇐(ⅰ) $\begin{cases} x \to x-1 \\ y \to y+3 \end{cases}$

(ⅱ) $y \to -y$

関数の対称移動

一般に，関数 $y=f(x)$ を，

( i ) $x$ 軸に関して対称移動するとき，

$y$ に $-y$ を代入する。

(ii) $y$ 軸に関して対称移動するとき，

$x$ に $-x$ を代入する。

(iii) 原点に関して対称移動するとき，

$x$ に $-x$ を代入し，かつ

$y$ に $-y$ を代入する。

この対称移動と，前に勉強した平行
移動を組み合わせると，2 次関数の
グラフを自由に移動させることがで
きるようになるんだよ。

$y=f(x)$ を $y$ 軸に関して折り返したもの

$y$ 軸に対称移動

元の関数

$y=f(-x)$ $y$ $y=f(x)$

$x$ の代わりに $-x$

$x$ の代わりに $-x$ $y$ の代わりに $-y$

$y$ の代わりに $-y$

$0$ $x$

$-y=f(-x)$ $-y=f(x)$

原点に対称移動

$x$ 軸に対称移動

$y=f(x)$ を原点のまわりに $180°$ 回転したもの

$y=f(x)$ を $x$ 軸に関して折り返したもの

---

( i ) $y=2x^2$ を $(1, -3)$ だけ平行移動すると，

$$\underline{y+3}=2\underline{(x-1)^2} \qquad y=2x^2-4x-1$$

$y$ の代わりに $y-(-3)$ $x$ の代わりに $x-1$

(ii) この $y=2x^2-4x-1$ を，$x$ 軸に関して対称移動
すると，

$$\underline{-y}=2x^2-4x-1$$

$y$ の代わりに $-y$

$$\therefore y=-2x^2+4x+1 \quad \cdots ①$$

この①は，$y=\underset{-2}{\widehat{a}}x^2+\underset{4}{\widehat{b}}x+\underset{1}{\widehat{c}}$ のことなので，

$$\therefore a=-2, \ b=4, \ c=1 \quad \cdots\cdots(答) (アイ，ウ，エ)$$

( i )
$y=2x^2 \longrightarrow y=2x^2-4x-1$
$(1, -3)$ だけ
平行移動

(ii)
$y=2x^2-4x-1 \longrightarrow y=-2x^2+4x+1$
$x$ 軸に関して
対称移動

**(2)** $y = px^2 + qx + r$ …②

この頂点が $(3, -8)$ より，

$y = p(x-3)^2 - 8$ …③だ。これを展開して，

$y = px^2 \overbrace{-6p}^{q}x + \boxed{9p-8}^{r}$ …④

②と④は同じものなので，各係数を比較すれば

いい。

$\therefore q = -6p, \ r = 9p-8$ ……(答)(オカ，キ，ク)

次に，$y < 0$ のとき，$k < x < k+4$ だから，

$y = p(x-3)^2 - 8$ のグラフは図1のようになる。

よって，$k = 3-2 = 1$ ……………………(答)(ケ)

また，$y = p(x-3)^2 - 8$ は点 $(\underset{k}{\underline{1}}, \underline{0})$ を通るので，

$\underline{0} = p(1-3)^2 - 8$ $\quad \therefore p = 2$ ……………(答)(コ)

⇦ $x^2$ の係数の $p$ はそのまま変わらないんだね。

図1

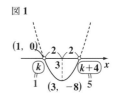

どうだった？　これで，平行移動や対称移動の問題にも慣れたはずだ。
後は繰り返し練習して，マスターしてしまいなさい。そうすれば，出題形
式が変わっても，類似問題が出てきたら，すぐに解けるようになるんだよ。
頑張ろうな！

## ● 曲線の定点は“孫悟空方式”で出せ！

次も，それ程難しい問題ではないんだけれど，さまざまな要素がこの
1題の中で問われているんだよ。

---

| 演習問題 26 | 制限時間 10 分 | 難易度 ★★ | CHECK1 | CHECK2 | CHECK3 |

$a$ を実数とするとき，放物線 $y = x^2 + ax + a - 4$ …① と 2 次方程式
$x^2 + ax + a - 4 = 0$ …② について考える。

(1) 放物線①の頂点の $y$ 座標は $-\left(\dfrac{a - \boxed{ア}}{\boxed{イ}}\right)^2 - \boxed{ウ}$ である。した

がって，2 次方程式②は二つの解 $\alpha$, $\beta$ をもつ。ここで，
$(\alpha - \beta)^2 < 28$ となるのは $\boxed{エオ} < a < \boxed{カ}$ のときである。

(2) 放物線①は $a$ の値にかかわらず点 $(-\boxed{キ}, -\boxed{ク})$ を通る。
また，①の頂点は放物線 $y = -x^2 - \boxed{ケ}x - \boxed{コ}$ …③上にある。

(3) 二つの放物線①と③の頂点の $y$ 座標が等しくなるのは $a = \boxed{サ}$ の
ときである。

---

ヒント！ (1) では，②の方程式の 2 つの解 $\alpha$, $\beta$ を求めてから計算すればいい。
(2) の，$a$ の値にかかわらず①の放物線が通る定点の問題は“孫悟空の考え方”
で説明しようと思う。

---

### 解答&解説

放物線：$y = \underline{x^2 + ax + a - 4}$ ………①

2 次方程式：$x^2 + ax + a - 4 = 0$ …② ($a$：実数)

(1) ①の 2 次関数を，標準形にするよ。

$$y = \left(x^2 + ax + \frac{a^2}{4}\right) + a - 4 - \frac{a^2}{4}$$

<small>2 で割って 2 乗</small>

$$= \left(x + \frac{a}{2}\right)^2 - \frac{1}{4}a^2 + a - 4$$

<small>頂点の $y$ 座標</small>

### ココがポイント

⇦ これから頂点の座標は
$\left(-\dfrac{a}{2}, -\dfrac{1}{4}a^2 + a - 4\right)$
だね。

82

よって，頂点の $y$ 座標は，

$$y = -\frac{1}{4}a^2 + a - 4 = -\frac{1}{4}(a^2 - 4a + 4) - 4 + 1$$

2で割って2乗

$$= -\frac{1}{4}(a-2)^2 - 3 = -\left(\frac{a-2}{2}\right)^2 - 3 \quad \cdots\cdots(答)$$

$$(ア，イ，ウ)$$

⇦ 頂点の $y$ 座標が，

$$-\left(\frac{a-2}{2}\right)^2 - 3 < 0 \text{ より}$$

0以下

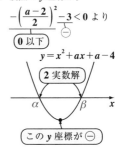

$$y = x^2 + ax + a - 4$$

2 実数解

この $y$ 座標が ⊖

これは判別式 $D > 0$ と同じことだ！

これは負なので，①の 2 次関数のグラフは右図のようになるね。ゆえに，②の 2 次方程式は 2 つの相異なる実数解 $\alpha$ と $\beta$ をもつんだね。

ここで，$\alpha < \beta$ とおくと，②の解は公式より，

$$解 \quad x = \frac{-a \pm \sqrt{D}}{2} \quad \boxed{\begin{array}{l} 判別式 = a^2 - 4(a-4) \\ = a^2 - 4a + 16 \end{array}}$$

よって，$\alpha = \dfrac{-a-\sqrt{D}}{2}$，$\beta = \dfrac{-a+\sqrt{D}}{2}$ だね。

これを，$(\alpha - \beta)^2 < 28$ に代入すると，

$$\left(\frac{-a-\sqrt{D}}{2} - \frac{-a+\sqrt{D}}{2}\right)^2 < 28$$

$$(-\sqrt{D})^2 < 28, \quad D < 28$$

ここで，$D = a^2 - 4a + 16$ だから，

$$a^2 - 4a + 16 < 28 \qquad a^2 - 4a - 12 < 0$$

$$(a-6)(a+2) < 0$$

$$\therefore -2 < a < 6 \quad \cdots\cdots\cdots\cdots\cdots\cdots(答)（エオ，カ）$$

⇦ このように，$D$ を使うことにより，スッキリ早く計算できるんだ。ただし，$\alpha < \beta$ とした。

⇦ 最後に，$D = a^2 - 4a + 16$ に戻すんだよ。

(2) ①は，$a$ の値によって複数の放物線を描くんだね。でも，$a$ の値がどんなに変化しても，右図のように必ず通る定点が存在するんだね。

この定点の座標を求めるには，次のように①を $a$ でまとめるといいんだ。

定点

$$a(x+1)+(x^2-y-4)=0 \quad \cdots ④$$

任意 ⓪ ⓪

ここで，$a$ は任意より，$x+1=0$ かつ

$x^2-y-4=0$　よって，$x=-1, y=-3$だから，

求める定点の座標は，$(-1, -3)$ となる。

$\Leftarrow x=-1, y=x^2-4$
$\therefore y=(-1)^2-4=-3$

$\cdots\cdots$(答)(キ，ク)

---

## ■ Baba のレクチャー

"孫悟空はお釈迦様の手の中に"これが定点を求めるコツだ！

　昔，孫悟空が宇宙の果てまで飛んでいけるとお釈迦様に豪語したのに，実はお釈迦様の手の中で踊っていただけで，結局岩山に何百年も閉じ込められてしまうことになってしまった。

　みんな，このお話は知ってるね。そこで，④式をもう1度見てくれ。

$$a(x+1)+(x^2-y-4)=0$$ ← でも，お釈迦様の手の中だ。

$2, -\dfrac{1}{4}, 5, \cdots$などいろんな値をとる孫悟空

　この場合，$a$ がさまざまな値をとって飛び回る孫悟空なんだね。でも，右辺を見るとわかるように，お釈迦様の手の中と同じ $0$ なんだ。ということは，$a$ の係数 $x+1$ と，$a$ から見た定数項 $x^2-y-4$ が $0$ でないといけないね。逆にいうと，このときのみ，あばれ者の孫悟空がお釈迦様の手の中に入るんだね。

$$a(x+1)+(x^2-y-4)=0$$

⓪ ⓪

このとき，$0\cdot a+0=0$ となるからだ。

孫悟空　お釈迦様の手の中

　どう？　納得いった？　この要領で定点を求めたんだ。

84

次に，①の放物線の頂点を $P(x, y)$ とおくと，

⇦ 頂点 $P(x, y)$ の描く曲線（軌跡）は $x$ と $y$ の関係式を求めればいいんだね。

これは数学 II の範囲

(1) の結果より，

$x = -\dfrac{a}{2}$ …⑤, $y = -\dfrac{1}{4}a^2 + a - 4$ …⑥

⑤，⑥から $a$ を消去して，$x$ と $y$ の関係式を求めよう。

⑤より，$a = -2x$ …⑤′　⑤′ を⑥に代入して

$y = -\dfrac{1}{4}(-2x)^2 + (-2x) - 4$

$\therefore y = -x^2 - 2x - 4$ …③ ………(答) (ケ，コ)

よって，頂点 $P$ は，この放物線上にあるんだ。

(3) ③を標準形に変形すると，

> ③の頂点の $y$ 座標

$y = -(x^2 \underbrace{+ 2x + 1}_{2で割って2乗}) - 4 + \underline{1} = -(x+1)^2 \underline{-3}$

①と③の頂点の $y$ 座標が等しいとき，

$\underbrace{-\dfrac{1}{4}a^2 + a - 4}_{①の頂点の y 座標} = \underbrace{-3}_{③の頂点の y 座標}$, $\quad -a^2 + 4a - 16 = -12$

$a^2 - 4a + 4 = 0 \qquad (a-2)^2 = 0$

$\therefore a = 2$ ……………………(答) (サ)

---

どう？　面白かった？　1 題の問題の中にさまざまな要素が含まれていたから，これを 10 分で解くのは大変と思ってるかも知れないね。でも，これも練習していけばできるようになるから元気を出してくれ！

ここで，気になるのは (2) の軌跡の問題だね。これは，数学 II の範囲になるんだけれど，共通テストではこの程度のルール破りはあるものと考えて練習しておいた方がいい。だから少し大きめに，広めに勉強しておこう。

座標平面上にある点 P は，点 A$(-8, 8)$ から出発して，直線 $y=-x$ 上を $x$ 座標が 1 秒当たり 2 増加するように一定の速さで動く。また，同じ座標平面上にある点 Q は，点 P が A を出発すると同時に原点 O から出発して，直線 $y=10x$ 上を $x$ 座標が 1 秒当たり 1 増加するように一定の速さで動く。出発してから $t$ 秒後の 2 点 P，Q を考える。

点 P が O に到達するのは $t=\boxed{\text{ア}}$ のときである。以下，$0<t<\boxed{\text{ア}}$ で考える。

(1) 点 P と $x$ 座標が等しい $x$ 軸上の点を P′，点 Q と $x$ 座標が等しい $x$ 軸上の点を Q′ とおく。△OPP′ と△OQQ′ の面積の和 $S$ を $t$ で表せば

$$S=\boxed{\text{イ}}\,t^2-\boxed{\text{ウエ}}\,t+\boxed{\text{オカ}}$$

となる。これより $0<t<\boxed{\text{ア}}$ においては，$t=\dfrac{\boxed{\text{キ}}}{\boxed{\text{ク}}}$ で $S$ は最小値 $\dfrac{\boxed{\text{ケコサ}}}{\boxed{\text{シ}}}$ をとる。次に，$a$ を $0<a<\boxed{\text{ア}}-1$ をみたす定数とする。

以下，$a\leqq t\leqq a+1$ における $S$ の最小・最大について考える。

(ⅰ) $S$ が $t=\dfrac{\boxed{\text{キ}}}{\boxed{\text{ク}}}$ で最小となるような $a$ の値の範囲は

$$\dfrac{\boxed{\text{ス}}}{\boxed{\text{セ}}}\leqq a\leqq\dfrac{\boxed{\text{ソ}}}{\boxed{\text{タ}}}$$

である。

(ⅱ) $S$ が $t=a$ で最大となるような $a$ の値の範囲は $0<a\leqq\dfrac{\boxed{\text{チ}}}{\boxed{\text{ツテ}}}$ である。

(2) 3 点 O，P，Q を通る 2 次関数のグラフが関数 $y=2x^2$ のグラフを平行移動したものになるのは，$t=\dfrac{\boxed{\text{ト}}}{\boxed{\text{ナ}}}$ のときであり，$x$ 軸方向に $\dfrac{\boxed{\text{ニヌ}}}{\boxed{\text{ネ}}}$，$y$ 軸方向に $\dfrac{\boxed{\text{ノハヒ}}}{\boxed{\text{フ}}}$ だけ平行移動すればよい。

ヒント！　2 つの動点 P，Q と 2 次関数の融合問題で，様々な要素が入っている。これまでの知識をフルに活かして，制限時間内で解けるように練習しよう。

## 解答＆解説

・動点 **P** は，時刻 $t=0$ に点 $\mathrm{A}(-8,\ 8)$ を
出発し，$y=-x$ 上を $x$ 座標が 1 秒当たり
2 増加するように動くので，$t$ 秒後の動
点 **P** の座標は，

$\underset{\sim}{\mathrm{P}(2t-8,\ 8-2t)}$ となる。

・よって，**P** が原点 **O** に達するとき

$\underline{2t-8=0}$ より，$t=4$ …………………(答)( ア )

・動点 **Q** は，$y=10x$ 上を $t=0$ のとき原点 **O** から，
$x$ 座標が，$t$ 秒後に $t$ だけ増加するように動くので，
**Q** の座標は，$\mathrm{Q}(t,\ 10t)$ となる。

**(1)** $0 < t < 4$ の範囲で，図より，

$\triangle\mathrm{OPP}'$ と $\triangle\mathrm{OQQ}'$ の面積の和 $S$ は，

$$S = \underline{\triangle\mathrm{OPP}'} + \underline{\triangle\mathrm{OQQ}'} = \underline{\frac{1}{2}(8-2t)^2} + \underline{\frac{1}{2}\cdot t\cdot 10t}$$

$$\boxed{\frac{1}{2}(64-32t+4t^2)=2t^2-16t+32} \qquad \boxed{5t^2}$$

$$= 7t^2 - 16t + 32 \ \cdots\cdots\cdots\cdots(答)( イ，ウエ，オカ )$$

$$= 7\left(t^2 - \frac{16}{7}t + \frac{64}{49}\right) + \left[32 - \frac{64}{7}\right] \frac{224-64}{7}$$

$$\boxed{2\text{で割って 2 乗}}$$

$$= 7\left(t - \frac{8}{7}\right)^2 + \frac{160}{7}$$

$\therefore\ t = \dfrac{8}{7}$ のとき，$S$ は

最小値 $\dfrac{160}{7}$ をとる。 ………………(答)

( キ，ク，ケコサ，シ )

## ココがポイント

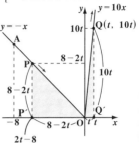

$\Leftarrow 2t^2 - 16t + 32 + 5t^2$
$\qquad = 7t^2 - 16t + 32$

$\Leftarrow \dfrac{224-64}{7} = \dfrac{160}{7}$

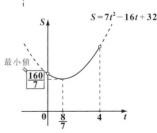

ここで，$S = f(t) = 7t^2 - 16t + 32$ とおいて，

$a \leqq t \leqq a + 1$ における $S$ の最小・最大について

考える。（ただし，$0 < a < 3$）

$\Leftarrow 0 < a < \boxed{ア} - 1$

（ⅰ）$S$ が，$t = \dfrac{8}{7}$ のとき最小と

なる場合，右図より

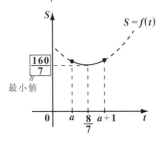

$\underbrace{a \leqq \dfrac{8}{7} \leqq a + 1}$ 　　よって，

$\boxed{a \leqq \dfrac{8}{7}}$ 　$\boxed{\dfrac{1}{7} \leqq a}$

$\dfrac{1}{7} \leqq a \leqq \dfrac{8}{7}$ となる。 ………(答)

（ス，セ，ソ，タ）

（ⅱ）右図のように，

$f(a) = f(a + 1)$ となる

とき，$\dfrac{8}{7}$ は $a$ と $a + 1$

の中点になる。よって，

$\dfrac{a + a + 1}{2} = \dfrac{8}{7}$ より，

$2a + 1 = \dfrac{16}{7}$ 　　$2a = \dfrac{9}{7}$

$\therefore a = \dfrac{9}{14}$ となる。

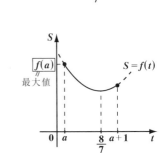

よって，右図より，$t = a$ で

$S$ が最大値 $f(a)$ をとるよう

な $a$ の値の範囲は，

$0 < a \leqq \dfrac{9}{14}$ である。 …………(答)（チ，ツテ）

**(2)** $y = 2x^2 \xrightarrow[\text{平行移動}]{(p,\ q)} y = g(x) = 2x^2 + mx + n$

とおくと、　　$\boxed{\text{3 点 O, P, Q を通る 2 次関数}}$

・$y = g(x)$ は、点 $\mathbf{O}(0,\ 0)$ を通るので、

　$0 = g(0) = 2 \cdot 0^2 + m \cdot 0 + n$ 　∴ $n = 0$

　これから、$y = g(x) = 2x^2 + mx = x(2x + m)$

・$y = g(x)$ は、点 $\mathbf{P}(2t - 8,\ 8 - 2t)$ を通るので、

　$8 - 2t = g(2t - 8) = \underset{\ominus}{(2t - 8)}(4t - 16 + m)$

　ここで、$0 < t < 4$ より、両辺を $2t - 8$ で割って、 　$\Leftarrow 2t - 8 < 0$ だからね。

　$-1 = 4t - 16 + m$ 　∴ $m = -4t + 15$ ……①

・$y = g(x)$ は、点 $\mathbf{Q}(t,\ 10t)$ を通るので、

　$10\underset{\oplus}{t} = \underset{\oplus}{t}(2t + m)$ 　　両辺を $t\,(>0)$ で割って、

　$10 = 2t + m$ 　∴ $m = -2t + 10$ …………②

①、②より $m$ を消去して、$-4t + 15 = -2t + 10$ 　$\Leftarrow 5 = 2t$ 　∴ $t = \dfrac{5}{2}$

∴ $t = \dfrac{5}{2}$ これを②に代入して、$m = -5 + 10 = 5$ 　これは、$0 < t < 4$ をみた

以上より、$y = g(x)$ が、$y = 2x^2$ を平行移動した　すね。

ものとなるときの $t$ は、$t = \dfrac{5}{2}$ ………(答)(ト, ナ)

また、$y = g(x) = 2x^2 + \underset{\boxed{m}}{5}x = 2\left(x + \dfrac{5}{4}\right)^2 - \dfrac{25}{8}$ より 　$\Leftarrow y = g(x) = 2x^2 + 5x$
$\qquad\qquad\qquad\qquad\qquad\qquad\qquad\qquad\quad = 2\left(x^2 + \dfrac{5}{2}x + \underset{}{\dfrac{25}{16}}\right)$

$y = g(x)$ は、$y = 2x^2$ を、$x$ 軸方向に $\dfrac{-5}{4}$、$y$ 軸 $\qquad -\dfrac{25}{8}$ 　$\boxed{2\text{で割って 2 乗}}$

方向に $\dfrac{-25}{8}$ だけ平行移動したものである。…(答) 　$\qquad = 2\left(x + \dfrac{5}{4}\right)^2 - \dfrac{25}{8}$
$\qquad\qquad\qquad\qquad\qquad$ (ニヌ, ネ, ノハヒ, フ)

## ● 解の範囲の問題も要注意だ！

2次関数の最後のテーマとして，"2次方程式の解の範囲"の問題についても練習しておこう。演習問題 28 は，過去問で，演習問題 29 はボクのオリジナル問題だよ。さァ解いてみてくれ！

---

| 演習問題 28 | 制限時間 10 分 | 難易度 ★★ | CHECK*1* | CHECK*2* | CHECK*3* |
|---|---|---|---|---|---|

$a$ を実数とし，$x$ の 2 次関数 $y = (a^2+1)x^2 + (2a-3)x - 3$

のグラフを $C$ とする。

(1) グラフ $C$ が点 $(-1, 0)$ を通るとする。このとき，$a = \boxed{\phantom{ア}}$ であり，

グラフ $C$ と $x$ 軸との交点は $(-1,\ 0)$ と $\left(\dfrac{\boxed{\phantom{イ}}}{\boxed{\phantom{ウ}}},\ 0\right)$ である。

また，$x$ が $0 \leqq x \leqq 3$ の範囲にあるとき，この 2 次関数の最小値は

$\dfrac{\boxed{\phantom{エオカ}}}{\boxed{\phantom{キ}}}$ であり，最大値は $\boxed{\phantom{クケ}}$ である。

(2) グラフ $C$ が $x$ 軸の $x \geqq 3$ の部分の 1 点を通るような $a$ の範囲は

$\boxed{\phantom{コサ}} \leqq a \leqq \dfrac{\boxed{\phantom{シ}}}{\boxed{\phantom{ス}}}$ である。

---

ヒント！ **(1)** では，放物線 $C$ が，$(-1,\ 0)$ を通るときと言っているので，これから $a$ の値を決定し，$0 \leqq x \leqq 3$ の範囲での最大値・最小値を求めるだけだね。**(2)** は，$y = 0$ とおいた $x$ の 2 次方程式の "解の範囲の問題" と考えることもできる。

---

### 解答 & 解説

### ココがポイント

放物線 $C : y = f(x) = (a^2+1)x^2 + (2a-3)x - 3$ ……①

とおく。

(1) $C$ が，点 $(\underline{-1},\ \underset{\sim}{0})$ を通るとき，①に，$x = \underline{-1}$，

$y = \underset{\sim}{0}$ を代入しても成り立つので，

$\underset{\sim}{0} = (a^2+1) \cdot (\underline{-1})^2 + (2a-3) \cdot (\underline{-1}) - 3$

$a^2 + 1 - 2a + \cancel{3} - \cancel{3} = 0, \quad a^2 - 2a + 1 = 0$

$(a-1)^2 = 0 \quad \therefore a = 1$ となるね。…………(答)(ア)

$a = 1$ を①に代入する。

$y = f(x) = (1^2 + 1) \cdot x^2 + (2 \cdot 1 - 3) \cdot x - 3$

$\qquad = 2x^2 - x - 3$

ここで，$y = 0$ とおいて，$x$ 軸との交点の $x$ 座標を求めると，

$2x^2 - 1 \cdot x - 3 = 0 \qquad (2x - 3)(x + 1) = 0$

$\begin{matrix} 2 \\ 1 \end{matrix} \diagdown \diagup \begin{matrix} -3 \\ 1 \end{matrix}$ ← たすきがけ

$\therefore x = -1, \dfrac{3}{2}$ より，$C$ は $x$ 軸と $(-1, 0)$，$\left(\dfrac{3}{2}, 0\right)$

の 2 点で交わる。………………………(答)(イ，ウ)

また，$y = f(x)$ を標準形にすると，

> $\dfrac{1}{8}$ をたした分，引く。

$y = f(x) = 2\left(x^2 - \underline{\dfrac{1}{2}}x + \underline{\dfrac{1}{16}}\right) - 3 - \underline{\underline{\dfrac{1}{8}}}$

2 で割って 2 乗

$\qquad = 2\left(x - \dfrac{1}{4}\right)^2 - \dfrac{25}{8}$

よって，放物線 $C : y = f(x)$ は，点 $\left(\dfrac{1}{4}, -\dfrac{25}{8}\right)$ を頂点にもつ，下に凸の放物線である。

ゆえに，$0 \leqq x \leqq 3$ における $y = f(x)$ の最小値と最大値は次のようになる。

最小値 $f\left(\dfrac{1}{4}\right) = -\dfrac{25}{8} = \dfrac{-25}{8}$ ……(答)(エオカ，キ)

最大値 $f(3) = 2 \cdot 3^2 - 3 - 3 = 12$ …………(答)(クケ)

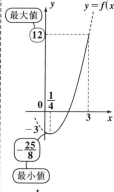

⇦ $x = \dfrac{1}{4}$ で最小値，

$x = 3$ で最大値
をとるんだね。

(2) 放物線 $C:y=f(x)=\underline{(a^2+1)}x^2+(2a-3)x-3$ …①

⊕ より, $y=f(x)$ は下に凸の放物線

は下に凸の放物線で, しかも

$$f(0)=(a^2+1)\cdot 0^2+(2a-3)\cdot 0-3=-3<0$$

だから, $C$ の $y$ 切片 $f(0)$ は負となる。

よって, 右図から, $x$ の 2 次方程式 $f(x)=0$ の

2 つの解を $\alpha$, $\beta$ $(\alpha<\beta)$ とおくと, $\alpha$ と $\beta$ は,

$\underset{\ominus}{\alpha}<0<\underset{\oplus}{\beta}$ をみたすね。これより, $C$ が $x$ 軸の

$x\geqq 3$ の部分の 1 点を通るための条件は, $\beta$ が

$3\leqq\beta$ をみたすことで, これは, 図から,

$f(3)\leqq 0$ と同値だということが分かる。

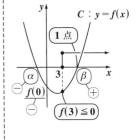

$$f(3)=(a^2+1)\cdot 3^2+(2a-3)\cdot 3-3$$

$$=9a^2+\cancel{9}+6a-\cancel{9}-3$$

$$=\boxed{9a^2+6a-3\leqq 0}$$

∴ $9a^2+6a-3\leqq 0$ となる。

この両辺を 3 で割って,

$3a^2+2a-1\leqq 0$

たすきがけ

$(3a-1)(a+1)\leqq 0$

$u=3a^2+2a-1$

$-1\quad\dfrac{1}{3}\quad a$

∴ 求める $a$ の値の範囲は,

$-1\leqq a\leqq\dfrac{1}{3}$ となる。……(答) (コサ, シ, ス)

⇦ $u=3a^2+2a-1$ とおくと, $3a^2+2a-1=0$ の解が $a=-1$ と $\dfrac{1}{3}$ より, $u\leqq 0$ となる $a$ の範囲は, $-1\leqq a\leqq\dfrac{1}{3}$ だね。

**参考**

これは，2次方程式：$(a^2+1)x^2+(2a-3)x-3=0$ …㋐ の正の解 $\beta$ が，$3 \leqq \beta$ をみたすための $a$ の条件を求める問題だったんだね。このように，2次方程式の実数解 $\alpha, \beta$ の存在範囲を指定する問題を，ボクは"解の範囲の問題"と呼んでいる。

この問題では，㋐の2次方程式を分解して

$$\begin{cases} y=f(x)=(a^2+1)x^2+(2a-3)x-3 \\ y=0 \ [x \text{軸}] \end{cases} \quad \text{とおいて,}$$

さっきの考え方に従って，グラフから $f(3) \leqq 0$ の条件を導き出せばいいんだね。

この"解の範囲の問題"も共通テストでこれからよく狙われるかも知れないので，もう1題，演習問題を解いて完璧にマスターしておこう。

これは2次方程式が実数解をもつとき，その解のとり得る値の範囲から，係数の条件を求める典型的な "解の範囲の問題" なんだ。グラフを使って解くのがポイントだよ。

---

方程式：$x^2 - 2ax + 2a^2 - 5 = 0$ …① ( $a$：実数定数 ) が，2 つの相異なる実数解 $\alpha$, $\beta$ $(\alpha < \beta)$ をもつものとする。

(1) $\alpha < 1 < \beta$ となるための $a$ の値の範囲は，

$$\boxed{\text{アイ}} < a < \boxed{\text{ウ}} \text{ である。}$$

(2) $1 < \alpha < 2 < \beta$ となるための $a$ の値の範囲は，

$$\boxed{\text{エ}} < a < \frac{\boxed{\text{オ}} + \sqrt{\boxed{\text{カ}}}}{2} \text{ である。}$$

(3) $1 < \alpha < \beta < 3$ となるための $a$ の値の範囲は，

$$\boxed{\text{キ}} < a < \sqrt{\boxed{\text{ク}}} \text{ である。}$$

---

**ヒント！** これは典型的な解の範囲の問題なんだよ。まず，①の方程式を，$y = f(x) = x^2 - 2ax + 2a^2 - 5$ と $y = 0$ [$x$ 軸] に分解して考えるんだ。そして，$y = f(x)$ と $x$ 軸との交点の $x$ 座標が，①の方程式の実数解 $\alpha$ と $\beta$ だから，(1)，(2)，(3) の条件をみたすようにグラフで考えるといい。とくに (1)，(2) は，判別式 $D > 0$ の条件が不要なことも要注意だ。

---

**解答＆解説**

方程式：$x^2 - 2ax + 2a^2 - 5 = 0$ …①を分解して，

$$\begin{cases} y = f(x) = x^2 - 2ax + 2a^2 - 5 \\ y = 0 \quad [x \text{ 軸}] \end{cases} \text{ とおくと，}$$

**ココがポイント**

⇦ $x^2$ の係数は1で正だから，$y = f(x)$ は下に凸の放物線だね。

$y = f(x)$ と $x$ 軸との交点の $x$ 座標が，①の実数解 $\alpha$，$\beta$ になるんだね。

(1) $\alpha < 1 < \beta$ となるための条件は，図1から明らかに，$\underline{f(1) < 0}$ だね。

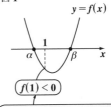

図1

これから①が相異なる2実数解 $\alpha$，$\beta$ をもつことは明らかだから，$\boxed{D > 0}$ を言う必要はない！

よって，$f(1) = \boxed{1 - 2a + 2a^2 - 5 < 0}$

$\qquad 2a^2 - 2a - 4 < 0 \qquad a^2 - a - 2 < 0$

$\qquad (a - 2)(a + 1) < 0$

$\therefore -1 < a < 2$ ……………………(答)(ア イ，ウ)

(2) $1 < \alpha < 2 < \beta$ となるための条件は，図2から，次の2つになるのが分かるだろう。

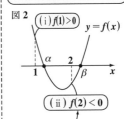

図2

(ⅰ) $f(1) > 0$

(ⅱ) $f(2) < 0$

これから①が相異なる2実数解 $\alpha$，$\beta$ をもつことは明らかだから，$\boxed{D > 0}$ を言う必要はない！

(ⅰ) $\underline{f(1) > 0}$

$\qquad$ よって，$f(1) = \boxed{2a^2 - 2a - 4 > 0}$

$\qquad\qquad 2a^2 - 2a - 4 > 0 \qquad a^2 - a - 2 > 0$

$\qquad\qquad (a - 2)(a + 1) > 0 \quad \therefore \underline{a < -1,\ 2 < a}$

(ⅱ) $\underline{f(2) < 0}$

$\qquad$ よって，$f(2) = \boxed{4 - 4a + 2a^2 - 5 < 0}$

$\qquad\qquad 2a^2 - 4a - 1 < 0$

$\qquad\qquad -0.2 \fallingdotseq \underbrace{\boxed{\dfrac{2 - \sqrt{6}}{2}}}_{2.4} < a < \underbrace{\boxed{\dfrac{2 + \sqrt{6}}{2}}}_{2.4} \fallingdotseq 2.2$

$\Leftarrow$ $2a^2 - 4a - 1 = 0$ の解は $a = \dfrac{2 \pm \sqrt{6}}{2}$ だから，この不等式の解は，$\dfrac{2 - \sqrt{6}}{2} < a < \dfrac{2 + \sqrt{6}}{2}$ だね。

(ⅰ)かつ(ⅱ)が求める $a$ の値の範囲より，

$\qquad 2 < a < \dfrac{2 + \sqrt{6}}{2}$ ……………(答)(エ，オ，カ)

$\Leftarrow$

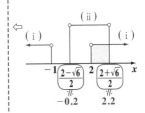

**(3)** $1 < \alpha < \beta < 3$ となるための条件は，ちょっと複雑で，次の **4** つが必要となる。

（ ⅰ ）判別式 $\dfrac{D}{4} = \boxed{(-a)^2 - 1 \cdot (2a^2 - 5) > 0}$

$$-a^2 + 5 > 0 \qquad a^2 - 5 < 0$$

$$(a + \sqrt{5})(a - \sqrt{5}) < 0$$

$$\therefore \underline{-\sqrt{5} < a < \sqrt{5}}$$

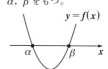

⇦( ⅰ ) $\dfrac{D}{4} > 0$ より，

①は相異なる **2** 実数解 $\alpha,\ \beta$ をもつ。

（ ⅱ ）**2** 次関数 $y = f(x) = \underset{a}{\boxed{1}} \cdot x^2 \underset{b}{\boxed{-2a}} \cdot x + \underset{c}{\boxed{2a^2 - 5}}$

の軸の方程式は，$x = \underline{a}$ だね。

$$\boxed{-\dfrac{-2a}{2 \times 1}}$$

よって，$1 < \alpha < \beta < 3$ となるためには，

$$\therefore 1 < \underset{\sim}{\textcircled{a}} < 3$$

でないといけないね。

⇦一般に，**2** 次関数 $y = ax^2 + bx + c\ (a \neq 0)$ の軸の式は，$x = -\dfrac{b}{2a}$ だね。

---

## ■ Baba のレクチャー

（ア）$a \leqq 1$ とすると，

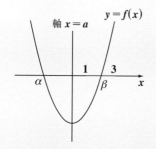

となって，必ず $\alpha < 1$ となって，条件に反するね。

（イ）$3 \leqq a$ とすると，

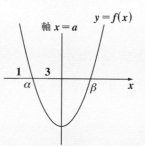

となって，必ず $3 < \beta$ となって，やっぱり条件に反するね。

（ア）（イ）より，$1 < a < 3$ でないといけないのが分かった？

## Baba のレクチャー

( i ) $\dfrac{D}{4} > 0$, ( ii ) $1 <$ 軸 $x = a < 3$ より
条件を出したけど，まだ $1 < \alpha < \beta < 3$
となるために十分じゃないね。図 3 のよ
うに $y = f(x)$ のグラフが横にビローン
と広がっていると，$\alpha \leqq 1$, $3 \leqq \beta$ となる
可能性があるからだ。

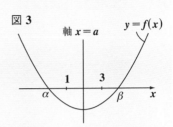

図 3

そこで，放物線のグラフをチューリッ
プにたとえると，チューリップの花を
図 4 のようにもっと閉じさせた形にす
ればいいわけだ。そうすれば，

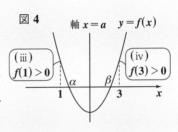

図 4

$1 < \alpha < \beta < 3$ となるんだね。そのための条件として新たに次の 2 つ：
( iii ) $f(1) > 0$, ( iv ) $f(3) > 0$ がいるんだね。

( iii ) $f(1) = \boxed{2a^2 - 2a - 4 > 0}$

これは前に解いたね。

$\therefore \underset{\sim\sim\sim\sim\sim\sim\sim\sim\sim\sim}{a < -1, \ 2 < a}$

( iv ) $f(3) = \boxed{9 - 6a + 2a^2 - 5 > 0}$

$2a^2 - 6a + 4 > 0 \qquad a^2 - 3a + 2 > 0$

$(a-1)(a-2) > 0 \quad \therefore \underset{\sim\sim\sim\sim\sim\sim\sim\sim\sim\sim}{a < 1, \ 2 < a}$

以上 ( i )( ii )( iii )( iv ) より，求める $a$ の値の範
囲は，

$\therefore 2 < a < \sqrt{5}$ ……………………(答)（キ，ク）

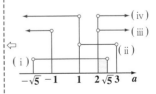

以上で，解の範囲の問題にも慣れた？　要は，グラフを利用することなん
だよ。

## 1. 2次方程式の解の公式

（Ⅰ）$ax^2 + bx + c = 0$ $(a \neq 0)$ の解は，

$$x = \frac{-b \pm \sqrt{b^2 - 4ac}}{2a}$$

（ただし，判別式 $D = b^2 - 4ac \geqq 0$ ）

（Ⅱ）$ax^2 + 2b'x + c = 0$ $(a \neq 0)$ の解は，

$$x = \frac{-b' \pm \sqrt{b'^2 - ac}}{a}$$

$\left(\text{ただし，}\ \dfrac{D}{4} = b'^2 - ac \geqq 0\right)$

## 2. 2次関数の標準形

$$y = a(x - p)^2 + q \quad (a \neq 0)$$

$y = ax^2$ を $(p,\ q)$ だけ
平行移動した放物線

頂点：$(p, q)$，軸：$x = p$
$a > 0$ のとき下に凸，$a < 0$ のとき上に凸

## 3. 2次不等式

$f(x) = ax^2 + bx + c$ $(a > 0)$ について，

2次方程式 $f(x) = 0$ の判別式を $D$ とおく。

（Ⅰ）$D > 0$ のとき，$f(x) = 0$ は相異なる2実数解 $\alpha, \beta (\alpha < \beta)$ をもつ。

（ⅰ）$f(x) > 0$ の解：$x < \alpha,\ \beta < x$ （ⅱ）$f(x) < 0$ の解：$\alpha < x < \beta$

（Ⅱ）$D = 0$ のとき，$f(x) = 0$ は重解 $\alpha$ をもつ。

（ⅰ）$f(x) > 0$ の解：$x \neq \alpha$ （ⅱ）$f(x) < 0$ の解：解なし

## 4. 2次関数の最大・最小問題（カニ歩き＆場合分けの問題）

$x$ の範囲が指定されて，2次関数の軸が移動するとき，場合分けして
最大値・最小値を求める。

## 5. 文字定数を含む2次関数の問題

その文字定数でまとめて，通る定点を求める。

## 6. 解の範囲の問題は，グラフを使ってヴィジュアルに解く。

# 講義4 図形と計量（三角比）

## 三角比の図形への応用に習熟しよう！

- ▶三角比の値の計算
- ▶三角方程式、三角不等式
- ▶三角比の図形への応用
  （正弦定理、余弦定理、三角形の面積
  円に内接する三角形・四角形の問題など）

# 講義 4 図形と計量（三角比）

　みんな，調子はいい？　これから，"図形と計量（三角比）"の問題を詳しく解説していこう。これは，三角形や四角形，そして円といった，さまざまな図形的な要素が入ってくるので，ヴィジュアルで面白い半面，解き方が分からないと時間を浪費してしまう怖い面ももっているんだね。

　でも，これまで同様，過去問の分析を詳しく行った上で，将来の予測も立てながら，分かりやすく解説していくから，安心してついてらっしゃい。


　それでは，共通テストが狙ってくる"三角比"の最重要分野を下に挙げておこう。

・三角比の値の計算

・三角方程式・不等式

・図形への応用（正弦・余弦定理，三角形の面積など）


　三角比の値の計算や，三角方程式なども，これから出題される可能性はもちろんあるよ。だけど，共通テストが一番狙ってくる分野はなんといっても**"三角比の図形への応用"**なんだね。特に，円とそれに内接する三角形や四角形の問題が頻出だ。

　だから，正弦定理や余弦定理など，まずその基本的な使い方を，典型的な問題を通して，シッカリ理解することだ。さらに，これらの応用についても，講義で詳しく解説するから，是非マスターしてくれ。

　最近の傾向としてかなり図形的な考え方を要求する問題も出題されているので，図形的なセンスを磨いていくことも重要だよ。

## ● まず，$\cos(\theta + 90°)$ などの変形を確実にこなそう！

初めに，三角比の値を求める問題から始めよう。ここでは，$\cos(\theta + 90°)$
や $\sin(180° - \theta)$ などの変形がポイントになる。

| 演習問題 30 | 制限時間 4 分 | 難易度 ★ | CHECK 1 | CHECK 2 | CHECK 3 |

$\cos(\theta + 90°) - \sin(90° - \theta) = -\dfrac{1}{2}$ ，$\sin(180° - \theta) \cdot \cos(180° - \theta) = \dfrac{a}{2}$

($a$：定数) このとき，$a = \dfrac{\boxed{ア}}{\boxed{イ}}$ ，

$\sin\theta + \cos\theta = \dfrac{\boxed{ウ}}{\boxed{エ}}$ ，$\sin\theta\cos\theta = \dfrac{\boxed{オカ}}{\boxed{キ}}$ である。

ヒント！ $\cos(\theta + 90°) = -\sin\theta$ , $\sin(90° - \theta) = \cos\theta$ などの変形をまず行わ
ないといけないね。この変形に自信のない人は，**Baba** のレクチャーをよく
読んで，今のうちにシッカリマスターしておこう！

### 解答＆解説

$\overset{-\sin\theta}{\underbrace{\cos(\theta + 90°)}} - \overset{\cos\theta}{\underbrace{\sin(90° - \theta)}} = -\dfrac{1}{2}$ ……①

$\overset{\sin\theta}{\underbrace{\sin(180° - \theta)}} \cdot \overset{-\cos\theta}{\underbrace{\cos(180° - \theta)}} = \dfrac{a}{2}$ ……②

とおくよ。ここで，

・$\underline{\cos(\theta + 90°)} = -\sin\theta$
  $\boxed{\cos 120° < 0}$

・$\underline{\sin(90° - \theta)} = +\cos\theta$
  $\boxed{\sin 60° > 0}$

### ココがポイント

⇦ 90° 系は，
$\begin{cases}\cos \to \sin \\ \sin \to \cos\end{cases}$ だね。
後は，$\theta = 30°$ と考えて
符号を決定する。

101

cos(θ＋90°) や sin(180°−θ) などの変形のコツをマスターしよう！

(Ⅰ) **90° の関係したもの**

(ⅰ) 記号の決定

$$\sin \longrightarrow \cos$$

$$\cos \longrightarrow \sin$$

$$\tan \longrightarrow \frac{1}{\tan}$$

(ⅱ) 符号の決定

(Ⅱ) **180° の関係したもの**

(ⅰ) 記号の決定

$$\sin \longrightarrow \sin$$

$$\cos \longrightarrow \cos$$

$$\tan \longrightarrow \tan$$

(ⅱ) 符号の決定

(例)

(Ⅰ) **90° の関係したものは，**
符号 ⊕ ⊖ を無視すれば，
記号の決定から，次の
ように変形できる。

60°とみる

(1) $\sin(\underline{90°−θ}) = ⊕\cos θ$

(2) $\cos(\underline{θ＋90°}) = ⊖\sin θ$

120°とみる

(3) $\tan(\underline{θ＋90°}) = ⊖\dfrac{1}{\tan}$

120°とみる

(Ⅱ) **180° の関係したものは，**
符号 ⊕ ⊖ を無視すれば，
記号の決定から，次の
ように変形できる。

150°とみる

(4) $\sin(\underline{180°−θ}) = ⊕\sin θ$

(5) $\cos(\underline{180°−θ}) = ⊖\cos θ$

150°とみる

(6) $\tan(\underline{180°−θ}) = ⊖\tan θ$

150°とみる

次に，θ＝30° と考えて，左辺の
符号 ⊕ ⊖ を調べ，

$\begin{cases} (ⅰ) \ 左辺が ⊕ ならば右辺も ⊕ \\ (ⅱ) \ 左辺が ⊖ ならば右辺も ⊖ \end{cases}$

とする。

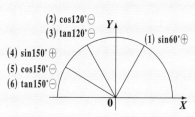

(2) cos120° ⊖
(3) tan120° ⊖
(4) sin150° ⊕
(5) cos150° ⊖
(6) tan150° ⊖
(1) sin60° ⊕

· $\underline{\sin(180° - \theta) = +\sin\theta}$

      $\boxed{\sin150° > 0}$

· $\underline{\cos(180° - \theta) = -\cos\theta}$

      $\boxed{\cos150° < 0}$

⇦180°系は，
$\begin{cases} \sin \to \sin \\ \cos \to \cos \end{cases}$ だね。
後は，$\theta = 30°$ と考えて
符号を決定する。

以上を①，②に代入すると，

$$-\sin\theta - \cos\theta = -\frac{1}{2}, \quad \sin\theta \cdot (-\cos\theta) = \frac{a}{2}$$

$$\therefore \sin\theta + \cos\theta = \frac{1}{2} \cdots ③, \quad \sin\theta\cos\theta = -\frac{a}{2} \cdots ④$$

ここで，③の両辺を 2 乗して，

$$(\sin\theta + \cos\theta)^2 = \frac{1}{4}$$

$$\underbrace{\sin^2\theta + 2\sin\theta\cos\theta + \cos^2\theta}_{1} = \frac{1}{4}$$

⇦公式 $\sin^2\theta + \cos^2\theta = 1$

$$1 + 2\sin\theta\cos\theta = \frac{1}{4} \qquad 2\sin\theta\cos\theta = -\frac{3}{4}$$

$$\therefore \sin\theta\cos\theta = -\frac{3}{8} \cdots ⑤$$

④と⑤は同じものだから，$-\dfrac{a}{2} = -\dfrac{3}{8}$

$$\therefore a = \frac{3}{4} \cdots\cdots\cdots\cdots\cdots\cdots\cdots (答)(ア, イ)$$

また，③，⑤より，

$$\sin\theta + \cos\theta = \frac{1}{2} \cdots ③ \cdots\cdots\cdots\cdots (答)( ウ, エ)$$

$$\sin\theta \cdot \cos\theta = \frac{-3}{8} \cdots ⑤ \cdots\cdots\cdots (答)( オカ, キ)$$

ウォーミング・アップ問題だったんだよ。アッサリ解けた？

## ● 連立の三角方程式では，$\sin^2 y + \cos^2 y = 1$ を使おう！

三角方程式というのは，1 つのナゾナゾなんだね。この三角方程式をみたす角 $x$ は何ですか？と聞いてきてるんだね。今回は，連立の三角方程式だから，$x$ と $y$ の 2 つの角度を求めないといけない。

| 演習問題 31 | 制限時間 7 分 | 難易度 ★ | CHECK1 | CHECK2 | CHECK3 |
|---|---|---|---|---|---|

$x$，$y$ は次の連立方程式

$$\begin{cases} \sin x + \sin y = \sqrt{2} & \cdots\cdots ① \\ \cos x - \cos y = \sqrt{2} & \cdots\cdots ② \end{cases} \quad (\text{ただし，} 0° \leqq x \leqq 180°, \ 0° \leqq y \leqq 180°)$$

をみたす。このとき，

(1) $\sin x + \cos x = \sqrt{\boxed{\text{ア}}}$ であり，$\sin x \cos x = \dfrac{\boxed{\text{イ}}}{\boxed{\text{ウ}}}$ である。

また，$\sin x - \cos x = \boxed{\text{エ}}$ である。

(2) $x = \boxed{\text{オカ}}$ °，$y = \boxed{\text{キクケ}}$ ° である。

---

**ヒント！** (1) ①，②より，$\sin^2 y + \cos^2 y = 1$ を利用して，$\sin x + \cos x$ の値を求め，これを 2 乗して，$\sin x \cdot \cos x$ の値や $\sin x - \cos x$ の値を求めればいいんだね。(2) は (1) の結果から求められるはずだ。

---

### 解答＆解説

(1) ①より，$\underset{\sim\sim\sim\sim\sim}{\sin y = \sqrt{2} - \sin x} \quad \cdots\cdots ①'$

②より，$\underset{=\!=\!=\!=}{\cos y = \cos x - \sqrt{2}} \quad \cdots\cdots ②'$

①′と②′を $\underset{\sim\sim\sim}{\sin^2 y} + \underset{=\!=\!=}{\cos^2 y} = 1$ に代入すると，

$\underbrace{(\sqrt{2} - \sin x)^2}_{\boxed{2 - 2\sqrt{2}\sin x + \sin^2 x}} + \underbrace{(\cos x - \sqrt{2})^2}_{\boxed{\cos^2 x - 2\sqrt{2}\cos x + 2}} = 1$

$2 - 2\sqrt{2}\sin x + \underbrace{\sin^2 x + \cos^2 x}_{1} - 2\sqrt{2}\cos x + 2 = \cancel{1}$

$4 - 2\sqrt{2}(\sin x + \cos x) = 0$

$2\sqrt{2}(\sin x + \cos x) = 4$

### ココがポイント

⇦ 三角比の基本公式

・$\sin^2\theta + \cos^2\theta = 1$

・$\tan\theta = \dfrac{\sin\theta}{\cos\theta}$

・$1 + \tan^2\theta = \dfrac{1}{\cos^2\theta}$

は，絶対暗記の公式なんだね。

$$\therefore \ \sin x + \cos x = \frac{4}{2\sqrt{2}} = \sqrt{2} \ \cdots\cdots ③ \cdots\cdots (答)(ア)$$

$\sin x + \cos x = \sqrt{2} \ \cdots ③$ の両辺を $2$ 乗して，

$$\underbrace{(\sin x + \cos x)^2}_{(\sin^2 x + 2\sin x \cos x + \cos^2 x)} = 2$$

$$2\sin x \cos x + \underbrace{\sin^2 x + \cos^2 x}_{\underset{①}{=} \ \longleftarrow \ \boxed{\cos^2 x + \sin^2 x = 1}} = 2$$

$2\sin x \cos x + 1 = 2$ より，

$$\sin x \cos x = \frac{1}{2} \ \cdots\cdots ④ \cdots\cdots\cdots (答)(イ, ウ)$$

⟵ $\sin x + \cos x = a$（定数）のとき，両辺を $2$ 乗すれば $\sin x \cos x$ の値が求まる。

次に，$(\sin x - \cos x)^2$ の値を求める。

$$(\sin x - \cos x)^2 = \underbrace{(\sin x + \cos x)^2}_{\boxed{\sqrt{2} \ (③より)}} - 4\underbrace{\sin x \cos x}_{\boxed{\frac{1}{2} \ (④より)}}$$

⟵ $(a-b)^2 = a^2 - 2ab + b^2$
$\quad = (a^2 + \underline{2ab} + b^2) - 4ab$
$\quad = (a+b)^2 - 4ab$

$$= (\sqrt{2})^2 - 4 \cdot \frac{1}{2} = 2 - 2 = 0$$

$$\therefore \ \sin x - \cos x = 0 \ \cdots\cdots ⑤ \cdots\cdots\cdots (答)(エ)$$

$(2)(1)$ の結果より，

$$\begin{cases} \sin x + \cos x = \sqrt{2} \ \cdots\cdots ③ \\ \sin x - \cos x = 0 \ \cdots\cdots ⑤ \end{cases}$$

よって，③ ＋ ⑤ より，$2\sin x = \sqrt{2}$

$$\therefore \ \sin x = \frac{\sqrt{2}}{2}$$

⑤ より，

$$\underset{(Y)}{\underline{\sin x}} = \underset{(X)}{\underline{\cos x}} = \frac{\sqrt{2}}{2}$$

半径 $1$ の円周上の点の
$\begin{cases} X \text{座標が } \cos x \text{ で，} \\ Y \text{座標が } \sin x \text{ だね。} \end{cases}$

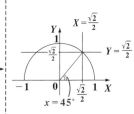

$$\therefore \ x = 45° \text{ である。} \ \cdots\cdots\cdots\cdots\cdots (答)(オカ)$$

$$(0° \leqq x \leqq 180°)$$

⟵ これは，$0° \leqq x \leqq 180°$ をみたす。

$$\begin{cases} \sin y = \sqrt{2} - \sin x & \cdots\cdots \text{①}´ \\ \cos y = \cos x - \sqrt{2} & \cdots\cdots \text{②}´ \end{cases}$$

$\sin x = \dfrac{\sqrt{2}}{2}$ と $\cos x = \dfrac{\sqrt{2}}{2}$ を ①´ と ②´ に

代入して,

$$\begin{cases} \sin y = \sqrt{2} - \dfrac{\sqrt{2}}{2} = \dfrac{2\sqrt{2} - \sqrt{2}}{2} = \dfrac{\sqrt{2}}{2} \\ \cos y = \dfrac{\sqrt{2}}{2} - \sqrt{2} = \dfrac{\sqrt{2} - 2\sqrt{2}}{2} = -\dfrac{\sqrt{2}}{2} \end{cases}$$

よって, $\underset{\underset{\textstyle Y}{\cup}}{\sin y = \dfrac{\sqrt{2}}{2}}$ , $\underset{\underset{\textstyle X}{\cup}}{\cos y = -\dfrac{\sqrt{2}}{2}}$

> 半径 **1** の円周上の点の
> $\begin{cases} Y 座標が \sin y \text{ で,} \\ X 座標が \cos y \text{ なんだね。} \end{cases}$

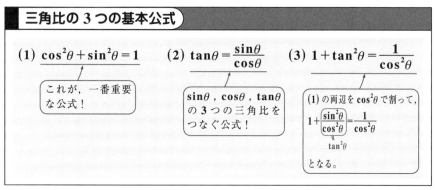

$\therefore y = 135°$ である。$\cdots\cdots\cdots\cdots\cdots\cdots\cdots$(答)(キクケ)

⇦これは, $0° \leqq y \leqq 180°$ を みたす。

どうだった? アッサリ解けた? 三角方程式を解くための**1**番の基本は, $\cos\theta$ と $\sin\theta$ がそれぞれ, 半径 **1** の円 ( 単位円 ) 周上の点の $X$ 座標と $Y$ 座標を表しているということなんだね。

また, 三角比の基本公式 $\sin^2\theta + \cos^2\theta = 1$ もすごく重要な役割を果たしたね。最後に, 三角比の **3** つの基本公式をまとめて書いておくから, どんどん使いこなしてくれ。

## 三角比の **3** つの基本公式

(1) $\underline{\cos^2\theta + \sin^2\theta = 1}$

> これが, 一番重要
> な公式!

(2) $\tan\theta = \dfrac{\sin\theta}{\cos\theta}$

> $\sin\theta$ , $\cos\theta$ , $\tan\theta$
> の **3** つの三角比を
> つなぐ公式!

(3) $1 + \tan^2\theta = \dfrac{1}{\cos^2\theta}$

> (1) の両辺を $\cos^2\theta$ で割って,
> $1 + \underset{\underset{\textstyle \tan^2\theta}{}}{\boxed{\dfrac{\sin^2\theta}{\cos^2\theta}}} = \dfrac{1}{\cos^2\theta}$
> となる。

● "図形への応用" の基本パターンをマスターしよう！

cos のこと  sin のこと

次の問題は，ボクのオリジナル問題だ。これによって，余弦定理，正弦定理 ( 外接円の半径 )，三角形の面積，内接円の半径，頂角の二等分線といった，"**三角比の図形への応用**" に関する基本的解法のパターンをすべてマスターすることができるんだよ。頑張ろう！

---

| 演習問題 32 | 制限時間9分 | 難易度 ★★ | CHECK*1* | CHECK*2* | CHECK*3* |
|---|---|---|---|---|---|

三角形 ABC において，BC ＝ 7，CA ＝ 5，AB ＝ 3 である。

(1) $\cos A = \dfrac{\boxed{\text{アイ}}}{\boxed{\text{ウ}}}$，$\angle A = \boxed{\text{エオカ}}$° であり，また，

三角形 ABC の外接円の半径は，$\dfrac{\boxed{\text{キ}}\sqrt{\boxed{\text{ク}}}}{\boxed{\text{ケ}}}$ である。

(2) 三角形 ABC の面積は，$\dfrac{\boxed{\text{コサ}}\sqrt{\boxed{\text{シ}}}}{\boxed{\text{ス}}}$ であり，

三角形 ABC の内接円の半径は $\dfrac{\sqrt{\boxed{\text{セ}}}}{\boxed{\text{ソ}}}$ である。

(3) $\angle A$ を二等分する直線と辺 BC との交点を D とおくと，

$AD = \dfrac{\boxed{\text{タチ}}}{\boxed{\text{ツ}}}$ である。

---

ヒント！  (1) では，正弦・余弦定理を使い，(2) では，三角形の面積と内接円の半径を使う。(3) では，三角形の面積を使うのがポイントだ！

$\triangle$ABC の 3 頂点 A，B，C のそれぞれの対辺の長さを $a$，$b$，$c$ とおくと，図 1 のように，$a = \text{BC} = 7$，$b = \text{CA} = 5$，$c = \text{AB} = 3$ になる。

**図 1**

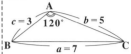

(1) $\triangle$ABC に余弦定理を用いると，

$$\cos A = \frac{b^2 + c^2 - a^2}{2bc} = \frac{5^2 + 3^2 - 7^2}{2 \cdot 5 \cdot 3}$$

⇦余弦定理（Ⅰ）
$a^2 = b^2 + c^2 - 2bc\cos A$ より，
$\cos A = \dfrac{b^2 + c^2 - a^2}{2bc}$ となる。

3 辺の長さがわかれば cos は求まる。

$$= \frac{-15}{30} = \frac{-1}{2} \quad \cdots\cdots\cdots\cdots\cdots（答）(ア イ，ウ)$$

$$\therefore \angle A = 120° \quad \cdots\cdots\cdots\cdots\cdots（答）(エ オ カ)$$

⇦

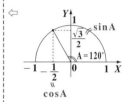

よって，$\sin A = \sin 120° = \dfrac{\sqrt{3}}{2}$ より，$\triangle$ABC に

正弦定理を用いると，外接円の半径 $2R$ は，

$$\frac{a}{\sin A} = 2R，\quad R = \frac{\overset{a}{\overset{\frown}{7}}}{2 \cdot \underset{\sin A}{\frac{\sqrt{3}}{2}}} = \frac{7\sqrt{3}}{3} \quad \cdots（答）(キ，ク，ケ)$$

⇦正弦定理
$\dfrac{a}{\sin A} = \dfrac{b}{\sin B} = \dfrac{c}{\sin C} = 2R$
の一部 $\dfrac{a}{\sin A} = 2R$ を使った！

2 辺の長さと角がわかれば三角形の面積は求まる。

(2) $\triangle$ABC の面積を $S$ とおくと，

$$S = \frac{1}{2}bc\sin A = \frac{1}{2} \cdot 5 \cdot 3 \cdot \frac{\sqrt{3}}{2} = \frac{15\sqrt{3}}{4} \quad \cdots\cdots\cdots（答）$$
（コ サ，シ，ス）

⇦ $\triangle$ABC の面積 $S$ は，
$S = \dfrac{1}{2}bc\sin A$
$= \dfrac{1}{2}ca\sin B$
$= \dfrac{1}{2}ab\sin C$
のどれを使ってもいい。

次に，$\triangle$ABC の内接円の半径を $r$ とおくと，

$$S = \frac{1}{2}(\overset{7}{\overset{\frown}{a}} + \overset{5}{\overset{\frown}{b}} + \overset{3}{\overset{\frown}{c}})r \quad \therefore r = \frac{\sqrt{3}}{2} \quad \cdots（答）(セ，ソ)$$

⇦ $\dfrac{15\sqrt{3}}{4} = \dfrac{15}{2}r$ より，
$r = \dfrac{2\sqrt{3}}{4} = \dfrac{\sqrt{3}}{2}$ だ。

これは，内接円の半径 $r$ を求める公式

**(3)** 図 **2** のように，頂角∠A の二等分線と辺 BC
との交点を D とおき，AD $= x$ とおいて，$x$ の
値を求めよう。ここで，三角形 ABC の面積
を△ABC などと表すことにすると，

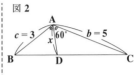

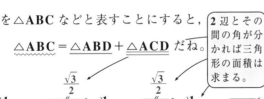

$$\triangle ABC = \triangle ABD + \triangle ACD \text{ だね。}$$

> 2 辺とその
> 間の角が分
> かれば三角
> 形の面積は
> 求まる。

$$\underset{\sqrt{3}/2}{\frac{1}{2}\cdot 5\cdot 3\cdot \sin 120°} = \underset{\sqrt{3}/2}{\frac{1}{2}\cdot 3\cdot x\cdot \sin 60°} + \underset{\sqrt{3}/2}{\frac{1}{2}\cdot x\cdot 5\cdot \sin 60°}$$

$$15 = 3x + 5x \qquad 8x = 15$$

⇦ ここで，
$\sin 60° = \sin 120° = \dfrac{\sqrt{3}}{2}$ で
同じだから，両辺をこれで
割れる。

$$\therefore x = AD = \frac{15}{8} \cdots\cdots\cdots\cdots\cdots(答)(タチ, ツ)$$

どうだった？ スラスラ解けた？ **(3)** は，三角形の面積にもち込んで解く
パターンの問題で，これを知らなかった人は，結構多かっただろうと思う。
でも，**(1)**，**(2)** は，"**三角形の図形への応用**"の基本公式をキチンと使い
こなせる人は，全員楽に解けたはずだ。復習用に，この **4** つの基本公式を
まとめておくから，自信のない人は，シッカリ頭にたたき込んでおこう！

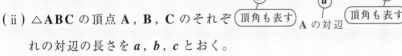

### 三角比の図形への応用・基本公式

正弦定理や余弦定理など，これから示
す公式は，次の **2** つの記号法に基づい
ていることを頭に入れてくれ。

（ⅰ）△ABC の頂点 A，B，C はそれぞ
れの頂角も表す。

（ⅱ）△ABC の頂点 A，B，C のそれぞ
れの対辺の長さを $a$，$b$，$c$ とおく。

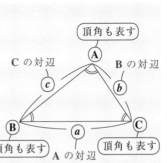

**(1) 正弦定理**

$$\frac{a}{\sin A} = \frac{b}{\sin B} = \frac{c}{\sin C} = 2R \quad (R:\text{外接円の半径})$$

**(2) 余弦定理 ( I )**

（ i ）$a^2 = b^2 + c^2 - 2bc\cos A$

（ ii ）$b^2 = c^2 + a^2 - 2ca\cos B$

（ iii ）$c^2 = a^2 + b^2 - 2ab\cos C$

> 余弦定理の覚え方 ( I )
> メリー・ゴーラウンドの
> ように回っている!

余弦定理 ( II )

> 余弦定理 ( I ) を
> 変形すれば出てくるよ。

（ i ）$\cos A = \dfrac{b^2 + c^2 - a^2}{2bc}$

（ ii ）$\cos B = \dfrac{c^2 + a^2 - b^2}{2ca}$

（ iii ）$\cos C = \dfrac{a^2 + b^2 - c^2}{2ab}$

> 3 辺の長さ $a$,
> $b$, $c$ が分かれ
> ば, $\cos A$,
> $\cos B$, $\cos C$ す
> べてが求まる!

> 余弦定理の覚え方 ( II )
> $a(a^2)$ を求めたかったら,
> $b$ と $c$ とその間の角 $A$
> で, オハシで
> つまむ形に
> なっている。

**(3) △ABC の面積 $S$**

$$S = \frac{1}{2}ab\sin C = \frac{1}{2}bc\sin A = \frac{1}{2}ca\sin B$$

> これもメリー・ゴーラウンド

> 余弦定理 ( I ) と同様
> に, 2 辺とその間の角
> が分かれば, オハシで
> つまむように面積 $S$ が
> 求まるんだ。

**(4) △ABC の内接円の半径 $r$**

$$S = \frac{1}{2}(a+b+c)\cdot r \quad (S:\text{△ABC の面積})$$

　以上の基本公式をうまく使えば, さまざまな応用問題が解けるようになるんだ。この使い方をこれからシッカリ, マスターしていこう。

## ● 三角比と図形の応用問題を解いてみよう！

　三角比の図形への応用の発展問題だよ。正弦定理や余弦定理を使いこな
すいい練習になるはずだ。レベルは結構高いけれど，頑張ろう！

| 演習問題 33 | 制限時間8分 | 難易度 ★★ | CHECK1 | CHECK2 | CHECK3 |
|---|---|---|---|---|---|

三角形 $ABC$ において，3 辺の長さを $BC = a$，$CA = b$，$AB = c$ とおく
と，$(a+b):(b+c):(c+a) = 9:11:10$ であり，また三角形 $ABC$ の面
積は，$15\sqrt{7}$ である。このとき，

(1) $\sin A : \sin B : \sin C = \boxed{\ ア\ } : \boxed{\ イ\ } : \boxed{\ ウ\ }$ である。

(2) $\cos A = \dfrac{\boxed{\ エ\ }}{\boxed{\ オ\ }}$，$\sin A = \dfrac{\sqrt{\boxed{\ カ\ }}}{\boxed{\ キ\ }}$ である。

(3) 三角形 $ABC$ の外接円の半径は，$\dfrac{\boxed{\ クケ\ }\sqrt{\boxed{\ コ\ }}}{\boxed{\ サ\ }}$ である。

ヒント！　正弦定理を，$\dfrac{a}{\sin A} = \dfrac{b}{\sin B} = \dfrac{c}{\sin C} = k$（定数）とおくと，$a = k\sin A$，$b = k\sin B$，$c = k\sin C$ だから，$a:b:c = k\sin A : k\sin B : k\sin C = \sin A : \sin B : \sin C$ となるんだね。また，$\cos A$ は余弦定理から，$\cos A = \dfrac{b^2 + c^2 - a^2}{2bc}$ で求めるけど，このとき，$a:b:c$ の比が分かってれば十分だ。

### 解答＆解説

$\triangle ABC$ の 3 辺の長さを問題文では，右図のように
$BC = a$，$CA = b$，$AB = c$ とおいた。ここで，
$(a+b):(b+c):(c+a): = 9:11:10$ より，
比例定数 $k$（$k > 0$）を使うと，

### ココがポイント

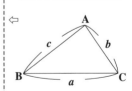

$$\begin{cases} a+b=9k & \cdots\cdots① \\ b+c=11k & \cdots\cdots② \\ c+a=10k & \cdots\cdots③ \end{cases} \quad となる。$$

①＋②＋③より，

$$2(a+b+c)=30k \qquad \therefore\ a+b+c=15k \quad\cdots\cdots④$$

  ④－②より，$a=4k$

  ④－③より，$b=5k$

  ④－①より，$c=6k$

これで，$a$，$b$，$c$ の比が求まったんだね。

(1) 正弦定理より，

  $\sin A : \sin B : \sin C = a : b : c$

   $= 4k : 5k : 6k = 4 : 5 : 6 \quad\cdots\cdots(答)(ア, イ, ウ)$

(2) $a=4k$，$b=5k$，$c=6k$ と $a$，$b$，$c$ の値ではな

  く，比しか分かっていないけれど，これらか

  ら $\cos A$ の値を求めることができるんだ。

$$\cos A = \frac{b^2+c^2-a^2}{2bc} = \frac{(5k)^2+(6k)^2-(4k)^2}{2\times 5k \times 6k}$$

$$= \frac{45k^2}{60k^2} = \frac{3}{4} \quad\cdots\cdots\cdots\cdots\cdots\cdots(答)(エ, オ)$$

  次に，三角比の基本公式より，

  $\cos^2 A + \sin^2 A = 1$

  よって，$\sin A = \pm\sqrt{1-\cos^2 A}$ だね。でも，$\angle A$

  は，$0° < \angle A < 180°$ だから，$\sin A$ は必ず正だね。

  $\therefore\ \sin A = \sqrt{1-\cos^2 A} = \sqrt{1-\left(\dfrac{3}{4}\right)^2} = \dfrac{\sqrt{7}}{4}$

           $\cdots\cdots\cdots(答)(カ, キ)$

⇦ $a+b+c=15k \cdots\cdots④$
$\underline{-)\quad b+c=11k \cdots\cdots②}$
   $a=4k$ だね。
他も，この要領で求めた。

⇦正弦定理
$\dfrac{a}{\sin A}=\dfrac{b}{\sin B}=\dfrac{c}{\sin C}$ より，
$a:b:c$
$=\sin A : \sin B : \sin C$ だ。

⇦これもメリー・ゴーラウンド
だね。

⇦$\sqrt{1-\left(\dfrac{3}{4}\right)^2}=\sqrt{1-\dfrac{9}{16}}$
$=\sqrt{\dfrac{16-9}{16}}=\dfrac{\sqrt{7}}{4}$ だ。

**(3)** $\sin A$ の値も分かったので，次に$\triangle ABC$ の外接円の半径 $R$ を求めるために，正弦定理を使えばいいね。

$$\frac{a}{\sin A}=2R\cdots\cdots⑤ \quad (R：外接円の半径)$$

ここで，$a$ は比ではなく本当の値が必要になる。どうする？　そうだね。まだ使っていない条件：

$\triangle ABC$ の面積 $S=15\sqrt{7}$ があったね。

$S=\dfrac{1}{2}b\cdot c\cdot\sin A=15\sqrt{7}$ より，

$\dfrac{1}{2}\cdot 5k\cdot 6k\cdot\dfrac{\sqrt{7}}{4}=15\sqrt{7}$ ，　$\dfrac{15\sqrt{7}}{4}k^2=15\sqrt{7}$

$\therefore k^2=4$ 　ここで，$k>0$ より，$k=2$

よって，比例定数 $k=2$ と分かったから，

$a=4k=8$ だね。これを⑤に代入して，

$$R=\frac{a}{2\sin A}=\frac{8}{2\cdot\dfrac{\sqrt{7}}{4}}=\frac{16\sqrt{7}}{7} \cdots(答)(クケ, コ, サ)$$

⇦ $\triangle ABC$ の面積 $S$ は，2 辺 $b$，$c$ とその間の角 $S$ で，オハシでつまむように求まる。

⇦ $\dfrac{8}{2\cdot\dfrac{\sqrt{7}}{4}}=\left(\dfrac{8}{\dfrac{\sqrt{7}}{②}}=\dfrac{16}{\sqrt{7}}\right.$

$=\dfrac{16\sqrt{7}}{7}$ だ。

　どう？　三角比の図形への応用公式もうまく使いこなせた？　公式って，どんどん使うことによって，その利用の仕方もうまくなっていくものなんだよ。まだ慣れていない，という人も心配はいらない。問題を解いていくことにより，実践力が鍛えられていくからだ。頑張ろうな！

## ● 四角形の問題では，三角形に分解して考えよう！

これから，解いていく問題は，台形についての問題だけれど，うまく三角比の公式を使いこなせばいいんだよ。

| 演習問題 34 | 制限時間8分 | 難易度 ★ | CHECK*1* | CHECK*2* | CHECK*3* |
|---|---|---|---|---|---|

台形 ABCD において，AB と DC が平行であり，二つの対角線 AC，BD の交点を E とする。

$AB = 5$，$DC = 3$，$AE = 2$，$\sin\angle BAE = \dfrac{5}{13}$ とする。

このとき，$AC = \dfrac{\boxed{アイ}}{\boxed{ウ}}$ であり，

台形 ABCD の面積は，$\dfrac{\boxed{エオ}}{\boxed{カキ}}$ である。

また，$\cos\angle BAE = \pm\dfrac{\boxed{クケ}}{\boxed{コサ}}$ である。

特に，∠BAE が鋭角のとき，$BE = \sqrt{\dfrac{\boxed{シスセ}}{\boxed{ソタ}}}$ であり，

三角形 ABE の外接円の半径は，$\dfrac{\sqrt{\boxed{チツテト}}}{\boxed{ナニ}}$ である。

---

ヒント！ 台形と 2 つの対角線の問題だね。まず，自分なりにヘタでもいいから図を描いてみると，作戦が浮かんでくるはずだ。この問題では，2 つの相似な三角形や，錯角などが重要なポイントになるんだ。これらと，正弦定理や余弦定理の公式を組み合わせて解いてみよう。

| 解答&解説 |

| ココがポイント |

台形 **ABCD** において，**AB∥DC**，**AB = 5**，**DC = 3** で，**2** つの対角線 **AC** と **BD** の交点を **E** とおくと，**AE = 2** で，また∠**BAE** = $\theta$ とおくと，$\sin\theta = \dfrac{5}{13}$ となるんだ。図 **1** に，この台形の概形を示すよ。

**AB∥DC** より，△**ABE** と△**CDE** は相似だね。

相似比が，**AB : CD = 5 : 3** より，(AE) : CE = 5 : 3
    ‖2

よって，**5·CE = 2·3** より，**CE** = $\dfrac{6}{5}$

∴ **AC** = $\underline{AE}$ + $\underline{CE}$ = $\underline{2}$ + $\dfrac{6}{5}$ = $\dfrac{16}{5}$ ………(答)(ア イ，ウ)

台形 **ABCD** や三角形 **ABC** の面積を □**ABCD**，△**ABC** などと表すことにすると，

□**ABCD** = △**ABC** + △**ACD**

$$= \frac{1}{2}\cdot\underset{\overset{\|}{5}}{AB}\cdot\underset{\overset{\|}{\frac{16}{5}}}{AC}\cdot\underset{\overset{\|}{\frac{5}{13}}}{\sin\theta} + \frac{1}{2}\cdot\underset{\overset{\|}{\frac{16}{5}}}{CA}\cdot\underset{\overset{\|}{3}}{CD}\cdot\underset{\overset{\|}{\frac{5}{13}}}{\sin\theta}$$

$$= \frac{1}{2}\cdot 5\cdot\frac{16}{5}\cdot\frac{5}{13} + \frac{1}{2}\cdot\frac{16}{5}\cdot 3\cdot\frac{5}{13} = \frac{64}{13}$$

………(答)(エオ，カキ)

次に，三角比の基本公式：$\cos^2\theta + \sin^2\theta = 1$ から，

$\cos\theta = \cos\angle BAE = \pm\sqrt{1 - \sin^2\theta}$

$$= \pm\sqrt{1 - \left(\frac{5}{13}\right)^2} = \pm\frac{12}{13}$$ …………(答)(クケ，コサ)

図 1

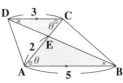

⇦ 錯角で等しい
∠**BAE** = ∠**DCE** = $\theta$
∠**ABE** = ∠**CDE** より，
△**ABE** ∽ △**CDE** だ。

相似の記号

⇦ **2** 辺の間の角 $\theta$ の **sin** が分かっているから，面積を出せる。

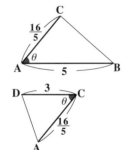

⇦ $\sqrt{1 - \left(\dfrac{5}{13}\right)^2} = \sqrt{\dfrac{169 - 25}{169}}$

$= \sqrt{\dfrac{144}{169}} = \dfrac{12}{13}$ だ。

$\theta = \angle \text{BAE}$ が 鋭角 のとき，$\cos\theta > 0$ だから，

$0° \sim 90°$

$\cos\theta = \cos\angle\text{BAE} = \dfrac{12}{13}$ だね。

　ここで，$\triangle\text{ABE}$ について，2 辺 $\text{AB} = 5$，$\text{AE} = 2$ の値が分かり，また $\cos\theta$ の値も分かっているので，図 2 のように，オハシでつまむ要領で，余弦定理を使うよ。

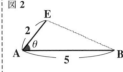

図 2

$$\text{BE}^2 = 5^2 + 2^2 - 2 \cdot 5 \cdot 2\cos\theta$$

$$= 25 + 4 - 20 \cdot \dfrac{12}{13} = \dfrac{137}{13}$$

$$\therefore \ \text{BE} = \sqrt{\dfrac{137}{13}} \quad \cdots\cdots\cdots\cdots\cdots\text{(答)(シスセ，ソタ)}$$

次，$\triangle\text{ABE}$ の外接円の半径 $R$ を求めるために，この三角形に正弦定理を使う。

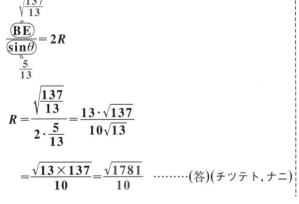

$$\dfrac{\text{BE}}{\sin\theta} = 2R$$

$\sqrt{\dfrac{137}{13}}$

$\dfrac{5}{13}$

$$R = \dfrac{\sqrt{\dfrac{137}{13}}}{2 \cdot \dfrac{5}{13}} = \dfrac{13 \cdot \sqrt{137}}{10\sqrt{13}}$$

$$= \dfrac{\sqrt{13 \times 137}}{10} = \dfrac{\sqrt{1781}}{10} \quad \cdots\cdots\cdots\text{(答)(チツテト，ナニ)}$$

⇦ 繁分数の計算

$$\dfrac{\dfrac{d}{c}}{\dfrac{b}{a}} = \dfrac{ad}{bc}$$ だね。

よって，

$$\dfrac{\dfrac{\sqrt{137}}{\sqrt{13}}}{2 \cdot \dfrac{5}{13}} = \dfrac{13 \cdot \sqrt{137}}{10\sqrt{13}}$$

となったんだ。

　どう？　意外と易しかったでしょう。四角形の問題も，いくつかの三角形に分解して考えれば，正弦・余弦定理などの公式が使えるんだね。

今回の問題のもう 1 つのポイントは，錯角や三角形の相似など，中学で習ったような内容が重要な役割を果しているってことだね。

## ● 半円に内接する三角形の問題を解いてみよう！

共通テストでは，"円に内接する四角形" の問題が出題される可能性が高い。今回は，その前段階のウォーミング・アップ問題として，"半円に内接する三角形" の問題を解いてみよう。

| 演習問題 35 | 制限時間 7 分 | 難易度 ★ | CHECK 1 | CHECK 2 | CHECK 3 |
|---|---|---|---|---|---|

線分 AB を直径とする半円周上に 2 点 C，D があり，$AC = 2\sqrt{5}$，$AD = 8$，$\tan\angle CAD = \dfrac{1}{2}$ であるとする。

このとき，$\cos\angle CAD = \dfrac{\boxed{ア}\sqrt{\boxed{イ}}}{\boxed{ウ}}$，$CD = \boxed{エ}\sqrt{\boxed{オ}}$ である。

さらに，$\triangle ADC$ の面積は $\boxed{カ}$，$AB = \boxed{キク}$ である。

ヒント！ $\angle CAD = \theta$ とおくと，$\tan\theta = \dfrac{1}{2}$ から，公式 $1 + \tan^2\theta = \dfrac{1}{\cos^2\theta}$ を使って，$\cos\theta$ の値を求めればいいね。後は，余弦定理，三角形の面積，正弦定理を使えば，すべて解けるよ。解きやすい問題だね。

### 解答＆解説

まず，図を描こう！

$\angle CAD = \theta\ (0° < \theta < 90°)$ とおくよ。

与えられた条件：$AC = 2\sqrt{5}$，$AD = 8$，

$\tan\theta = \dfrac{1}{2}$ より，

右のような図が描ける。

公式：$1 + \underbrace{\tan^2\theta}_{\left(\frac{1}{2}\right)^2} = \dfrac{1}{\cos^2\theta}$ に $\tan\theta = \dfrac{1}{2}$ を代入して，

### ココがポイント

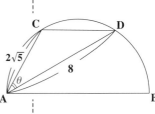

117

$$1 + \frac{1}{4} = \frac{1}{\cos^2\theta}, \quad \frac{1}{\cos^2\theta} = \frac{5}{4}, \quad \cos^2\theta = \frac{4}{5}$$

ここで，$0° < \theta < 90°$ より，$\cos\theta > 0$ だね。よって，

$$\underset{\angle \text{CAD}}{\cos\theta} = \sqrt{\frac{4}{5}} = \frac{2}{\sqrt{5}} = \frac{2\sqrt{5}}{5} \leftarrow \boxed{\begin{array}{c}\text{分子・分母に}\\ \sqrt{5} \text{をかけた}\end{array}}$$

$$\cdots\cdots\cdots(\text{答})(\text{ア，イ，ウ})$$

$\boxed{\text{余弦定理などでは，こちらの方が使いやすい！}}$

⇐ $\tan\theta = \frac{1}{2}$ から，

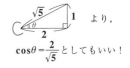

より，$\cos\theta = \frac{2}{\sqrt{5}}$ としてもいい！

・$\triangle$ACD に余弦定理を用いて，CD を求めよう。

$$\text{CD}^2 = (2\sqrt{5})^2 + 8^2 - 2 \cdot 2\sqrt{5} \cdot 8 \cdot \underset{\frac{2}{\sqrt{5}}}{\boxed{\cos\theta}}$$

$$= 20 + 64 - 32\sqrt{5} \times \frac{2}{\sqrt{5}}$$

$$= 20 + \cancel{64} - \cancel{64} = 20$$

$$\therefore \text{CD} = \sqrt{\overset{2^2 \times 5}{\cancel{20}}} = 2\sqrt{5} \quad \text{となる。}\cdots\cdots\cdots(\text{答})(\text{エ，オ})$$

⇐

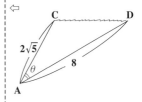

⇐ 当然 CD $> 0$ より，CD $= \pm\sqrt{20}$ とする必要はないんだね。

・次，$\triangle$ADC の面積を $\underline{S}$ とおき，この $S$ を求める

$$\boxed{\text{公式 } S = \frac{1}{2} \cdot \text{AC} \cdot \text{AD} \cdot \sin\theta}$$

ために，まず $\sin\theta$ を求めよう。

$\cos^2\theta + \sin^2\theta = 1$ から，$\sin^2\theta = 1 - \cos^2\theta$

$\sin\theta > 0$ より，

$$\sin\theta = \sqrt{1 - \cos^2\theta} = \sqrt{1 - \left(\frac{2}{\sqrt{5}}\right)^2} = \sqrt{1 - \frac{4}{5}}$$

$$\therefore \sin\theta = \frac{1}{\sqrt{5}}$$

⇐ これも，三角形の図

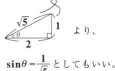

より，$\sin\theta = \frac{1}{\sqrt{5}}$ としてもいい。

よって，$\triangle$ADC の面積 $S$ は，

$$S = \frac{1}{2} \cdot \text{AC} \cdot \text{AD} \cdot \sin\theta = \frac{1}{2} \cdot \cancel{2}\sqrt{5} \cdot 8 \cdot \frac{1}{\cancel{\sqrt{5}}}$$

$\boxed{\text{これも，オハシでつまむ要領だ！}}$

$$= 8 \cdots\cdots\cdots\cdots\cdots\cdots\cdots\cdots\cdots\cdots\cdots(\text{答})(\text{カ})$$

118

$\triangle ADC$ は，$AB (= 2R)$ $(R$：外接円の半径$)$ を直径とする円に内接する三角形なので，$\triangle ADC$ に正弦定理を用いると，

$$\dfrac{\overbrace{CD}^{2\sqrt{5}}}{\underbrace{\sin\theta}_{\frac{1}{\sqrt{5}}}} = 2R = AB$$

$$\therefore AB = \dfrac{2\sqrt{5}}{\dfrac{1}{\sqrt{5}}} = 2\sqrt{5} \times \sqrt{5} = 10 \ \text{が答えだ。} \cdots \text{(答)(キク)}$$

どう？ 易しかった？ 共通テスト数学 I・A の図形と計量 (三角比) の問題の難易度には，かなりのバラツキがある。この演習問題 **35** は，その中でかなり易しい方の問題と言える。でも本番では，図形的センスも要求される，かなり難度の高い問題も出題されるかも知れないので，練習は難しい問題に合わせてやっておく必要があるんだね。

## ● 円に内接する四角形の問題を解いてみよう！

円に内接する四角形の問題は，よく出題されている。これから解く問題は，比較的解きやすい問題の方だと思う。これも，テンポよく解いていこう。

四角形 ABCD は，円 O に内接し，

$AB = 3$ ， $BC = CD = \sqrt{3}$ ， $\cos \angle ABC = \dfrac{\sqrt{3}}{6}$ とする。

このとき， $AC = \boxed{\phantom{ア}}$ ， $AD = \boxed{\phantom{イ}}$

であり，円 O の半径は $\dfrac{\boxed{\phantom{ウ}}\sqrt{\boxed{\phantom{エオ}}}}{11}$ である。

また，△ABD の面積を $S_1$ ，△BCD の面積を $S_2$ とすると，

$\dfrac{S_2}{S_1} = \dfrac{\boxed{\phantom{カ}}}{\boxed{\phantom{キ}}}$ である。

---

ヒント！ **AC** と **AD** は，余弦定理から求める。特に，**AD** の方は，$AD = x$ とおいて，$x$ の 2 次方程式にもち込むのがポイントだよ。後は，正弦定理，三角形の面積の公式を使えば解ける。頑張って，制限時間内に解いてみよう！

### 解答＆解説

$\angle ABC = \theta$ とおく。

与えられた条件：$AB = 3$ ， $BC = CD = \sqrt{3}$ ，

$\cos\theta = \dfrac{\sqrt{3}}{6}$ より，右図のようになる。

四角形 ABCD は，円 O に内接するので，

$\underset{\theta}{\underline{\angle ABC}} + \angle ADC = 180°$

∴ $\angle ADC = 180° - \theta$ となる。

### ココがポイント

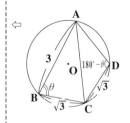

120

・まず，$\triangle \mathrm{ABC}$ に余弦定理を用いて，

$$AC^2 = AB^2 + BC^2 - 2 \cdot AB \cdot BC \cdot \overbrace{\cos\theta}^{\frac{\sqrt{3}}{6}}$$

$$= 3^2 + (\sqrt{3})^2 - 2 \cdot \sqrt{3} \cdot \sqrt{3} \cdot \frac{\sqrt{3}}{6}$$

$$= 9 + 3 - 3 = 9$$

ここで，$\mathrm{AC} > 0$ より，

$\mathrm{AC} = \sqrt{9} = 3$ となる。$\cdots\cdots\cdots\cdots\cdots\cdots$(答)(ア)

・次，$\mathrm{AD} = x$ とおいて，$\triangle \mathrm{ACD}$ に余弦定理を用いると，

$$AC^2 = \underset{x^2}{AD^2} + CD^2 - 2 \cdot \underset{x}{AD} \cdot CD \cdot \cos(180° - \theta)$$

$\boxed{-\cos\theta = -\dfrac{\sqrt{3}}{6}}$ $\boxed{\begin{array}{l}180° \text{系より，}\\ \cdot \cos \to \cos \\ \theta = 30° \text{と考えて}\\ \text{符号を決定。}\end{array}}$

よって，

$$3^2 = x^2 + (\sqrt{3})^2 - 2 \cdot x \cdot \sqrt{3} \cdot \left(-\frac{\sqrt{3}}{6}\right)$$

$x^2 + 3 + x = 9$ , $x^2 + x - 6 = 0$

$(x+3)(x-2) = 0$

ここで，$x = \mathrm{AD} > 0$ より，$x = \mathrm{AD} = 2$

$\therefore \mathrm{AD} = 2$ が答えだ。$\cdots\cdots\cdots\cdots\cdots\cdots$(答)(イ)

・$\cos\theta = \dfrac{\sqrt{3}}{6}$ から，$\sin\theta(>0)$ の値は，

$$\sin\theta = \sqrt{1 - \cos^2\theta} = \sqrt{1 - \left(\frac{\sqrt{3}}{6}\right)^2} = \sqrt{1 - \frac{3}{36}} = \sqrt{\frac{33}{36}}$$

$$\therefore \sin\theta = \frac{\sqrt{33}}{6}$$

ココがポイント

⇦ AC をオハシでつまむ要領。

⇦ $\mathrm{AD} = x$ とおいて，$x$ の2次方程式にもち込む。

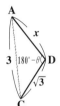

⇦ $\sin^2\theta + \cos^2\theta = 1$ より，$\sin\theta(>0)$ は $\sin\theta = \sqrt{1-\cos^2\theta}$ となる。

よって，円 **O** の半径を **R** とおくと，正弦定理

△**ABC** の外接円

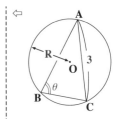

$$\frac{AC}{\sin\theta}=2R$$ より，

$$R=\frac{\overset{3}{AC}}{2\underset{\frac{\sqrt{33}}{6}}{\sin\theta}}=\frac{3}{2\cdot\frac{\sqrt{33}}{6}}=\frac{3\cdot\overset{3}{6}}{2\cdot\sqrt{33}}=\frac{9\sqrt{33}}{33}$$

$$\therefore R=\frac{3\sqrt{33}}{11}$$ となる。 ………………(答)(ウ，エオ)

次，△**ABD** と △**BCD** の面積をそれぞれ $S_1$，$S_2$ と

おき，また ∠**BAD**＝$\alpha$ とおくと，

∠**BCD**＝$180°-\alpha$ となる。

⇦ 四角形 **ABCD** は円に内
接するので，
∠**BAD**＋∠**BCD**＝$180°$
（$\alpha$）
が成り立つ。

よって，

$$S_1=\frac{1}{2}\cdot\overset{3}{AB}\cdot\overset{2}{AD}\cdot\sin\alpha=\frac{1}{2}\cdot3\cdot2\cdot\sin\alpha=3\sin\alpha$$

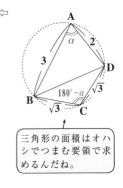

$$S_2=\frac{1}{2}\cdot\overset{\sqrt{3}}{CB}\cdot\overset{\sqrt{3}}{CD}\cdot\underset{\sin\alpha}{\sin(180°-\alpha)}$$

180°系より，
・$\sin\to\sin$
・$\theta=30°$ と考えて
符号を決定。

$$=\frac{1}{2}\cdot\sqrt{3}\cdot\sqrt{3}\sin\alpha=\frac{3}{2}\sin\alpha$$

三角形の面積はオハ
シでつまむ要領で求
めるんだね。

以上より，

$$\frac{S_2}{S_1}=\frac{\frac{3}{2}\sin\alpha}{3\sin\alpha}=\frac{3}{2\cdot3}=\frac{1}{2}$$ となる。…………(答)(カ，キ)

公式の使い方も，ずい分慣れてきただろうね。後は，正確さとスピードだ
よ。さらに磨きをかけていってくれ！

次も，円に内接する四角形の問題だ。図形的なセンスも必要な問題だよ。

---

| 演習問題 37 | 制限時間 10 分 | 難易度 ★★ | CHECK1 | CHECK2 | CHECK3 |
|---|---|---|---|---|---|

$\triangle ABC$ において，$AB = 5$ ，$BC = 2\sqrt{3}$ ，$CA = 4 + \sqrt{3}$ とする。

このとき，$\cos A = \dfrac{\boxed{\text{ア}}}{\boxed{\text{イ}}}$ である。

$\triangle ABC$ の面積は，$\dfrac{\boxed{\text{ウエ}} + \boxed{\text{オ}}\sqrt{\boxed{\text{カ}}}}{2}$ である。

$B$ を通り $CA$ に平行な直線と $\triangle ABC$ の外接円との交点のうち，

$B$ と異なる方を $D$ とするとき，$BD = \boxed{\text{キ}} - \sqrt{\boxed{\text{ク}}}$ であり，

台形 $ADBC$ の面積は，$\boxed{\text{ケコ}}$ である。

---

ヒント！ 前半は，余弦定理や三角形の面積といった定型問題だね。でも，後半は図形的なセンスを活かして，台形 $ADBC$ が，$AD = BC$ の等脚台形であることに気付かなければならない。頑張って，最後の結果まで出してみよう！

---

### 解答＆解説

$\triangle ABC$ において，$AB = 5$ ，$BC = 2\sqrt{3}$ ，$CA = 4 + \sqrt{3}$ と 3 辺の長さが与えられているので，余弦定理より，$\cos A$ が求まるね。

$\cdot \cos A = \dfrac{b^2 + c^2 - a^2}{2bc} = \dfrac{(4+\sqrt{3})^2 + 5^2 - (2\sqrt{3})^2}{2 \cdot (4+\sqrt{3}) \cdot 5}$

$= \dfrac{16 + 8\sqrt{3} + 3 + 25 - 12}{10(4+\sqrt{3})} = \dfrac{32 + 8\sqrt{3}}{10(4+\sqrt{3})}$

$= \dfrac{8(4+\sqrt{3})}{10(4+\sqrt{3})} = \dfrac{4}{5}$ ……………（答）(ア，イ)

ここで，$\sin A > 0$ より，$\sin A$ を求めると，

$\sin A = \sqrt{1 - \cos^2 A} = \sqrt{1 - \left(\dfrac{4}{5}\right)^2} = \sqrt{\dfrac{25 - 16}{25}} = \sqrt{\dfrac{9}{25}} = \dfrac{3}{5}$

よって，三角形 $ABC$ の面積を $\triangle ABC$ などと表すと，

### ココがポイント

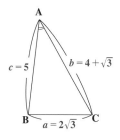

$\Leftarrow$

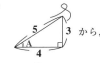

$\sin A = \dfrac{3}{5}$ としてもいい。

123

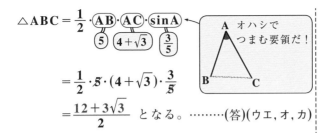

$$\triangle ABC = \frac{1}{2}\cdot AB\cdot AC\cdot \sin A$$

オハシで
つまむ要領だ！

$$= \frac{1}{2}\cdot 5\cdot (4+\sqrt{3})\cdot \frac{3}{5}$$

$$= \frac{12+3\sqrt{3}}{2} \quad \text{となる。} \cdots\cdots(\text{答})(\text{ウエ,オ,カ})$$

ここまでは，簡単だったはずだ。勝負はこれから
だよ。

　右の(ⅰ)の図に示すように，$\triangle ABC$ の $B$ を通り，
$AC$ と平行な直線が $\triangle ABC$ の外接円と交わると
き，$B$ と異なる交点を $D$ とおくと，四角形 $ADBC$
は台形になる。

⇦(ⅰ)

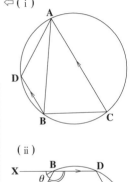

　この図を，(ⅱ)のように回転して描いてみると，
台形 $ADBC$ が，$DA=BC$ の等脚台形のように見
えるだろう。これをキチンと証明できれば，後は
速いんだね。こんなところが図形的なセンスと言
えるんだよ。

(ⅱ)

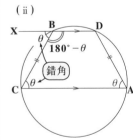

　$\angle CAD = \theta$ とおくと，

・四角形 $ADBC$ は円に内接しているので，

　　$\underset{\theta}{\angle CAD} + \angle CBD = 180° \cdots\cdots①$　となる。

・また，$BD /\!/ CA$ より，$\angle CBX = \angle ACB(\text{錯角})$
　なので，

　　$\angle ACB + \underline{\angle CBD} = 180° \cdots\cdots②$　となる。
　　$\boxed{\angle CBX}$

以上①，②より，$\angle ACB = \angle CAD = \theta$ となるの
で，四角形 $ADBC$ は，$DA=BC$ の等脚台形である。

さァ，後は速いね。(ⅲ)の図のように，B から CA に下した垂線の足を E とおき，直角三角形 ABE で考えると，

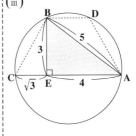

$$AE = \underset{⑤}{AB} \cdot \underset{\frac{4}{5}}{\cos A} = 5 \cdot \frac{4}{5} = 4 \quad \leftarrow \boxed{\frac{AE}{AB} = \cos A \text{ だからね。}}$$

よって，$CE = \underline{AC} - \underline{AE} = 4 + \sqrt{3} - 4 = \sqrt{3}$ となる。

(ⅳ)の図のように，D から CA に下した垂線の足を F とおくと，四角形 ADBC は等脚台形だから，同様に，$AF = \sqrt{3}$ となる。

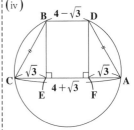

以上より，

$$BD = \underset{\boxed{4+\sqrt{3}}}{AC} - (\underset{\boxed{\sqrt{3}}}{CE} + \underset{\boxed{\sqrt{3}}}{AF}) = 4 + \sqrt{3} - 2\sqrt{3}$$

$$= 4 - \sqrt{3} \text{ となるんだね。} \cdots\cdots\cdots(答)(キ, ク)$$

後は，等脚台形 ADBC の面積 □ADBC を求めるだけだね。

ここで，図(ⅲ)より，

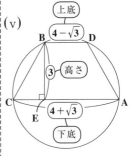

$$BE = AB \cdot \sin A = 5 \cdot \frac{3}{5} = \boxed{3} \quad \leftarrow \boxed{\frac{BE}{AB} = \sin A \text{ だからね。}}$$

となる。また，上底：$BD = 4 - \sqrt{3}$，下底：$AC = 4 + \sqrt{3}$

以上より，

$$□ADBC = \frac{\overset{\boxed{高さ}}{3}(\overset{\boxed{上底}}{4 - \sqrt{3}} + \overset{\boxed{下底}}{4 + \sqrt{3}})}{2}$$

$$= \frac{3 \cdot 8}{2} = 12 \text{ となる。} \cdots\cdots\cdots(答)(ケコ)$$

台形 ADBC が等脚台形であることに気付くか否かが，この問題のポイントだったんだね。これからも，いろんな問題を解きながら，図形的なセンスを磨いていこうな！

次の問題も，円に内接する四角形の問題だ。そして，これは前半は易しい。後半については，式変形の流れに乗れるか否かが，完答できるかどうかの分かれ目になるんだよ。頑張ろう！

| 演習問題 38 | 制限時間 12 分 | 難易度 ★★ | CHECK $1$ | CHECK $2$ | CHECK $3$ |
|---|---|---|---|---|---|

半径 $R$ の円に内接する四角形 ABCD が $AB = \sqrt{3}-1$，$BC = \sqrt{3}+1$，$\cos\angle ABC = -\dfrac{1}{4}$ を満たしており，△ACD の面積は△ABC の面積の 3 倍であるとする。

このとき，$AC = \boxed{\ \text{ア}\ }$，$R = \dfrac{\boxed{\ \text{イ}\ }\sqrt{\boxed{\ \text{ウエ}\ }}}{\boxed{\ \text{オ}\ }}$ である。

また，△ACD と△ABC の面積についての条件から，

$AD \times CD = \boxed{\ \text{カ}\ }$，$AD^2 + CD^2 = \boxed{\ \text{キク}\ }$ となる。

したがって，四角形 ABCD の周の長さは $\boxed{\ \text{ケ}\ }\sqrt{\boxed{\ \text{コ}\ }} + 2\sqrt{3}$ である。

> **ヒント！** 前半は，△ABC に余弦定理と正弦定理を用いればすぐに解けるはずだ。問題は後半だね。$AD \times CD$ と $AD^2 + CD^2$ の値が求まれば，$(AD + CD)^2 = AD^2 + CD^2 + 2AD \times CD$ を利用して，$AD + CD$ の値が求まるんだよ。

## 解答 & 解説

$\angle ABC = \theta$ とおく。

与えられた条件：$AB = \sqrt{3}-1$，$BC = \sqrt{3}+1$，

$\cos\theta = -\dfrac{1}{4}$，また，$\underbrace{\triangle ACD}_{\text{△ACD の面積}} = 3 \cdot \underbrace{\triangle ABC}_{\text{△ABC の面積を表す}}$ から，

(ⅰ) のような図が描けるね。

・まず，△ABC に余弦定理を用いて，辺 AC の長さを求めよう。

## ココがポイント

⇦(ⅰ)

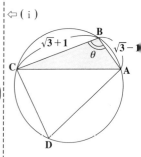

$$AC^2 = \underset{(\sqrt{3}-1)^2}{\underline{BA^2}} + \underset{(\sqrt{3}+1)^2}{\underline{BC^2}} - 2\underset{(\sqrt{3}-1)}{\underline{BA}} \cdot \underset{(\sqrt{3}+1)}{\underline{BC}} \underbrace{\boxed{\cos\theta}}_{\boxed{-\frac{1}{4}}}$$

$$= (\sqrt{3}-1)^2 + (\sqrt{3}+1)^2 - 2(\sqrt{3}-1)(\sqrt{3}+1)\left(-\frac{1}{4}\right)$$

$$= 3 - 2\sqrt{3} + 1 + 3 + 2\sqrt{3} + 1 - 2(3-1)\cdot\left(-\frac{1}{4}\right)$$

$$= 4 + 4 + 1 = 9$$

⇦ (ⅱ)

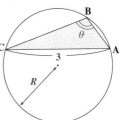

AC をオハシでつまむ要領だ！

ここで, $AC > 0$ より, $AC = \sqrt{9} = 3$ だね。…(答)(ア)

次, 四角形 ABCD の外接円は, △ABC の外接円でもあるので, この半径を $R$ とおくと, △ABC に正弦定理を用いればいいんだね。(図(ⅲ)参照)

⇦ (ⅲ)

ここで, $\cos\theta = -\dfrac{1}{4}$ より, $\sin\theta(>0)$ は,

$\sin^2\theta + \cos^2\theta = 1$ を使った！

$$\sin\theta = \sqrt{1 - \cos^2\theta} = \sqrt{1 - \left(-\frac{1}{4}\right)^2} = \sqrt{\frac{15}{16}} = \frac{\sqrt{15}}{4}$$

よって, △ABC に正弦定理を使って,

$$\frac{AC}{\sin\theta} = 2R \text{ より,}$$

$$R = \frac{\overset{3}{\cancel{AC}}}{2\underset{\frac{\sqrt{15}}{4}}{\cancel{\sin\theta}}} = \frac{3}{2\cdot\frac{\sqrt{15}}{4}} = \frac{3\cdot\overset{2}{\cancel{4}}}{\overset{}{\cancel{2}}\sqrt{15}} = \frac{\overset{2}{\cancel{6}}\sqrt{15}}{\underset{5}{\cancel{15}}}$$

$$\therefore R = \frac{2\sqrt{15}}{5} \text{ となる。}\cdots\cdots\cdots\cdots(答)(イ, ウエ, オ)$$

ここまでは, 大丈夫だね。サァ, これからが勝負だよ。

まず，四角形 ABCD は，円に内接する四角形なので，∠ADC = 180° − ∠ABC = 180° − θ となるのはいいね。

そして，AD×CD の値は，△ACD の面積と関係し，AD² + CD² は，△ACD に余弦定理を用いたときに出てくると，ピ〜ンとくれば，一気に解けるんだね。

⇦(iv)

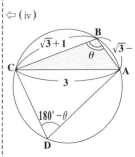

・まず，△ACD や △ABC がそのままその三角形の面積を表すものとすると，与えられた条件より，

$$\triangle ACD = 3 \cdot \triangle ABC$$ だった。

これに，$\triangle ACD = \dfrac{1}{2} \cdot AD \cdot CD \cdot \boxed{\sin(180° - θ)}$

$\boxed{\sin θ}$

$$= \dfrac{1}{2} \cdot AD \times CD \cdot \sin θ$$ と

求める形の式が出てきた！

⇦ 180° 系より，
・sin → sin
・θ = 30° と考えて符号を決定。

$$\triangle ABC = \dfrac{1}{2} \cdot AB \cdot BC \cdot \sin θ$$

$$= \dfrac{1}{2}(\sqrt{3} - 1)(\sqrt{3} + 1) \cdot \sin θ$$

$$= \dfrac{1}{2}(3 - 1) \cdot \sin θ = \sin θ$$ を

代入して，

$$\underset{\triangle ACD}{\underbrace{\dfrac{1}{2} AD \times CD \sin θ}} = 3 \cdot \underset{\triangle ABC}{\underbrace{\sin θ}}$$

$\sin θ > 0$ より，両辺を $\sin θ$ で割って 2 をかけると，AD×CD = 6 …① となるね。…………(答)(カ)

128

講義 4
図形と計量
講義 5
データの分析
講義 6
場合の数と確率

・次に，$\triangle ACD$ に余弦定理を用いると，

$$3^2 = \underline{AD^2 + CD^2} - \underline{2AD \times CD} \cdot \boxed{\cos(180° - \theta)}$$

求める形の式が出てきた！　　　6（①より）　　　$-\cos\theta = -\left(-\dfrac{1}{4}\right)$

180°系より，
・$\cos \rightarrow \cos$
・$\theta = 30°$と考えて符号を決定。

$$9 = AD^2 + CD^2 - 2 \cdot 6 \cdot \dfrac{1}{4}$$

$$AD^2 + CD^2 = 9 + 3 = 12 \cdots ② \text{ となる。} \cdots\cdots (答)(キク)$$

ここで，四角形 $ABCD$ の周長を $L$ とおくと，

$$L = \underset{\boxed{\sqrt{3}-1}}{AB} + \underset{\boxed{\sqrt{3}+1}}{BC} + CD + AD$$

$$= \sqrt{3} - 1 + \sqrt{3} + 1 + AD + CD$$

$$= 2\sqrt{3} + AD + CD \ \cdots\cdots ③$$

となるので，$AD + CD$ の値が分かればいい。よって，

$$(\underline{AD + CD})^2 = AD^2 + 2AD \times CD + CD^2$$

$$= \underset{\boxed{12（②より）}}{AD^2 + CD^2} + \underset{\boxed{6（①より）}}{2AD \times CD}$$

$$= 12 + 12 = 24$$

⇦ この式の変形が今回の問題のポイントなんだね。

ここで，$AD + CD > 0$ より，

$$\underline{AD + CD} = \sqrt{\underset{\boxed{2^2 \times 6}}{24}} = 2\sqrt{6} \ \cdots\cdots ④ \text{ となる。}$$

④を③に代入して，求める周長 $L$ は，

$$L = 2\sqrt{3} + 2\sqrt{6} = 2\sqrt{6} + 2\sqrt{3} \text{ だね。} \cdots\cdots (答)(ケ, コ)$$

フ～，疲れたって？　そうだね。これは，結構難度の高いものだったからね。でも，練習はハードにやっておけば，本番の問題が易しく見えるはずだ。めげずに頑張っていこうな！

## ● 2円の関係した問題にチャレンジだ！

　今回の図形と計量 (三角比) の問題は，2 つの円が関係した問題で，こ
れから，共通テストで出題されるかもしれないテーマの 1 つだ。これも，
図形的なセンスを磨くのに良い問題だよ。

---

| 演習問題 39 | 制限時間12分 | 難易度 ★★★ | CHECK1 | CHECK2 | CHECK3 |
|---|---|---|---|---|---|

平面上に 2 点 O，P があり，$OP = \sqrt{6}$ である。点 O を中心とする円 O
と点 P を中心とする円 P が，2 点 A，B で交わっている。

円 P の半径は 2 であり，$\angle AOP = 45°$ である。このとき，

円 O の半径は，$\sqrt{\boxed{ア}} + \boxed{イ}$ または $\sqrt{\boxed{ア}} - \boxed{イ}$ である。

以下，円 O の半径が $\sqrt{\boxed{ア}} - \boxed{イ}$ のときを考える。

$AB = \sqrt{\boxed{ウ}} - \sqrt{\boxed{エ}}$ である。また，OA の A 側への延長と円 P と

の交点を C とするとき，三角形 ABC について，

$\angle BAC = \boxed{オカキ}°$，$BC = \boxed{ク}\sqrt{\boxed{ケ}}$ である。

---

> **ヒント!** 2 つの円が関係しているので，与えられた条件の意味を正確に知
> るためにも，まず自分なりに図を描いてみよう。すると，円 O の半径につい
> ては，△OAP に余弦定理を用いればいいことがすぐ分かるはずだ。また，線
> 分 AB の長さも，△OAB が OA＝OB の直角二等辺三角形から簡単に算出で
> きる。問題は，最後の線分 BC の長さなんだね。これについては，複数の解
> き方があるので，別解も示すつもりだ。まず，自力でチャレンジしてごらん。

---

### 解答＆解説

中心 O，P をもち，2 点 AB で交わる 2 つの円 O と
円 P を右に示す。

与えられた条件より，$\angle AOP - 45°$，$OP = \sqrt{6}$
また，円 P の半径が 2 より，$AP = 2$ となるね。
まず，円 O の半径を $x$ とおき，この値を求めよう。

### ココがポイント

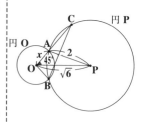

130

△OAP に余弦定理を用いると，

$AP^2 = OA^2 + OP^2 - 2OA \cdot OP \cdot \cos 45°$ より，

$2^2 = x^2 + (\sqrt{6})^2 - 2 \cdot x \cdot \sqrt{6} \cdot \dfrac{1}{\sqrt{2}}$

$4 = x^2 + 6 - 2\sqrt{3}x$

$\underset{(a)}{1} \cdot x^2 \underset{(2b')}{- 2\sqrt{3}}x + \underset{(c)}{2} = 0$

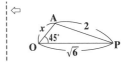

$\Leftarrow ax^2 + 2b'x + c = 0 \ (a \ne 0)$
の解は，
$x = \dfrac{-b' \pm \sqrt{b'^2 - ac}}{a}$

これから，$x = \sqrt{3} \pm \sqrt{(\sqrt{3})^2 - 1 \cdot 2} = \sqrt{3} \pm 1$

∴円 O の半径は，$\sqrt{3}+1$ または $\sqrt{3}-1$ となる。

$\cdots\cdots\cdots$(答)(ア, イ)

以下，円 O の半径が $\sqrt{3}-1$ のときを考える。

今回の図は，直線 OP に関して，上下対称となるね。

よって，△OAB を考えると，OA = OB

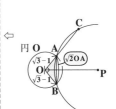

また，$\angle AOB = 2\angle AOP = 2 \times 45° = 90°$ となるの

で，△OAB は，OA = OB の直角二等辺三角形だね。

よって，$AB = \sqrt{2} \cdot OA = \overbrace{\sqrt{2}(\sqrt{3}-1)}$

$\boxed{\text{円 O の半径 }\sqrt{3}-1\text{ のこと}}$

∴ $AB = \sqrt{6} - \sqrt{2}$ となる。$\cdots\cdots\cdots\cdots\cdots$(答)(ウ, エ)

また，$\angle OAB = 45°$ より，

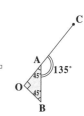

$\angle BAC = 180° - \angle OAB = 180° - 45°$

∴ $\angle BAC = 135°$ となる。$\cdots\cdots\cdots\cdots$(答)(オカキ)

ここまでは，大丈夫だね。最後の BC をどう求める

か？ これが勝負なんだね。頑張ろう！

円 P について考えよう。

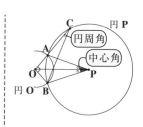

$\begin{cases} \cdot \ \angle ACB \ \text{は，弧} \ \overset{\frown}{AB} \ \text{に対する円周角であり，} \\ \cdot \ \angle APB \ \text{は，弧} \ \overset{\frown}{AB} \ \text{に対する中心角だね。} \end{cases}$

よって，$\angle ACB = \dfrac{1}{2} \cdot \angle APB$ ……① となる。

ここで，この図は直線 OP に関して上下対称な図なので，

$\angle APB = 2\angle APO$ ……② となる。

②を①に代入して，

$\angle ACB = \dfrac{1}{2} \cdot \overset{1}{\cancel{2}}\angle APO = \angle APO$ となる。

ここで，$\angle ACB = \angle APO = \theta$ とおき，AB と OP の交点を M とおく。そして，直角三角形 AMP で考えると，$AM = \dfrac{1}{2}\underbrace{AB}_{\sqrt{6}-\sqrt{2}} = \dfrac{\sqrt{6}-\sqrt{2}}{2}$ また，$AP = 2$

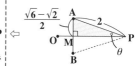

以上より，

$\sin\theta = \dfrac{AM}{AP} = \dfrac{\dfrac{\sqrt{6}-\sqrt{2}}{2}}{\underset{②}{2}} = \dfrac{\sqrt{6}-\sqrt{2}}{4}$

となる。

よって，今度は直角三角形 OBC で考えると，

$\angle OCB = \angle ACB = \theta$ だから，

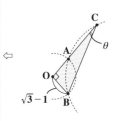

$\sin\theta = \dfrac{\overbrace{OB}^{\text{円 O の半径}\sqrt{3}-1\text{のこと}}}{BC}$ より，

$BC = \dfrac{OB}{\sin\theta} = \dfrac{\sqrt{3}-1}{\underset{④}{\dfrac{\sqrt{6}-\sqrt{2}}{4}}} = \dfrac{4(\cancel{\sqrt{3}-1})}{\sqrt{2}(\cancel{\sqrt{3}-1})}$

$\therefore BC = \dfrac{\overset{2 \cdot (\sqrt{2})^2}{\cancel{4}}}{\sqrt{2}} = 2\sqrt{2}$ となって，答えだ。…(答)(ク,ケ)

円周角，中心角，それに直角三角形と，図形的なセンスが必要だったんだね。この BC については，$OC = \sqrt{3}+1$ であることに気付けば，次の別解のような解法もあるんだよ。

---

**別解**

右図を見てくれ。$OC = x$ とおいて，△OCP に余弦定理を用いると，

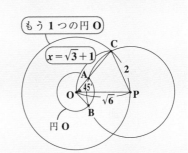

もう 1 つの円 O

$x = \sqrt{3}+1$

$$2^2 = x^2 + (\sqrt{6})^2 - 2 \cdot x \cdot \sqrt{6} \overbrace{\cos 45°}^{\frac{1}{\sqrt{2}}}$$

$x^2 - 2\sqrt{3}x + 2 = 0$ となって，

解答&解説 の P131 で導いた 2 次方程式と同じものが出てきたね。よって，OC はもう 1 つの解の $\sqrt{3}+1$ のことだったんだ。

$\therefore OC = x = \sqrt{3}+1$ となる。

後は，直角三角形 OBC に三平方の定理を用いるだけだね。よって，

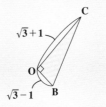

$$BC^2 = OB^2 + OC^2$$
$$= (\sqrt{3}-1)^2 + (\sqrt{3}+1)^2 = 3 - 2\sqrt{3} + 1 + 3 + 2\sqrt{3} + 1$$
$$= 8$$

$\therefore BC = \sqrt{8} = 2\sqrt{2}$ と計算してもいい。

---

最後で手間取るかも知れないけれど，図形的なセンスを磨くには非常に良い問題だったんだね。こんな問題を繰り返し練習しておくと，図形を見る目がどんどん養われて，本番の試験でも強くなっていくんだよ。よく，復習しておこう。

**1. $\cos(\theta + 90^\circ)$ や $\sin(180^\circ - \theta)$ などの変形**

（Ⅰ）**90°** の関係したもの

（ⅰ）記号の決定

$\sin \longrightarrow \cos$

$\cos \longrightarrow \sin$

$\tan \longrightarrow \dfrac{1}{\tan}$

（ⅱ）符号の決定

（Ⅱ）**180°** の関係したもの

（ⅰ）記号の決定

$\sin \longrightarrow \sin$

$\cos \longrightarrow \cos$

$\tan \longrightarrow \tan$

（ⅱ）符号の決定

**2. 三角比の基本公式**

(1) $\cos^2\theta + \sin^2\theta = 1$　　(2) $\tan\theta = \dfrac{\sin\theta}{\cos\theta}$　　(3) $1 + \tan^2\theta = \dfrac{1}{\cos^2\theta}$

**3. 正弦定理**

$$\dfrac{a}{\sin A} = \dfrac{b}{\sin B} = \dfrac{c}{\sin C} = 2R$$

（$R$：外接円の半径）

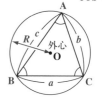

**4. 余弦定理（Ⅰ）**

(1) $a^2 = b^2 + c^2 - 2bc\cos A$ ←[メリーゴーラウンド]

(2) $b^2 = c^2 + a^2 - 2ca\cos B$

(3) $c^2 = a^2 + b^2 - 2ab\cos C$

おハシでつまむ形

**余弦定理（Ⅱ）**

(1) $\cos A = \dfrac{b^2 + c^2 - a^2}{2bc}$　　(2) $\cos B = \dfrac{c^2 + a^2 - b^2}{2ca}$

(3) $\cos C = \dfrac{a^2 + b^2 - c^2}{2ab}$

**5. △ABC の面積公式**

$$S = \dfrac{1}{2}ab\sin C = \dfrac{1}{2}bc\sin A = \dfrac{1}{2}ca\sin B$$

**6. △ABC の内接円の半径 $r$**

$$S = \dfrac{1}{2}(a + b + c)r$$

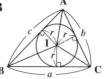

# 講義5 データの分析

## 数表を利用して、迅速に計算しよう!

- ▶ **1** 変数データと箱ひげ図
- ▶ **1** 変数データの平均・分散の計算
- ▶ **2** 変数データの共分散・相関係数の計算
- ▶ 様々な **2** 変数データの応用問題

あきらめない!
その気持ちはきっと
とどく!

# ◆講◆義◆⑤ データの分析

　それでは，これから"**データの分析**"の講義を始めよう。データの分析も数学Ⅰの分野なので，共通テストでは，必答問題として出題されるはずだ。だから得点力をアップするには，このデータの分析もよく練習しておく必要があるんだね。

　しかし，データの分析の問題は，一般に問題文が非常に長いので，苦手意識をもっている人も多いと思う。しかし，問われる内容はだいたい予想がつくので，この講義でシッカリ練習した人は，本番でも，違和感なく問題を解きこなしていけるようになるはずだ。頑張ろうな。

　それでは，"**データの分析**"の中で，これから出題が予想されるテーマを下にまとめて示しておこう。
・**1変数データと箱ひげ図**
・**1変数データの平均，分散の計算**
・**2変数データの共分散，相関係数**
・**様々な2変数データの応用**

　共通テストの場合，限られた時間内で解答しないといけないため，データ量の多いこの種の問題は，それだけ負担が大きくなる。しかも，これは必答問題で必ず解答しなければいけないんだね。

　だから，この講義では，できるだけ計算を正確に迅速に行えるような工夫を，表も使いながら詳しく教えるつもりだ。また，過去問を基に，様々なタイプの頻出典型問題を解いて，キミ達の得点力をアップさせることにしよう。

## ● 1変数データと箱ひげ図の問題からスタートだ！

　では，まず1変数データと箱ひげ図の問題を解いてみよう。これが，データ分析の基本問題なんだね。頑張ろう！

| 演習問題 40 | 制限時間 6 分 | 難易度 ★ | CHECK1 | CHECK2 | CHECK3 |

小さい順に並べた次の 12 個の
データがある。

$x_1$, 3, 6, $x_4$, 9, $x_6$, 12,
13, $x_9$, 15, 19, $x_{12}$

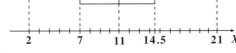

このデータを基に作った箱ひげ

図を右に示す。このとき，次の問いに答えよ。

(1) $x_1 = \boxed{ア}$, $x_4 = \boxed{イ}$, $x_6 = \boxed{ウエ}$, $x_9 = \boxed{オカ}$, $x_{12} = \boxed{キク}$
である。

(2) このデータの平均値 $m = \boxed{ケコ}$ であり，分散 $S^2 = \boxed{サシ}.\boxed{ス}$ である。

ヒント！ (1) 箱ひげ図から，最小値，第1，第2，第3の四分位数，および最大値
が分かるので，これを基に，$x_1, x_4, x_6, x_9, x_{12}$ の値を求めればいいんだね。
(2) 12 個の 1 変数データの平均値 $m$ と分散 $S^2$ は，表を使ってシステマティック
に求めると，間違いなく結果が出せるはずだ。この手順を頭に入れよう。

## 解答＆解説

## ココがポイント

(1) 与えられた箱ひげ図より，
右のようなデータ分布の
イメージが得られるので，

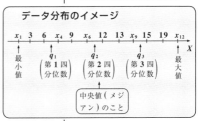

最小値 $x_1 = 2$ ............................①

第 1 四分位数 $q_1 = \dfrac{6 + x_4}{2} = 7$ .........②

第 2 四分位数 $q_2 = \dfrac{x_6 + 12}{2} = 11$ ......③

第 3 四分位数 $q_3 = \dfrac{x_9 + 15}{2} = 14.5$ ...④

最大値 $x_{12} = 21$ ............................⑤

①より，$x_1 = 2$ ……………………………(答)(ア)

②より，$x_4 + 6 = 14$ ∴ $x_4 = 8$ ………(答)(イ) ⇦ $\dfrac{6+x_4}{2} = 7$ ………②

③より，$x_6 + 12 = 22$ ∴ $x_6 = 10$ …(答)(ウエ) ⇦ $\dfrac{x_6+12}{2} = 11$ ……③

④より，$x_9 + 15 = 29$ ∴ $x_9 = 14$ …(答)(オカ) ⇦ $\dfrac{x_9+15}{2} = 14.5$ …④

⑤より，$x_{12} = 21$ …………………………(答)(キク)

## Baba のレクチャー

データの数 $n = 10$，$11$，$12$，$13$ の $4$ つの場合について，具体的に箱ひげ図で表される最小値 $m$，第 $1$，第 $2$，第 $3$ の四分位数（$q_1$，$q_2$，$q_3$），および最大値 $M$ の求め方を示しておくので，頭にシッカリ入れておこう。他の場合も，これを応用すれば同様に求めることができるからね。

(ⅰ) データ数 $n = 10$ のとき

(ⅱ) データ数 $n = 11$ のとき

(ⅲ) データ数 $n = 12$ のとき

(ⅳ) データ数 $n = 13$ のとき

(2) よって, 12 個のデータを $X$ とおくと, $X=$

$$2,\ 3,\ 6,\ 8,\ 9,\ 10,\ 12,\ 13,\ 14,\ 15,\ 19,\ 21$$

となる。これから, $X$ の平均値 $m$ と分散 $S^2$ を
求める。

$$m=\frac{1}{12}\underbrace{(2+3+6+\cdots+21)}_{\boxed{132}}$$

$$=\frac{132}{12}=11 \qquad\cdots\cdots\cdots\cdots\cdots\cdots(答)(ケコ)$$

$$S^2=\frac{1}{12}\{(2-m)^2+(3-m)^2+(6-m)^2+$$

$$\cdots+(19-m)^2+(21-m)^2\}$$

$$=\frac{1}{12}\underbrace{\{(-9)^2+(-8)^2+(-5)^2+\cdots+10^2\}}_{\boxed{378(偏差平方和)}}$$

$$=\frac{378}{12}=\frac{189}{6}=\frac{63}{2}$$

$$=31.5 \qquad\cdots\cdots\cdots\cdots\cdots\cdots(答)(サシ, ス)$$

表

| データ No | データ $X$ | 偏差 $x_i-m$ | 偏差平方 $(x_i-m)^2$ |
|---|---|---|---|
| 1 | 2 | $-9$ | 81 |
| 2 | 3 | $-8$ | 64 |
| 3 | 6 | $-5$ | 25 |
| 4 | 8 | $-3$ | 9 |
| 5 | 9 | $-2$ | 4 |
| 6 | 10 | $-1$ | 1 |
| 7 | 12 | 1 | 1 |
| 8 | 13 | 2 | 4 |
| 9 | 14 | 3 | 9 |
| 10 | 15 | 4 | 16 |
| 11 | 19 | 8 | 64 |
| 12 | 21 | 10 | 100 |
| 合計 | 132 | 0 | 378 |
| 平均 | ⑪ | | 31.5 |

平均値 $m$　　分散 $S^2$

このように, データ No, データ $X$, 偏差 $x_i-m$, 偏差平方 $(x_i-m)^2$ の表を作り,
合計と平均を求めることにより, データ $X$ の平均値 $m$ と分散 $S^2$ を自動的に求
めることができる。共通テストでは, 時間が限られているからこそ, このような
表を手早く作って, 確実に結果を出すと, うまくいくんだね。

## ● 1変数データの応用問題にもチャレンジしよう！

次は，未知データ $x$ を，与えられた分散の値から求める，**1変数データ**の応用問題だ。これから，出題されるかもしれないので，よく練習しておこう。

| 演習問題 41 | 制限時間5分 | 難易度 ★★ | CHECK1 | CHECK2 | CHECK3 |
|---|---|---|---|---|---|

**5** 個の数値データ **7**，**8**，$x$，**1**，**4** があり，この平均値 $m$ は，

$m = \boxed{\text{ア}} + \dfrac{x}{\boxed{\text{イ}}}$ である。また，この分散 $S^2$ は $S^2 = 6$ である。

このとき，$x$ は **2** 次方程式 $x^2 - \boxed{\text{ウエ}}\, x + \boxed{\text{オカ}} = 0$ の解となるので，これを解いて，

$x = \boxed{\text{キ}}$ であり，平均値 $m$ は $m = \boxed{\text{ク}}$ である。

**ヒント！** この **5** 個の数値データの平均値 $m$ は，$m = \dfrac{1}{5}(7+8+x+1+4)$ であり，分散 $S^2$ は，計算式を用いて，$S^2 = \dfrac{1}{5}(7^2+8^2+x^2+1^2+4^2) - m^2$ から求めるといいんだね。

### 解答＆解説

**5** 個の数値データ **7**，**8**，$x$，**1**，**4** について，

・平均値 $m$ は，

$m = \dfrac{1}{5}(7+8+x+1+4)$

$= \dfrac{20+x}{5}$ より，

$m = 4 + \dfrac{x}{5}$ ……① ………………(答)(ア，イ)

となる。

・次に分散 $S^2 = 6$ より，①を用いると，

### ココがポイント

⇦平均値の公式
$m = \dfrac{1}{5}(x_1 + x_2 + \cdots + x_5)$
を使った。

$$S^2 = \frac{1}{5}\underbrace{(7^2 + 8^2 + x^2 + 1^2 + 4^2)}_{\underbrace{49+1}_{50}+\underbrace{64+16}_{80}+x^2} - \underbrace{m^2}_{\left(4+\frac{x}{5}\right)^2(①より)}$$

$$= \frac{x^2 + 130}{5} - \left(16 + \frac{8}{5}x + \frac{1}{25}x^2\right)$$

$$= \left(\frac{1}{5} - \frac{1}{25}\right)x^2 - \frac{8}{5}x + 26 - 16$$

$$= \boxed{\frac{4}{25}x^2 - \frac{8}{5}x + 10 = 6}$$

$$\therefore \ \frac{4}{25}x^2 - \frac{8}{5}x + 4 = 0 \ \text{より,}$$

$$x^2 - \frac{8}{5}\times\frac{25}{4}x + 4\times\frac{25}{4} = 0$$

$$x^2 - 10x + 25 = 0 \quad\cdots\cdots\cdots\cdots(答)(ウエ, オカ)$$

$$(x-5)^2 = 0$$

$$\therefore x = 5 \ \cdots\cdots② \qquad\cdots\cdots\cdots\cdots\cdots\cdots(答)(キ)$$

②を①に代入して,

平均値 $m = 4 + \dfrac{5}{5} = 5$ $\cdots\cdots\cdots\cdots\cdots\cdots\cdots$(答)(ク)

⇦分散 $S^2$ の公式 ( 定義式 )
$$S^2 = \frac{1}{5}\{(x_1 - m)^2 + (x_2 - m)^2 + \cdots + (x_5 - m)^2\}$$
の代わりに, 計算式
$$S^2 = \frac{1}{5}(x_1{}^2 + x_2{}^2 + \cdots + x_5{}^2) - m^2$$
を用いた。
今回は, 計算式を使った方が, ずっと早く計算できる。

⇦$S^2 = 6$ は与えられているからね。

⇦両辺に $\dfrac{25}{4}$ をかけた。

## ● 2変数データの基本問題も解いてみよう！

それでは，いよいよデータの分析のメインテーマ"**2変数データ**"の問題を解いてみよう。今回も表を利用して，2変数 $X$ と $Y$ の共分散 $S_{XY}$ や相関係数 $r_{XY}$ を求める手順をシッカリマスターしよう。

次の **6** 組の **2** 変数データがある。

$(x_1, y_1)$, $(8, 7)$, $(3, 8)$, $(9, 2)$, $(6, 7)$, $(8, 5)$

ここで，**2** 変量 $X$，$Y$ を

$$\begin{cases} X = x_1, \ 8, \ 3, \ 9, \ 6, \ 8 \\ Y = y_1, \ 7, \ 8, \ 2, \ 7, \ 5 \end{cases} \quad とおく。$$

$X$ の平均値 $m_X = 6$ であり，$Y$ の平均値 $m_Y = 5$ である。このとき，

(1) $x_1 = \boxed{\ \text{ア}\ }$ ，$y_1 = \boxed{\ \text{イ}\ }$ である。

(2) $X$ と $Y$ の標準偏差をそれぞれ $S_X$，$S_Y$ とおくと，

$S_X = \sqrt{\boxed{\ \text{ウ}\ }}$ ，$S_Y = \sqrt{\boxed{\ \text{エ}\ }}$ である。また，

$X$ と $Y$ の共分散を $S_{XY}$，相関係数を $r_{XY}$ とおくと，

$S_{XY} = \dfrac{1}{\boxed{\text{オ}}}$ ，$r_{XY} = \dfrac{1}{\boxed{\text{カキ}}}$ である。

---

**ヒント！** (1) $m_X = \dfrac{1}{6}(x_1 + 8 + \cdots + 8) = 6$，$m_Y = \dfrac{1}{6}(y_1 + 7 + \cdots + 5) = 5$ から

$x_1$ と $y_1$ の値を求められるね。(2) $X$ と $Y$ の分散 $S_X{}^2$, $S_Y{}^2$ と共分散 $S_{XY}$ はかなり大きな表になるけれど，これを作って，システマティックに求めるのがいいと思う。最後の相関係数 $r_{XY}$ は，公式 $r_{XY} = \dfrac{S_{XY}}{S_X S_Y}$ を利用して計算すればいいんだね。今回の $r_{XY}$ は，ほとんど $0$ に近い数なので，$X$ と $Y$ の間に，ほとんど正の相関も負の相関もないことが分かると思う。

---

**解答 & 解説**

(1) 変量 $X = x_1$，$8$，$3$，$9$，$6$，$8$ の

平均値 $m_X = 6$ より，

$$m_X = \dfrac{1}{6}(x_1 + \underbrace{8 + 3 + 9 + 6 + 8}_{34}) = 6$$

**ココがポイント**

⇦公式
$m_X = \dfrac{1}{6}(x_1 + x_2 + \cdots + x_6)$
を使った。

よって，$x_1 + 34 = 36$

$\therefore x_1 = 2$ ‥‥‥‥‥‥‥‥‥‥‥(答)(ア)

⇦両辺に $6$ をかけた。

・変量 $Y = y_1$, $7$, $8$, $2$, $7$, $5$ の

平均値 $m_Y = 5$ より，

$$m_Y = \frac{1}{6}(y_1 + \underbrace{7 + 8 + 2 + 7 + 5}_{29}) = 5$$

⇦公式
$$m_Y = \frac{1}{6}(y_1 + y_2 + \cdots + y_6)$$
を使った。

よって，$y_1 + 29 = 30$

⇦両辺に $6$ をかけた。

$\therefore y_1 = 1$ ‥‥‥‥‥‥‥‥‥‥‥(答)(イ)

**(2)** 変量 $X$ と $Y$ の分散をそれぞれ $S_X{}^2$, $S_Y{}^2$ とおく

と，これらの標準偏差はそれぞれ $S_X$, $S_Y$ となる。

また，$X$ と $Y$ の共分散 $S_{XY}$ を求めるために，次

の表を利用する。

$S_X{}^2$, $S_Y{}^2$, $S_{XY}$ を求める表

| データ No | データ $X$ | 偏差 $x_i - m_X$ | 偏差平方 $(x_i - m_X)^2$ | データ $Y$ | 偏差 $y_i - m_Y$ | 偏差平方 $(y_i - m_Y)^2$ | $(x_i - m_X)(y_i - m_Y)$ |
|---|---|---|---|---|---|---|---|
| **1** | **2** | $-4$ | **16** | **1** | $-4$ | **16** | $16\,(=(-4)\times(-4))$ |
| **2** | **8** | **2** | **4** | **7** | **2** | **4** | $4\,(=2\times2)$ |
| **3** | **3** | $-3$ | **9** | **8** | **3** | **9** | $-9\,(=(-3)\times3)$ |
| **4** | **9** | **3** | **9** | **2** | $-3$ | **9** | $-9\,(=3\times(-3))$ |
| **5** | **6** | **0** | **0** | **7** | **2** | **4** | $0\,(=0\times2)$ |
| **6** | **8** | **2** | **4** | **5** | **0** | **0** | $0\,(=2\times0)$ |
| 合計 | **36** | **0** | **42** | **30** | **0** | **42** | **2** |
| 平均 | **6** $m_X$ | | **7** $S_X{}^2$ | **5** $m_Y$ | | **7** $S_Y{}^2$ | $\dfrac{1}{3}$ $S_{XY}$ |

143

表より，

・$X$ の分散 $S_X{}^2 = 7$ より，

　$X$ の標準偏差 $S_X = \sqrt{7}$ ………………(答)(ウ) | ⇦$S_X = \sqrt{S_X{}^2}$

・$Y$ の分散 $S_Y{}^2 = 7$ より，

　$Y$ の標準偏差 $S_Y = \sqrt{7}$ ………………(答)(エ) | ⇦$S_Y = \sqrt{S_Y{}^2}$

・$X$ と $Y$ の共分散 $S_{XY}$ は，

　$S_{XY} = \dfrac{1}{3}$ ………………………(答)(オ)

以上より，2 つの変量 $X$ と $Y$ の相関係数 $r_{XY}$ は，

$$r_{XY} = \frac{S_{XY}}{S_X \cdot S_Y} = \frac{\dfrac{1}{3}}{\sqrt{7} \cdot \sqrt{7}} = \frac{\dfrac{1}{3}}{7}$$

⇦相関係数 $r_{XY}$ を求めるのに $S_X{}^2$ や $S_Y{}^2$ を使うのではなく，$S_X$ と $S_Y$ を使うことに気を付けよう。

$$= \frac{1}{21} \quad \text{………………}(答)(カキ)$$

$S_X{}^2$ と $S_Y{}^2$ と $S_{XY}$ は，表を作れば，確実に求められるので，ボクはこのやり方を勧めている。手早く表を作れるように練習するといいと思うよ。頑張って，慣れることだね。

## ● データの分析の応用問題にもトライしよう！

　それでは，これから，1 変数データと 2 変数データの応用問題に入ろう。共通テストで狙われるのは，恐らくこの種の様々な応用問題だから，ボクのオリジナル問題やこれまでの過去問を使って，いろんな計算が正確に迅速にできるように，ここでシッカリ練習しておこう。

| 演習問題 43 | 制限時間 7 分 | 難易度 ★★ | CHECK*1* | CHECK*2* | CHECK*3* |

3 組の 2 変数データ $(x, 5)$, $(3, 8)$, $(6, 2)$ がある。

ここで，変量 $X$, $Y$ を $X = x$, $3$, $6$, $Y = 5$, $8$, $2$ とおくと，$X$ と $Y$ の相関係数 $r_{XY}$ は $r_{XY} = -\dfrac{\sqrt{3}}{2}$ である。このとき，

(1) $X$ の平均値 $m_X = \boxed{\text{ア}} + \dfrac{x}{\boxed{\text{イ}}}$ であり，$Y$ の平均値 $m_Y = \boxed{\text{ウ}}$ である。

(2) $X$ の標準偏差 $S_X = \sqrt{\dfrac{2}{\boxed{\text{エ}}} x^2 - \boxed{\text{オ}} x + 6}$ であり，

$Y$ の標準偏差 $S_Y = \sqrt{\boxed{\text{カ}}}$ である。

また，$X$ と $Y$ の共分散 $S_{XY} = \boxed{\text{キク}}$ である。

(3) $r_{XY} = -\dfrac{\sqrt{3}}{2}$ より，$x = \boxed{\text{ケ}}$ または $\boxed{\text{コ}}$ である。

（ただし，$\boxed{\text{ケ}} < \boxed{\text{コ}}$ とする。）

ヒント！ (1) $m_X = \dfrac{1}{3}(x + 3 + 6)$, $m_Y = \dfrac{1}{3}(5 + 8 + 2)$ から平均値 $m_X$ と $m_Y$ を求めればいい。(2) $X$ の分散 $S_X{}^2$ は，計算式 $S_X{}^2 = \dfrac{1}{3}(x^2 + 3^2 + 6^2) - m_X{}^2$ から求め，$Y$ の分散 $S_Y{}^2$ は公式（定義式）から求めよう。そして，これらの正の平方根が，$X$ と $Y$ の標準偏差になる。また，共分散 $S_{XY}$ は計算式から求めて，相関係数の公式 $r_{XY} = \dfrac{S_{XY}}{S_X S_Y}$ に代入して，$x$ の 2 次方程式を作り，これを解いて，$x$ の値を求めればいいんだね。頑張ろう！

## 解答＆解説

(1) ・変量 $X = x$, $3$, $6$ の平均値 $m_X$ は，

$m_X = \dfrac{1}{3}(x + 3 + 6) = 3 + \dfrac{x}{3}$ ………(答)(ア, イ)

・変量 $Y = 5$, $8$, $2$ の平均値 $m_Y$ は，

$m_Y = \dfrac{1}{3}(5 + 8 + 2) = \dfrac{15}{3} = 5$ …………(答)(ウ)

## ココがポイント

⇦ $m_X$, $m_Y$ は公式通り求める。

(2) ・変量 $X = x$, $3$, $6$ の分散 $S_X{}^2$ は,

$$S_X{}^2 = \frac{1}{3}(x^2 + 3^2 + 6^2) - \underbrace{m_X{}^2}_{\left(3 + \frac{x}{3}\right)^2}$$

⇦$S_X{}^2$ の計算式
$$S_X{}^2 = \frac{1}{3}({x_1}^2 + {x_2}^2 + {x_3}^2) - m$$
を使った。

$$= \frac{x^2 + 9 + 36}{3} - \left(9 + 2x + \frac{x^2}{9}\right)$$

$$= \left(\frac{1}{3} - \frac{1}{9}\right)x^2 - 2x + 15 - 9$$

$$= \frac{2}{9}x^2 - 2x + 6$$

∴ $X$ の標準偏差 $S_X$ は,

$$S_X = \sqrt{\frac{2}{9}x^2 - 2x + 6} \quad \cdots\cdots ① \quad \cdots\cdots (答)(エ, オ)$$

・変量 $Y = 5$, $8$, $2$ の分散 $S_Y{}^2$ は,

$$S_Y{}^2 = \frac{1}{3}\{(5 - \underset{5}{\cancel{m_Y}})^2 + (8 - \underset{5}{m_Y})^2 + (2 - \underset{5}{m_Y})^2\}$$

$$= \frac{1}{3}\{3^2 + (-3)^2\} = \frac{18}{3} = 6$$

⇦これは,公式(定義式)
$$S_Y{}^2 = \frac{1}{3}\{(y_1 - m_Y)^2 + (y_2 - m_Y)$$
$$+ (y_3 - m_Y)^2\}$$ を使った
計算式と公式と,いずれか早
い方を使おう。

∴ $Y$ の標準偏差 $S_Y$ は,

$$S_Y = \sqrt{6} \quad \cdots\cdots\cdots\cdots\cdots\cdots ② \quad \cdots\cdots\cdots (答)(カ)$$

・次に,$X$ と $Y$ の共分散 $S_{XY}$ は,

$$S_{XY} = \frac{1}{3}(x \times 5 + 3 \times 8 + 6 \times 2) - \left(3 + \frac{x}{3}\right) \times 5$$

$$= \frac{1}{3}(5x + 36) - \frac{5}{3}x - 15$$

$$= 12 - 15 = -3 \quad \cdots\cdots ③ \quad \cdots\cdots\cdots (答)(キ ク)$$

⇦共分散 $S_{XY}$ は公式(定義式)
$$S_{XY} = \frac{1}{3}\{(x_1 - m_X)(y_1 - m_Y)$$
$$+ (x_2 - m_X)(y_2 - m_Y)$$
$$+ (x_3 - m_X)(y_3 - m_Y)\}$$
の代わりに,計算式
$$S_{XY} = \frac{1}{3}(x_1 y_1 + x_2 y_2 + x_3 y_3)$$
$$- m_X m_Y$$ を用いた。

**(3)** $X$ と $Y$ の相関係数 $r_{XY} = -\dfrac{\sqrt{3}}{2}$ が与えられてい

るので,

$$r_{XY} = \boxed{\dfrac{S_{XY}}{S_X \cdot S_Y}} = -\dfrac{\sqrt{3}}{2} \quad \cdots\cdots \text{④} \quad \text{となる。}$$

④を変形して,

$$\underbrace{2S_{XY}}_{\boxed{-3\,(\text{③より})}} = -\sqrt{3}\,\underbrace{S_X \cdot S_Y}_{} \quad \cdots\cdots\text{④}'$$

$\boxed{\sqrt{6}\,(\text{②より})}$

$\boxed{\sqrt{\dfrac{2}{9}x^2 - 2x + 6}\ (\text{①より})}$

④′に①,②,③を代入して,

$$-6 = -\sqrt{3} \cdot \sqrt{6} \cdot \underbrace{\sqrt{\dfrac{2}{9}x^2 - 2x + 6}}_{\boxed{\sqrt{2} \cdot \sqrt{\dfrac{1}{9}x^2 - x + 3}}}$$

$$-6 = -6\sqrt{\dfrac{1}{9}x^2 - x + 3} \qquad \boxed{\begin{array}{c}\text{両辺を}-6\\\text{で割った。}\end{array}}$$

$$\sqrt{\dfrac{1}{9}x^2 - x + 3} = 1$$

両辺を 2 乗して,

$$\dfrac{1}{9}x^2 - x + 3 = 1 \qquad \text{これをまとめて,}$$

$$(x-3)(x-6) = 0$$

$$\therefore\ x = 3\ ,\ \text{または}\ 6 \quad \cdots\cdots\cdots\cdots\cdots(\text{答})(\text{ケ,コ})$$

$\Leftarrow \dfrac{1}{9}x^2 - x + 2 = 0$
  $x^2 - 9x + 18 = 0$
  $(x-3)(x-6) = 0$

$S_X{}^2$ や $S_Y{}^2$,それに共分散 $S_{XY}$ を求めるのに,公式 ( 定義式 ) を用いるのか,計算式を用いるのか,その状況で早い方を利用するようにしよう。$S_{XY}$ の公式と計算式について,もう 1 度ここで示しておくね。

公式:$S_{XY} = \dfrac{1}{n}\{(x_1 - m_X)(y_1 - m_Y) + (x_2 - m_X)(y_2 - m_Y)$

$\qquad\qquad\qquad\qquad\qquad + \cdots + (x_n - m_X)(y_n - m_Y)\}$

計算式:$S_{XY} = \dfrac{1}{n}(x_1 y_1 + x_2 y_2 + \cdots + x_n y_n) - m_X m_Y$

右の表は **3** 回行われた **50** 点満点のゲームの得点をまとめたものである。**1** 回戦のゲームに **15** 人の選手が参加し，そのうち得点が上位の **10** 人が **2** 回戦のゲームに参加した。さらに，**2** 回戦のゲームで得点が上位の **4** 人が **3** 回戦のゲームに参加した。表中の「-」は，そのゲームに参加しなかったことを表している。また，表中の「範囲」は，得点の最大の値から最小の値を引いた差である。なお，ゲームの得点は整数値をとるものとする。

| 番号 | 1回戦<br>（点） | 2回戦<br>（点） | 3回戦<br>（点） |
|---|---|---|---|
| 1 | 33 | 37 | - |
| 2 | 44 | 44 | D |
| 3 | 30 | 34 | - |
| 4 | 38 | 35 | - |
| 5 | 29 | 30 | - |
| 6 | 26 | - | |
| 7 | 43 | 41 | 43 |
| 8 | 23 | - | - |
| 9 | 28 | - | - |
| 10 | 34 | 38 | E |
| 11 | 33 | 33 | |
| 12 | 26 | - | |
| 13 | 36 | 41 | F |
| 14 | 30 | 37 | |
| 15 | 27 | - | |
| 平均値 | A | 37.0 | 43.0 |
| 範囲 | 21 | 14 | 7 |
| 分散 | 35.60 | B | 6.50 |
| 標準偏差 | 6.0 | C | 2.5 |

以下，小数の形で解答する場合，指定された桁数の一つ下の桁を四捨五入し，解答せよ。途中で割り切れた場合，指定された桁まで⓪にマークすること。

**(1)** 1 回戦のゲームに参加した **15** 人の得点の平均値 A は $\boxed{アイ}$ . $\boxed{ウ}$ 点である。そのうち，得点が上位の **10** 人の得点の平均値を $A_1$，得点が下位の **5** 人の得点の平均値を $A_2$ とすると，$A_1$，$A_2$，A の間には関係式

$$\frac{\boxed{エ}}{\boxed{オ}}A_1 + \frac{\boxed{カ}}{\boxed{キ}}A_2 = A \text{ が成り立つ。}$$

ただし，$\dfrac{\boxed{エ}}{\boxed{オ}} + \dfrac{\boxed{カ}}{\boxed{キ}} = 1$ とする。

**(2)** 2 回戦のゲームに参加した **10** 人の 2 回戦のゲームの得点について，平均値 **37.0** 点からの偏差の最大値は $\boxed{ク}$ . $\boxed{ケ}$ 点である。また，分散 B の値は $\boxed{コサ}$ . $\boxed{シス}$，標準偏差 C の値は $\boxed{セ}$ . $\boxed{ソ}$ 点である。

(3) 3回戦のゲームの得点について，大小関係 $F < E < 43 < D$ が成り立っている。$D$，$E$，$F$ の値から平均値 $43.0$ 点を引いた整数値を，それぞれ $x$，$y$，$z$ とおくと，3回戦のゲームの得点の平均値が $43.0$ 点，範囲が $7$ 点，分散が $6.50$ であることから，次の式が成り立つ。

$$x + y + z = \boxed{\text{タ}} \quad , \quad x - z = \boxed{\text{チ}} \quad , \quad x^2 + y^2 + z^2 = \boxed{\text{ツテ}}$$

上の連立方程式と条件 $z < y < 0 < x$ により $x$，$y$，$z$ の値が求まり，$D$，$E$，$F$ の値が，それぞれ $\boxed{\text{トナ}}$ 点，$\boxed{\text{ニヌ}}$ 点，$\boxed{\text{ネノ}}$ 点であることがわかる。

**ヒント！** **(1)** 15人の得点の仮平均として，30点を採用すると，計算が早くなるはずだ。**(2)** 分散の計算は計算式より公式を使った方がいい。**(3)** は，応用になっているけれど，最終的には，$x$ と $y$ と $z$ の連立方程式に持ち込めるんだね。過去問だ。頑張って，時間内に解けるように練習しよう。

## 解答＆解説

**(1)** 1回戦の15人の得点の平均値 $A$ については，仮平均を $\underline{30}$ として求めると，

$$A = \frac{1}{15}(\cancel{3} + 14 + 0 \cancel{-8} \cancel{1} - 4 + 13 \cancel{-7} - 2 \cancel{4}$$
$$+ 3 \cancel{-4} + 6 + 0 \cancel{-3}) + \underline{30}$$

$$= \frac{14 \cancel{-4} + 13 \cancel{-2} + 3 \cancel{-6}}{15} + \underline{30}$$

$$= \frac{30}{15} + 30 = 32.0 \quad \cdots\cdots\cdots\cdots (答)(ア イ，ウ)$$

得点の上位10人の平均値を $A_1$，下位5人の平均値を $A_2$ とおくと，

得点の総和 $15 \times A = 10 \times A_1 + 5 \times A_2$ ……①

となるので，①の両辺を15で割って，

$$A = \frac{10}{15}A_1 + \frac{5}{15}A_2 \quad \text{より，}$$

$$\therefore \frac{2}{3}A_1 + \frac{1}{3}A_2 = A \quad \cdots\cdots(答)(エ，オ，カ，キ)$$

## ココがポイント

$\Leftarrow A = \frac{1}{15}(33 + 44 + \cdots + 27)$
とすると，計算が大変になるので，仮平均として30をとると，

$$A = \frac{1}{15}\underbrace{(3 + 14 + \cdots - 3)}_{\boxed{30 \text{からのズレ（偏差）}}} + 30$$

と，計算が楽になる！
$\begin{pmatrix} 仮平均の値の定め方は， \\ 大体の目分量で決めれ \\ ばいいよ。 \end{pmatrix}$

(2) 2 回戦の **10** 人の得点データ

**37, 44, 34, 35, 30, 41, 38, 33, 41, 37**

最大値（44）　最小値（30）

について，平均値 $m_2 = 37$ とおくと，

⇦ $m_2$ は表に与えられている。

$$\begin{cases} 44 - m_2 = 44 - 37 = 7 \\ \quad \text{最大値} \\ m_2 - 30 = 37 - 30 = 7 \quad \text{より，} \\ \quad \text{最小値} \end{cases}$$

平均値 $m_2$ からの偏差の最大値は，

ズレのこと

**7.0** である。 ……………………………(答)(ク，ケ)

・この分散 **B** は，

$$B = \frac{1}{10}\{(37 - 37)^2 + (44 - 37)^2 + \cdots$$
$$\cdots + (37 - 37)^2\}$$

⇦ これは，計算式より，公式<br>$B = \frac{1}{10}\{(x_1 - m_2)^2 + (x_2 - m_2)^2$<br>$\quad + \cdots + (x_{10} - m_2)^2\}$<br>を使った方が早い。

$$= \frac{49 + 9 + 4 + 49 + 16 + 1 + 16 + 16}{10}$$

$$= \frac{160}{10} = 16.00 \quad \cdots\cdots\cdots\cdots(答)(コサ，シス)$$

・よって，この標準偏差 **C** は，

$$C = \sqrt{B} = \sqrt{16} = 4.0 \quad \cdots\cdots\cdots\cdots(答)(セ，ソ)$$

(3) 3 回戦の **4** 人の得点データ

**D, 43, E, F (D > 43 > E > F)** について，

平均値 $m_3 = 43$　また，

$$\begin{cases} D = 43 + x \quad \cdots\cdots② \\ E = 43 + y \quad \cdots\cdots③ \\ F = 43 + z \quad \cdots\cdots④ \quad (x > 0 > y > z) \end{cases}$$

とおく。

150

$m_3 = \dfrac{1}{4}(\underbrace{D}_{(43+x)} + \underbrace{E}_{(43+y)} + 43 + \underbrace{F}_{(43+z)}) = 43$　より，（②，③，④より）

$\dfrac{1}{4}(4 \times 43 + x + y + z) = 43$

$\cancel{4 \times 43} + x + y + z = \cancel{4 \times 43}$

$\therefore\ x + y + z = 0$ ……………………⑤　……(答)(タ)

また，範囲が $7$ より，

$D - F = \boxed{\cancel{43} + x - (\cancel{43} + z) = 7}$

$\therefore\ x - z = 7$ ………………………⑥　……(答)(チ)

分散 $S_3{}^2 = \dfrac{1}{4}\{(\underbrace{D-43}_{x})^2 + (\underbrace{E-43}_{y})^2 + \cancel{(43-43)^2} + (\underbrace{F-43}_{z})^2\}$ ⇦分散は，公式を用いるのがいい。

$\qquad = \dfrac{1}{4}(x^2 + y^2 + z^2) = 6.5$ より，

$x^2 + y^2 + z^2 = 26$ ………………⑦ …(答)(ツテ)

⑤，⑥，⑦より $y$，$z$ を消去して，

$x^2 + \underbrace{(-2x+7)^2}_{(4x^2-28x+49)} + \underbrace{(x-7)^2}_{(x^2-14x+49)} = 26$

$6x^2 - 42x + 72 = 0 \qquad x^2 - 7x + 12 = 0$

$(x-3)(x-4) = 0 \qquad \therefore\ x = 3,$ または $4$

$x = 3$ のとき，$y = -2x + 7$ …⑤′より，

$y = -6 + 7 > 0$ となって，$y < 0$ に反する。よって不適。

$\therefore\ x = 4,\ \underbrace{y = -8 + 7 = -1}_{⑤′より},\ \underbrace{z = 4 - 7 = -3}_{⑥′より}$

$\therefore\ D = 43 + 4 = 47,\ E = 43 - 1 = 42,$

$\quad F = 43 - 3 = 40$　である。………………(答)

$\qquad\qquad\qquad$（トナ，ニヌ，ネノ）

⇦⑥より，$z = x - 7$ …⑥′
これを⑤に代入して
$x + y + x - 7 = 0$
$y = -2x + 7$ ………⑤′
⑤′，⑥′を⑦に代入する。

⇦②，③，④より

右の表はあるクラスの生徒 **10** 人に対して行わ
れた国語と英語の小テスト ( 各 **10** 点満点 ) の
得点をまとめたものである。ただし, 小テスト
の得点は整数値をとり, **C > D** である。また,
表の数値はすべて正確な値であり, 四捨五入さ
れていない。

以下, 小数の形で解答する場合, 指定された桁
数の一つ下の桁を四捨五入し, 解答せよ。途
中で割り切れた場合, 指定された桁まで⓪に
マークすること。

| 番号 | 国語 | 英語 |
|------|------|------|
| 生徒 1 | 9 | 9 |
| 生徒 2 | 10 | 9 |
| 生徒 3 | 4 | 8 |
| 生徒 4 | 7 | 6 |
| 生徒 5 | 10 | 8 |
| 生徒 6 | 5 | C |
| 生徒 7 | 5 | 8 |
| 生徒 8 | 7 | 9 |
| 生徒 9 | 6 | D |
| 生徒 10 | 7 | 7 |
| 平均値 | A | 8.0 |
| 分散 | B | 1.00 |

**(1)** **10** 人の国語の得点の平均値 **A** は ア . イ 点である。また, 国語
の得点の分散 **B** の値は ウ . エオ である。さらに, 国語の得点の
中央値は カ . キ 点である。

**(2)** **10** 人の英語の得点の平均値が **8.0** 点, 分散が **1.00** であることから,
**C** と **D** の間には関係式

**C + D =** クケ　　　$(C - 8)^2 + (D - 8)^2 =$ コ

が成り立つ。上の連立方程式と条件 **C > D** により, **C**, **D** の値は,
それぞれ サ 点, シ 点であることがわかる。

**(3)** **10** 人の国語と英語の得点の相関図 ( 散布図 ) として適切なものは
ス であり, 国語と英語の得点の相関係数の値は セ . ソタチ で
ある。ただし, ス については, 当てはまるものを, 次の⓪〜③の
うちから一つ選べ。

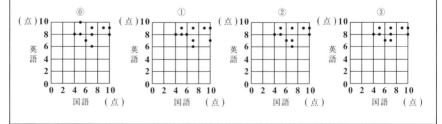

**(1)** 国語の得点の仮平均を **7** として計算するといいね。分散は，公式通りに求めよう。中央値 ( メジアン，第 **2** 四分位数 ) を求めるために，小さい順にデータを並べよう。**(2)** では，未知データ **C** と **D** を，平均 **8**，分散 **1** から，方程式を立てて求めればいい。**(3)** は，得点データと散布図を見比べて，消去法で調べていこう。これも過去問だ。

## 解答&解説

## ココがポイント

**(1)** **10** 人の国語の得点データ

$\quad$ **9**，**10**，**4**，**7**，**10**，**5**，**5**，**7**，**6**，**7** について，

この仮平均を $\underline{\underline{7}}$ とおくと，この平均値 **A** は，

⇦仮平均は，大体の目分量で決めればいい。

$$A = \frac{1}{10}(2 + 3 - 3 + 0 + 3 - 2 - 2 + 0 - 1 + 0) + \underline{7}$$

$$\boxed{\text{仮平均} \underline{\underline{7}} \text{との偏差の平均をとる。}}$$

$$= \frac{0}{10} + 7 = 7.0 \quad \cdots\cdots\cdots\cdots (答)(ア，イ)$$

⇦本当の平均値を当ててしまった！ラッキー!!

この分散 **B** は，

⇦これは，分散の公式を使おう。

$$B = \frac{1}{10}\{(9-7)^2 + (10-7)^2 + \cdots + (7-7)^2\}$$

$$= \frac{1}{10}\{2^2 + 3^2 + (-3)^2 + 0^2 + 3^2 + (-2)^2 + (-2)^2$$

$$+ 0^2 + (-1)^2 + 0^2\}$$

$$= \frac{4+9+9+9+4+4+1}{10} = \frac{40}{10}$$

$$= 4.00 \quad \cdots\cdots\cdots\cdots (答)(ウ，エオ)$$

この得点データを小さい順に並べると，

$\quad$ **4**，**5**，**5**，**6**，**7**，**7**，**7**，**9**，**10**，**10** より，

⇦$x_1$，$x_2$，$\cdots$，$x_5$，$x_6$，$\cdots$，$x_{10}$

$$\boxed{\frac{7+7}{2}} \longleftarrow これが中央値$$

$(x_1 \leqq x_2 \leqq \cdots \leqq x_5 \leqq x_6 \leqq \cdots \leqq x_{10})$

のとき，中央値は $\dfrac{x_5 + x_6}{2}$ となる。

この中央値は **7.0** である。$\quad \cdots\cdots\cdots$ (答)(カ，キ)

(2) 10 人の英語の得点データ

　　9, 9, 8, 6, 8, C, 8, 9, D, 7

　　(C > D) について，

　　・平均値 $m = 8$ より，

$$m = \frac{1}{10}(9 + 9 + \cdots + D + 7) = 8 \quad \text{よって，}$$

⇦平均 $m = 8$ からの偏差の和
は $0$ となるので，
$\not{1} + \not{1} + 0 - \not{2} + 0 + C - 8$
$+ 0 + \not{1} + D - 8 - \not{1} = 0$
から，
C + D = 16 …①を求めて
もいいよ。

$$\underline{9 + 9 + 8 + 6 + 8 + 8 + 9 + 7} + C + D = 80$$

$$\boxed{3 \times 9 + 3 \times 8 + 7 + 6 = 27 + 24 + 13 = 64}$$

　　　　$64 + C + D = 80$

　　　　$\therefore \ C + D = 16$ 　……①　…………(答)(クケ)

　　・分散 $S^2 = 1$ より，

$$S^2 = \frac{1}{10}\{(9 - 8)^2 + (9 - 8)^2 + \cdots + (7 - 8)^2\} = 1$$

⇦分散は，公式通りに求める。

　　よって，この両辺に 10 をかけて，

　　　$1 + 1 + 4 + (C - 8)^2 + 1 + (D - 8)^2 + 1 = 10$

　　　$(C - 8)^2 + (D - 8)^2 = 2$ 　……②　……(答)(コ)

　　①, ②より D を消去して，

⇦①より，$D = 16 - C$
これを②に代入して，
$(C - 8)^2 + \underline{(16 - C - 8)^2} = 2$
$\boxed{(8 - C)^2 = (C - 8)^2}$
$2(C - 8)^2 = 2$
$(C - 8)^2 = 1$

　　　$(C - 8)^2 = 1$　　　$C^2 - 16C + 64 - 1 = 0$

　　　$C^2 - 16C + 63 = 0$

　　　$(C - 7)(C - 9) = 0$　　$\therefore \ C = 7$，または 9

　　　$C = 7$ のとき，①より，$7 + D = 16$

　　　$D = 9$ となって，$C > D$ をみたさない。

　　　よって，不適。

　　　$\therefore \ C = 9, \ D = 7$ 　………………(答)(サ, シ)

⇦①より，$9 + D = 16$
$D = 7$

(3) 国語と英語の得点データは，

　　$\begin{cases} \text{国語} \ 9, \ 10, \ 4, \ 7, \ 10, \ 5, \ 5, \ 7, \ 6, \ 7 \\ \text{英語} \ 9, \quad 9, \ 8, \ 6, \quad 8, \ 9, \ 8, \ 9, \ 7, \ 7 \end{cases}$

　　これから，( 国語，英語 ) の 10 組の得点データ

　　(9, 9), (10, 9), (4, 8), (7, 6), (10, 8),

　　(5, 9), (5, 8), (7, 9), (6, 7), (7, 7) の散

154

布図を下の⓪～③から選ぶ。

・英語に **10** 点の人はいないので，⓪は不適。

・国語が **10** 点の人は **2** 人で，英語はそれぞれ

　**9** 点と **8** 点なので，①は不適。

・国語が **7** 点の人は **3** 人で，英語はそれぞれ

　**6** 点，**7** 点，**9** 点なので，③は不適。

以上より，このデータの適切な散布図は，②である。 ……………………………………(答)(ス)

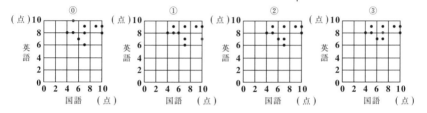

国語と英語の得点の分散をそれぞれ $S_X{}^2$，$S_Y{}^2$ とおくと，$S_X{}^2 = \underset{\underset{B}{\text{//}}}{4}$，$S_Y{}^2 = 1$ より，

国語の得点の標準偏差 $S_X = \sqrt{4} = 2$ ……③

英語の得点の標準偏差 $S_Y = \sqrt{1} = 1$ ……④

国語と英語の得点の共分散 $S_{XY}$ は，

$$S_{XY} = \frac{1}{10}\{(9-7)(9-8)+(10-7)(9-8)+\cdots+\underset{\underset{0}{\text{//}}}{(7-7)}(7-8)\}$$

$$= \frac{1}{10}(2 + 3 - 2 + 1) = \frac{4}{10} = \frac{2}{5} \cdots\cdots⑤$$

③，④，⑤より，国語と英語の得点の相関係数

$r_{XY}$ は，$r_{XY} = \dfrac{S_{XY}}{S_X S_Y} = \dfrac{\frac{2}{5}}{2\cdot 1} = \dfrac{2}{10} = 0.200$ ……(答)

(セ，ソタチ)

⇦標準偏差
$S_X = \sqrt{S_X{}^2}$
$S_Y = \sqrt{S_Y{}^2}$ だね。

⇦共分散 $S_{XY}$ は公式
$$S_{XY} = \frac{1}{10}\{(x_1 - m_X)(y_1 - m_Y)$$
$$+ (x_2 - m_X)(y_2 - m_Y)$$
$$+ \cdots\cdots\cdots$$
$$+ (x_{10} - m_X)(y_{10} - m_Y)\}$$
を使った。今回は，計算式より
公式を用いる方が早い。

ある高等学校の **A** クラスには全部で **20** 人 (点)
の生徒がいる。右の表は，その **20** 人の生徒
の国語と英語のテストの結果をまとめたも
のである。表の横軸は国語の得点を，縦軸
は英語の得点を表し，表中の数値は，国語
の得点と英語の得点の組み合わせに対応す
る人数を表している。ただし，得点は **0** 以
上 **10** 以下の整数値をとり，空欄は **0** 人で
あることを表している。たとえば，国語の
得点が **7** 点で英語の得点が **6** 点である生徒
の人数は **2** である。

|  | 国語 | 英語 |
|---|---|---|
| 平均値 | **B** | **6.0** |
| 分散 | **1.60** | **C** |

また，右下の表は **A** クラスの **20** 人について，右の表の国語と英語の得点
の平均値と分散をまとめたものである。ただし，表の数値はすべて正確
な値であり，四捨五入されていない。

以下，小数の形で解答する場合，指定された桁数の一つ下の桁を四捨五
入し，解答せよ。途中で割り切れた場合，指定された桁まで⓪にマーク
すること。

(1) **A** クラスの **20** 人のうち，国語の得点が **4** 点の生徒は　ア　人であり，
　　英語の得点が国語の得点以下の生徒は　イ　人である。

(2) **A** クラスの **20** 人について，国語の得点の平均値 **B** は　ウ　.　エ　点
　　であり，英語の得点の分散 **C** の値は，　オ　.　カキ　である。

(3) **A** クラスの **20** 人のうち，国語の得点が平均値　ウ　.　エ　点と異な
　　り，かつ，英語の得点も平均値 **6.0** 点と異なる生徒は　ク　人である。
　　**A** クラスの **20** 人について，国語の得点と英語の得点の相関係数の
　　値は　ケ　.　コサシ　である。
　　右の表 (次ページ) は，**A** クラスの **20** 人に他のクラスの **40** 人を加
　　えた **60** 人の生徒について，前の表と同じ国語と英語のテストの結
　　果をまとめたものである。この **60** 人について，国語の得点の平均
　　値も英語の得点の平均値も，それぞれちょうど **5.4** 点である。

(4) 右の表で D，E，F をのぞいた人数は **52 人** である。その **52 人** について，国語の得点の合計は $\boxed{スセソ}$ 点であり，英語の得点の合計は **288 点** である。

したがって，連立方程式

$$D + E + F = \boxed{タ}$$
$$4D + 5E + 8F = \boxed{チツ}$$
$$4D + 4E + 6F = 36$$

を解くことによって，D，E，F の値は，それぞれ，$\boxed{テ}$ 人，$\boxed{ト}$ 人，$\boxed{ナ}$ 人であることがわかる。

| 英語＼国語 | 0 | 1 | 2 | 3 | 4 | 5 | 6 | 7 | 8 | 9 | 10 |
|---|---|---|---|---|---|---|---|---|---|---|---|
| 10 | | | | | | | | | | | |
| 9 | | | | | | | | | | | |
| 8 | | | | | | | 1 | | 1 | | |
| 7 | | | | | | 5 | | | 2 | 1 | |
| 6 | | | | | 4 | 1 | 8 | 5 | F | | |
| 5 | | | | | 3 | 5 | 5 | 1 | | | |
| 4 | | | 2 | 2 | D | E | 2 | 2 | | | |
| 3 | | | 1 | | 1 | | | | | | |
| 2 | | | | | | | | | | | |
| 1 | | | | | | | | | | | |
| 0 | | | | | | | | | | | |

（点）・国語（点）

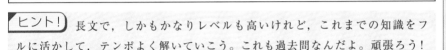

**ヒント!** 長文で，しかもかなりレベルも高いけれど，これまでの知識をフルに活かして，テンポよく解いていこう。これも過去問なんだよ。頑張ろう!

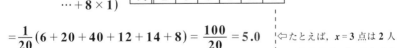

## 解答&解説

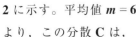

## ココがポイント

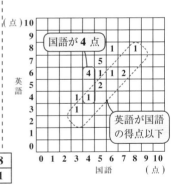

(1) A クラスで，国語が 4 点の生徒は $4 + 1 = 5$ 人
………(答)(ア)

英語の得点が国語の得点以下の生徒は，

$1 + 1 + 2 + 1 + 2 + 1 = 8$ 人 ……………(答)(イ)

(2) 国語の得点 X の分布表 1 より，この平均値 B は，

$$B = \frac{1}{20}(3 \times 2 + 4 \times 5 + \cdots + 8 \times 1)$$

表 1 国語の得点分布

| $x$ | 3 | 4 | 5 | 6 | 7 | 8 |
|---|---|---|---|---|---|---|
| 人 | 2 | 5 | 8 | 2 | 2 | 1 |

$$= \frac{1}{20}(6 + 20 + 40 + 12 + 14 + 8) = \frac{100}{20} = 5.0$$

………(答)(ウ，エ)

◁たとえば，$x = 3$ 点は 2 人いるので，$3 \times 2 = 6$ となる。

英語の得点 Y の分布を表 2 に示す。平均値 $m = 6$ より，この分散 C は，

表 2 英語の得点分布

| $y$ | 3 | 4 | 5 | 6 | 7 | 8 |
|---|---|---|---|---|---|---|
| 人 | 1 | 2 | 2 | 8 | 5 | 2 |

157

$$C = \frac{1}{20}\{1\cdot(3-6)^2 + 2\cdot(4-6)^2 + \cdots + 2\cdot(8-6)^2\}$$

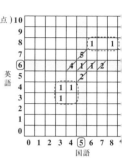

$$= \frac{9+8+2+5+8}{20} = \frac{32}{20}$$

$$= 1.60 \quad \cdots\cdots\cdots\cdots\cdots\cdots\text{(答)(オ，カキ)}$$

$\Leftarrow C = \frac{1}{20}\{1\cdot(3-6)^2 + 2\cdot(4-6)$
$\quad + 2\cdot(5-6)^2 + 8\cdot(6-6)^2$
$\quad + 5\cdot(7-6)^2 + 2\cdot(8-6)$

(3) 国語の平均 **5** 点と異なり，英語の平均 **6** 点とも
異なる生徒は右図より，**5** 人 $\cdots\cdots$(答)(ク)
国語の得点 $X$ と英語の得点 $Y$ の共分散 $S_{XY}$ は，

$$S_{XY} = \frac{1}{20}\{(3-5)\cdot(3-6) + (3-5)\cdot(4-6)$$
$$+ (4-5)\cdot(4-6) + (6-5)\cdot(8-6)$$
$$+ (8-5)\cdot(8-6)\}$$

$S_{XY} = \frac{1}{20}\{(x_1 - m_X)(y_1 - m_Y) + (x_2 - m_X)(y_2 - m_Y) + \cdots + (x_{20} - m_X)(y_{20} - m_Y)\}$
なので，変数 $X$ や $Y$ が平均値と同じとき，その項は **0** となるね。よって，
これらをのぞいた **5** 人 ( ク ) の分の計算だけで，$S_{XY}$ が求まるんだね。

$$= \frac{6+4+2+2+6}{20} = \frac{20}{20} = 1$$

$\therefore$ $X$ と $Y$ の相関係数 $r_{XY}$ は，

$$r_{XY} = \frac{S_{XY}}{S_X S_Y} = \frac{1}{\sqrt{1.6}\cdot\sqrt{1.6}} = \frac{1}{1.6}$$

$$= 0.625 \quad \cdots\cdots\cdots\cdots\cdots\text{(答)(ケ，コサシ)}$$

$\Leftarrow \dfrac{1}{1.6} = \dfrac{1}{\frac{8}{5}} = \dfrac{5}{8}$
$= 0.625$

(4) A クラスに，新たに **40** 人を加えた国語と英語
の得点分布について，平均点は共に，**5.4** 点で
ある。D，E，F を除いた **52** 人の国語の合計得
点は，右図より，

$$1\cdot1 + 2\cdot2 + 3\cdot3 + 4\cdot7 + 5\cdot11 + 6\cdot16$$
$$+ 7\cdot8 + 8\cdot3 + 9\cdot1 = 282 \quad \cdots\cdots\cdots\text{(答)(スセソ)}$$

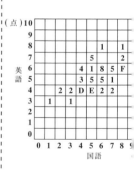

158

- $D + E + F = 8$ ······················①······(答)(タ)

⇦ 60 人から D, E, F を除くと 52 人だからね。

- 次に，国語の全得点は，$5.4 \times 60 = 324$ より，

$$\underline{282} + 4 \cdot D + 5 \cdot E + 8 \cdot F = 324$$

$\boxed{\text{D，E，F を除く 52 人の全得点}}$

  $\therefore 4D + 5E + 8F = 42$ ············②···(答)(チツ)

- 英語の全得点は，$5.4 \times 60 = 324$ で，D，E，F を除く 52 人の全得点は 288 なので，

  $288 + 4 \cdot (D + E) + 6 \cdot F = 324$

  $4D + 4E + 6F = 36$ ···············③

  ②−③より，$E + 2F = 6$ ·········④

  ②−4×①より，$E + 4F = 10$ ···⑤

  ⑤−④より，$2F = 4$ $\therefore F = 2$

  ④より，$E + 4 = 6$ $\therefore E = 2$

  ①より，$D + 2 + 2 = 8$ $\therefore D = 4$

  $\therefore D = 4$ 人, $E = 2$ 人, $F = 2$ 人···(答)(テ，ト，ナ)

以上で，"**データの分析**"の講義も終了です。典型的な問題から，様々な応用問題まで解いたので，かなり実力はアップしたと思う。もちろん，この実力が定着して，本番の共通テストでもスラスラ解けるようになるためには，反復練習は欠かせないんだね。かなりの計算量だったけれど，制限時間内に，しかも正確に結果が出せるようになるまで，何度でも，自分で納得がいくまで練習しよう！

　本番の共通テストでは，ウィキペディアなどのデータと非常に長い文章の問題で出題されることが考えられるけれど，問題の本質を見抜いて，確実に得点できるようにしよう。もちろん，長文を読むことは，本来数学とは何の関係もない。しかし，最近の傾向として，長～い文章で出題されることが多いので，時間をセーブする上で，この前半部分や答えやすい部分のみ解いて，その後は他の自分の得意問題，解きやすい問題を先に解いていく方が，高得点につながると思う。自分なりに，うまく時間を配分していくことだね。

## 講義 5 ● データの分析　公式エッセンス

**1.** $n$ 個のデータ $x_1$, $x_2$, $x_3$, $\cdots$, $x_n$ の平均値 $\overline{X}(=m)$

$$\overline{X} = m = \frac{x_1 + x_2 + x_3 + \cdots + x_n}{n}$$

**2. メジアン ( 中央値 )**

( ⅰ ) $2n+1$ 個 ( 奇数 ) 個のデータを小さい順に並べたもの：

$x_1$, $x_2$, $\cdots$, $x_n$, $x_{n+1}$, $x_{n+2}$, $x_{n+3}$, $\cdots$, $x_{2n+1}$　のメジアンは、

$x_{n+1}$ となる。

( ⅱ ) $2n$ 個 ( 偶数 ) 個のデータを小さい順に並べたもの：

$x_1$, $x_2$, $\cdots$, $x_{n-1}$, $x_n$, $x_{n+1}$, $x_{n+2}$, $\cdots$, $x_{2n}$　のメジアンは、

$\dfrac{x_n + x_{n+1}}{2}$ となる。

**3. 箱ひげ図作成の例 ( データ数 $n = 10$ )**

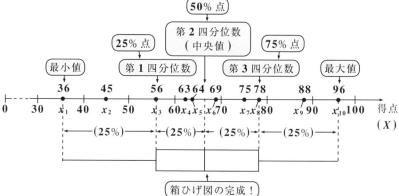

**4. 分散 $S^2$ と標準偏差 $S$**

( ⅰ ) 分散 $S^2 = \dfrac{(x_1 - m)^2 + (x_2 - m)^2 + \cdots + (x_n - m)^2}{n}$

( ⅱ ) 標準偏差 $S = \sqrt{S^2}$

**5. 共分散 $S_{XY}$ と相関係数 $r_{XY}$**

( ⅰ ) 共分散 $S_{XY} = \dfrac{1}{n}\{(x_1 - m_X)(y_1 - m_Y) + (x_2 - m_X)(y_2 - m_Y) + \cdots + (x_n - m_X)(y_n - m_Y)\}$

( ⅱ ) 相関係数 $r_{XY} = \dfrac{S_{XY}}{S_X \cdot S_Y}$　$\left(\begin{array}{l} m_X : X \text{ の平均, } m_Y : Y \text{ の平均} \\ S_X : X \text{ の標準偏差, } S_Y : Y \text{ の標準偏差} \end{array}\right)$

# 講義 6 場合の数と確率

## 加法定理、余事象の確率で難問も攻略だ!

- ▶余事象の確率、確率の加法定理
- ▶様々な確率計算
  (最短経路、トーナメント、ジャンケンなど)
- ▶場合分けの必要な確率計算
- ▶条件付き確率、事象の独立

マセマ流にスキマなし!

さすがです! 先生っ!

# 講義 6 場合の数と確率

　さァ，これから，"**場合の数と確率**"の講義を始めよう。ここでは，確率を中心に問題を解いていくよ。結局，確率計算とは，場合の数の計算に帰着するので，従来通り，共通テストでは，確率を中心にこれからも出題されていくと思うからだ。

　この確率計算は，得意な人と不得意な人がハッキリと分かれる分野でもあるんだけど，不得意と思っている人も心配することはないよ。単に，解き方のパターンを知らないというだけだからだ。これから，さまざまな確率の考え方，解法のパターンを詳しく解説するから，苦手意識をもっている人もよく反復練習して，是非得意科目に変身させてくれ。


　それでは，共通テストがこれから狙ってくると思われる"**確率**"の重要分野を下に書いておくから，まず参考にしてくれ。

・余事象の確率，確率の加法定理
・いろいろな確率

　　（最短経路の確率，トーナメントの確率，ジャンケンの確率）
・場合分けの必要な確率計算
・条件付き確率，事象の独立


　以上のテーマについて，演習問題をシッカリ解けるように練習しよう。共通テストは時間の限られた試験であるからこそ，典型的な場合の数と確率の問題の解法パターンや解法の流れを頭に入れ，正確で迅速な計算力を養っておく必要があるんだね。また，複雑な場合の数を求めないといけないときは，辞書式を利用したり，表を作ったりすることもポイントになるんだよ。実践的に練習しよう！

## ● 余事象・加法定理を使いこなそう！

確率計算をする上で，余事象の確率や加法定理を利用すると，アッサリ解けるものが多いので，これを是非マスターしておく必要があるんだよ。

---

| 演習問題 47 | 制限時間 6 分 | 難易度 ★★ | CHECK*1* | CHECK*2* | CHECK*3* |

それぞれ，**1** から **10** までの番号の書かれた同形の **10** 個の球が，袋の中に入っている。この袋から無作為に **3** 個の球を取り出すとき，

(1) 少なくとも **1** つの球に書かれた番号が **5** 以下となる確率は，

$$\dfrac{\boxed{\text{アイ}}}{\boxed{\text{ウエ}}}$$ である。

(2) 取り出した **3** 個の球に書かれた番号の最小値を $x$, 最大値 $X$ とおく。

 ( i ) $x = 3$, $X = 8$ となる確率は，$\dfrac{\boxed{\text{オ}}}{\boxed{\text{カキ}}}$ である。

 ( ii ) $x \geqq 3$ または $X \leqq 8$ となる確率は，$\dfrac{\boxed{\text{クケ}}}{\boxed{\text{コサ}}}$ である。

---

ヒント！ (1) 与えられた事象の余事象，つまり **3** 個の球すべての番号が **6** 以上となる確率を求めて，全確率 **1** から引けばいいね。(2)(ii) では，確率の加法定理：$P(B \cup C) = P(B) + P(C) - P(B \cap C)$ を使えばすぐ解けるだろう。

### 解答 & 解説

**1** から **10** までの番号の書かれた球の入った袋から，無作為に **3** 個の球を取り出すんだね。

(1) ここで，事象 $A$ を次のようにおくよ。

　事象 $A$：取り出された **3** 個の球のうち少なくとも **1** つの球の番号が **5** 以下である。

### ココがポイント

**3** 個取り出す
○　○　○
$x$：最小の番号
$X$：最大の番号

① ② ……
…… ⑩

確率計算の基本は，事象 $A$ の場合の数÷全事象 $U$ の場合の数だ！

すべての根元事象が同様に確からしいとき，

それ以上簡単なものに分けられない事象

事象 $A$ の起こる確率 $P(A)$ は，

$$P(A) = \frac{n(A)}{n(U)} = \frac{事象 A の場合の数}{全事象 U の場合の数}$$ で，計算する。

だから，サイコロを投げて **1** の目の出る確率は，どの目も同様に確からしく出るものと考えられるから，

$\textcircled{1}$ 1 の目の 1 通り

$\overline{\textcircled{6}}$ 1, 2, 3, 4, 5, 6 の目の 6 通り

となるんだね。

エッ？ 大学に合格する確率は，合格するか，不合格になるか，**2** つに **1** つだから，$\frac{1}{2}$ だって？ 当然間違いだな。合格することと，不合格になることは同様に確からしくないからね。もちろん，ボクの講義を聞いてシッカリ反復練習している人は，合格する確率が確実に **1** に近づいているんだよ。

**メンドウな確率計算は余事象から攻めよう！**

この問題のように，"少なくとも **1** つ" の球の番号が **5** 以下の確率 $P(A)$ を求めようとすると，意外とメンドウなんだね。

**3** 個中 **1** 個の番号だけが **5** 以下なのか，**2** 個だけが **5** 以下なのか，あるいは **3** 個すべてが **5** 以下なのか，それぞれ場合分けして確率を求めるのは大変だね。

$A$ が起こらない事象のこと

こんなときは，余事象 $\overline{A}$ の確率 $P(\overline{A})$ を予め求めて，次の公式を使って，確率 $P(A)$ を求めればいいんだよ。

余事象の利用：$P(A) = 1 - P(\overline{A})$

余事象 $\overline{A}$：取り出された **3** 個すべての番号が **6**

　　　　以上である。

余事象の確率 $P(\overline{A})$ は，簡単に求まるので，こ

れを使って，$P(A)$ の確率を一気に計算しよう。

⇦"少なくとも1つが5以下"の否定は"すべてが6以上"なんだ。

⇦"少なくとも **1** つが **5** 以下"の否定は"すべてが **6** 以上"なんだ。

$$P(A) = 1 - P(\overline{A}) = 1 - \frac{{}_5 C_3}{{}_{10} C_3}$$

⑥, ⑦, …, ⑩ の **5** 個から **3** 個えらぶ

**10** 個中 **3** 個えらぶ ＝全場合の数

⇦ ${}_5 C_3 = \dfrac{5!}{3!2!} = 10$

${}_{10} C_3 = \dfrac{10!}{3!7!} = 120$ だ。

$$= 1 - \frac{10}{120} = \frac{11}{12} \quad \cdots\cdots (答)(\text{アイ, ウエ})$$

**(2)** 取り出した **3** 個の球の番号の最小値を $x$，最大

値を $X$ とおくんだね。

**( i )** $x = 3$，$X = 8$ となる確率は

④, ⑤, ⑥, ⑦ の **4** 個から **1** 個えらぶ

⇦ ③と⑧を取ることは決まっているので，真中の番号の球を，④, ⑤, ⑥, ⑦ から **1** つ選ぶことになるんだね。

$$\frac{{}_4 C_1}{{}_{10} C_3} = \frac{4}{120} = \frac{1}{30} \quad \cdots\cdots\cdots (答)(\text{オ, カキ})$$

**( ii )** 次のように **2** つの事象 $B, C$ をおくよ。

事象 $B$：$x \geqq 3$，事象 $C$：$X \leqq 8$

このとき，$B$ または $C$ の起こる確率

$P(B \cup C)$ を確率の加法定理で求める。

$$P(B \cup C) = P(B) + P(C) - P(B \cap C)$$

$$\left[ \bigcirc\!\!\!\bigcirc = \bigcirc + \bigcirc - \, () \, \right]$$

⇦確率の加法定理は張り紙のテクニックで分かるだろ。

③, ④, …, ⑩ の **8** 個から **3** 個

①, ②, …, ⑧ の **8** 個から **3** 個

$$= \frac{{}_8 C_3}{{}_{10} C_3} + \frac{{}_8 C_3}{{}_{10} C_3} - \frac{{}_6 C_3}{{}_{10} C_3}$$

③, ④, …, ⑧ の **6** 個から **3** 個

⇦ ${}_8 C_3 = \dfrac{8!}{3!5!} = 56$

${}_6 C_3 = \dfrac{6!}{3!3!} = 20$ だ。

$$= \frac{56 + 56 - 20}{120} = \frac{23}{30} \quad \cdots\cdots\cdots (答)$$

$$(\text{クケ, コサ})$$

以上で，余事象の確率や加法定理にも慣れただ

ろう？

## ● 辞書式で正確に場合の数を求めよう！

次の問題は，点が移動する問題であるとともに，場合の数を辞書式に丹念に求める問題でもあるんだね。

---

| 演習問題 48 | 制限時間8分 | 難易度 ★★ | CHECK*1* | CHECK*2* | CHECK*3* |

サイコロを投げて出た目の数だけ数直線上を動く点 P がある。P は負の数の点にあるときは右に，正の数の点にあるときは左に動くものとする。また，P は始め $-5$ の点にあり，原点または 5 の点に止まったら，それ以上サイコロを投げることができないものとする。

(1) サイコロを 2 回投げることができて，2 回目に P が 5 の点に止まる確率は $\dfrac{\boxed{\text{ア}}}{\boxed{\text{イウ}}}$ である。

(2) サイコロを 2 回投げることができて，2 回目に P が原点に止まる確率は $\dfrac{\boxed{\text{エ}}}{\boxed{\text{オカ}}}$ である。

(3) サイコロを 3 回投げることができて，3 回目に P が原点に止まる確率は $\dfrac{\boxed{\text{キ}}}{\boxed{\text{ク}}}$ である。

---

ヒント！ 2回，3回サイコロを投げたときの目の出方の全場合の数は，それぞれ $6^2$ と $6^3$ だね。だから，(1), (2), (3) で与えられた条件に対するサイコロの目の出方の場合の数を $6^2$ や $6^3$ で割ればいいんだね。

## 解答&解説

　点 P は数直線上の負の位置にあるときは右へ，正の位置にあるときは左へ，出た目の数だけ移動するよ。点 P は，$-5$ を出発点として，原点または $5$ の点にきたら，そこで停止する。

(1) サイコロを $2$ 回投げるときの全場合の数 $n(U)$ は，$n(U) = 6^2 = 36$ だね。また事象 $A$ を，

　　事象 $A$：$2$ 回目に P が $5$ の点に止まる。

　とおくと，事象 $A$ をみたすサイコロの目は，

1回目　　　2回目

　$(\underbracket{4}, \underbracket{6})$ の $1$ 通りより，$n(A) = 1$ だね。

　　∴求める確率 $P(A)$ は

$$P(A) = \frac{n(A)}{n(U)} = \frac{1}{36} \quad \cdots\cdots\cdots(答)(ア, イウ)$$

(2) サイコロを $2$ 回投げるので，(1) と同様に，このときの全場合の数は，$n(U) = 36$ だね。

　　事象 $B$：$2$ 回目に P が原点に止まる。

　とおくと，このときのサイコロの目の出方は，

$(1, 4), (2, 3), (3, 2), (4, 1), (6, 1)$

の $5$ 通りだね。つまり，$n(B) = 5$ だ。

　　∴求める確率 $P(B)$ は

$$P(B) = \frac{n(B)}{n(U)} = \frac{5}{36} \quad \cdots\cdots\cdots(答)(エ, オカ)$$

(3) サイコロを $3$ 回投げるので，このときの全場合の数は，$n(U) = 6^3 = 216$ となるんだね。

## ココがポイント

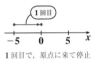

⇐ $(5, 5), (6, 4)$ も考えられるが，次のようにダメだね。

( i ) $(5, 5)$ のとき

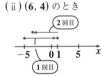

1回目で，原点に来て停止

( ii ) $(6, 4)$ のとき

1回目で $1$ の位置に来るので
$2$ 回目は戻って $-3$ の位置に来る

⇐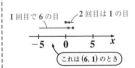

事象 $C$ : 3 回目に P が原点に止まる。

とおくと，これをみたすサイコロの目の出方は，

$(1, 1, 3)$, $(1, 2, 2)$, $(1, 3, 1)$, $(1, 5, 1)$,

$(1, 6, 2)$, $(2, 1, 2)$, $(2, 2, 1)$, $(2, 4, 1)$,

$(2, 5, 2)$, $(2, 6, 3)$, $(3, 1, 1)$, $(3, 3, 1)$,

$(3, 4, 2)$, $(3, 5, 3)$, $(3, 6, 4)$, $(4, 2, 1)$,

$(4, 3, 2)$, $(4, 4, 3)$, $(4, 5, 4)$, $(6, 2, 1)$,

$(6, 3, 2)$, $(6, 4, 3)$, $(6, 5, 4)$, $(6, 6, 5)$

の 24 通りだね。よって $n(C) = 24$ だ。

$\therefore$ 求める確率 $P(C) = \dfrac{n(C)}{n(U)} = \dfrac{24}{6^3} = \dfrac{1}{9}$ ………(答)

$(キ, ク)$

⇦ $(1, 4, \otimes)$ は 2 回目で原点に来て止まるので除く。同様に，$(2, 3, \otimes)$ や $(3, 2, \otimes)$, $(5, \otimes, \otimes)$, $(4, 6, \otimes)$ なども除いている。

## ■ Baba のレクチャー

場合の数は，"辞書式" で正確に求めよう。

今回のようにたくさんの場合の数を求める際に，思いつくままに $(2, 2, 1)$ とか $(4, 5, 4)$ とかやってたんでは，数え間違えてしまうだろ。そこで登場するのが "**辞書式**" の数え方なんだ。

たとえば，$(a, b, c)$ の 3 つの並べ替えの場合の数は，$(a, b, c)$, $(a, c, b)$, $(b, a, c)$, $(b, c, a)$, $(c, a, b)$, $(c, b, a)$ と，辞書に出てくるアルファベット順にやれば，全部で 6 通りあるのが分かるでしょう。

今回の問題も，$(1, 1, 3)$, $(1, 2, 2)$, $\cdots$ を 3 ケタの数と考えれば $113$, $122$ と，きれいに小さい順に並んでるんだよ。"辞書式" の数値ヴァージョンと言えるんだね。

## ● 格子点上を動く動点問題は反復試行の確率で解こう！

今度は，格子点上を動く動点の問題だよ。

---

| 演習問題 49 | 制限時間 12 分 | 難易度 ★★★ | CHECK1 | CHECK2 | CHECK3 |

右図のような格子状の道が与えられている。

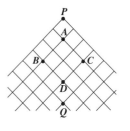

(1) 点 $P$ から点 $Q$ へ行く最短経路は全部で

　　$\boxed{アイ}$ 通りある。このうち，$C$ を通る経路

　　は $\boxed{ウエ}$ 通り，$D$ を通る経路は $\boxed{オカ}$ 通

　　り，$C$ または $D$ を通る経路は $\boxed{キク}$ 通り

　　ある。

(2) 点 $P$ から出発して各分岐点 ($P$ を含む) で 1 回硬貨を投げる。表が

　　出れば右下の次の分岐点へ，裏ならば左下の次の分岐点へ進むもの

　　とする。8 回硬貨を投げて進む場合を考える。

　　(a) $C$ を通過する確率は $\dfrac{\boxed{ケ}}{\boxed{コ}}$ である。

　　(b) $D$ を通過する確率は $\dfrac{\boxed{サ}}{\boxed{シス}}$ である。

　　(c) $A$，$B$，$C$，$D$ のいずれも通らないで $Q$ に到達する確率は

　　　　$\dfrac{\boxed{セ}}{\boxed{ソタチ}}$ である。

---

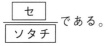　(1) は最短経路の問題だから，当然組合せの数 $_n\mathrm{C}_r$ を利用することに

なる。(2) の最短経路の確率の問題では，反復試行の確率 $_n\mathrm{C}_r p^r \cdot q^{n-r}$ を使って解

けばいいんだね。かなり長い問題だけど，練習するのにはいい問題だよ。

**(1)** 最短経路の問題では，格子図を図1のように書
き換えると，より分りやすいと思う。

⇦図1

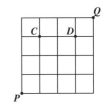

（ⅰ）まず，$P$ から $Q$ に向う最短経路の数は，た
て・横合わせて8つの区間から，横に行
く4つを選び出す場合の数に等しいので，

$$_8C_4 = \frac{8!}{4!4!} = \frac{\overset{2}{\cancel{8}} \cdot 7 \cdot \overset{2}{\cancel{6}} \cdot 5}{\cancel{4} \cdot \cancel{3} \cdot \cancel{2} \cdot 1} = 70 \text{ 通り } \cdots(\text{答})$$
（アイ）

（ⅱ）点 $C$ を通る最短経路の数を $n(C)$ とおくと，

⇦（ⅱ）

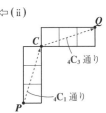

$_4C_3$ 通り

$_4C_1$ 通り

・$P \to C$ 間は，たて・横4つの区間から，
横に行く1つを選び出す場合の数に等し
いので，

$$_4C_1 = 4$$

・$C \to Q$ 間は，たて・横4つの区間から，
横に行く3つを選び出す場合の数に等し
いので，

$$_4C_3 = 4$$

以上より，求める $n(C)$ は，

$$n(C) = 4 \times 4 = 16 \text{ 通り } \cdots\cdots(\text{答})(\text{ウエ})$$

（ⅲ）点 $D$ を通る最短経路の数を $n(D)$ とおくと，
同様に，

⇦（ⅲ）

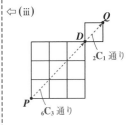

$_2C_1$ 通り

$_6C_3$ 通り

$$n(D) = {}_6C_3 \times {}_2C_1 = 20 \times 2 = 40 \text{ 通り} \cdots(\text{答})$$
（オカ）

| $P \to D$ | $D \to Q$ |
|---|---|
| たて・横6区間から横3区間選ぶ。 | たて・横2区間から横1区間選ぶ。 |

（ⅳ）$C$ または $D$ を通る最短経路の数を $n(C \cup D)$
とおくと，確率の加法定理と同様に，

$$\overbrace{( \text{ii} ) \text{より } 16 \text{ 通り}}\quad \overbrace{( \text{iii} ) \text{より } 40 \text{ 通り}}$$

$$n(C \cup D) = \underline{n(C)} + \underline{n(D)} - \underline{n(C \cap D)} \quad \cdots\cdots ①$$

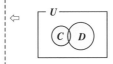

$$\left[ \ \infty \ = \ \bigcirc \ + \ \bigcirc \ - \ 0 \ \right]$$

となるから，$\underline{n(C \cap D)}$ を求めればいいんだね。

ここで，$\boxed{2 \text{ 点 } C, D \text{ を共に通る経路の数}}$

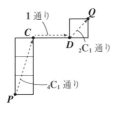

$$n(C \cap D) = \underbrace{{}_4C_1}_{\boxed{P \to C}} \times \underbrace{1}_{\boxed{C \to D}} \times \underbrace{{}_2C_1}_{\boxed{D \to Q}} = \underline{8} \text{ 通り}$$

以上より，①は，

$$n(C \cup D) = 16 + 40 - \underline{8} = 48 \text{ 通り} \quad \cdots\cdots\cdots (\text{答})$$
$$(\text{キク})$$

---

## ■ Baba のレクチャー

反復試行の確率をマスターしよう！

　ある試行を 1 回行って，事象 $A$ の起こる確率を $p$ とおく。

（事象 $A$ の起こらない確率を $q$ とおく。$q = 1 - p$）

ここで，この試行を $n$ 回行って，そのうち $r$ 回だけ事象 $A$ の起こる

確率は，$\ {}_nC_r p^r q^{n-r}\ $ だ。$\boxed{\text{これが反復試行の確率だ。}}$

　例題を解いてみよう。

　◆例題◆　1 個のサイコロを 6 回振って，そのうち 2 回だけ 2

以下の目の出る確率を求めよ。

### 解答

　この場合，$n = 6$, $r = 2$, $p = \overset{\overbrace{1, 2 \text{ の目}}}{\dfrac{2}{6}} = \dfrac{1}{3}$, $q = 1 - p = \dfrac{2}{3}$ より，この確率

は，${}_6C_2 \left( \dfrac{1}{3} \right)^2 \cdot \left( \dfrac{2}{3} \right)^{\overset{6-2}{(4)}} = \dfrac{80}{243}$ となるんだね。

**(2)** ある動点が点 $P$ を出発して，各格子点で硬貨の表・裏により，右下，左下に進む。

表が出る事象を $H$ とおくと，事象 $H$ の起こる確率 $p = \dfrac{1}{2}$，起こらない確率 $q = \dfrac{1}{2}$ だね。

**(a)** 動点が $C$ を通過するためには，硬貨を④回投げてその内③回だけ表が出ればいいね。

$$\therefore {}_{\underset{n}{④}}C_{\underset{r}{③}} \cdot \left(\dfrac{1}{2}\right)^{\overset{r}{③}} \cdot \left(\dfrac{1}{2}\right)^{\overset{n-r}{①}} = \dfrac{4}{2^4} = \dfrac{1}{4} \cdots\cdots\cdots（答）（ケ，コ）$$

**(b)** 動点が $D$ を通過するためには，硬貨を⑥回投げ，その内③回だけ表が出ればいいね。

$$\therefore {}_{\underset{n}{⑥}}C_{\underset{r}{③}} \cdot \left(\dfrac{1}{2}\right)^{\overset{r}{③}} \cdot \left(\dfrac{1}{2}\right)^{\overset{n-r}{③}} = \dfrac{20}{2^6} = \dfrac{5}{16} \cdots\cdots\cdots（答）（サ，シス）$$

$\Leftarrow$ (a), (b)

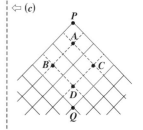

**(c)** 点 $Q$ に到達するには，**8** 回硬貨を投げないといけないので，どの経路をたどったとしても，それぞれの確率は $\left(\dfrac{1}{2}\right)^8$ となる。

ここで，$A$，$B$，$C$，$D$ のいずれも通らない経路は，右図の赤で示したものだけだね。この経路の数は，右下・左下合わせて **4** 区間の内，右下に行く **2** 区間を選ぶ場合の数 ${}_4C_2$ に等しいね。

よって，求める確率は，

$${}_4C_2 \cdot \left(\dfrac{1}{2}\right)^8 = \dfrac{6}{2^8} = \dfrac{3}{128} \cdots（答）（セ，ソタチ）$$

$\Leftarrow$ (c)

どうだった？　最後の応用問題の意味も分かった？　後は反復練習だよ！

## ● トーナメントの問題にもチャレンジだ！

　トーナメント方式で試合をする場合の確率計算にもチャレンジしよう。これは，かなり前に出題された問題だけど，典型問題の 1 つだから，必ず練習しておく必要があるんだね。

---

| 演習問題 50 | 制限時間 10 分 | 難易度 ★★ | CHECK*1* | CHECK*2* | CHECK*3* |

　$A$，$B$，$C$，$D$ の 4 チームで，右の $(a)$，$(b)$，または $(c)$ の組み合わせにより，トーナメント戦を行う。

$$(a) \qquad (b) \qquad (c)$$
$$A\ B\ C\ D \qquad A\ C\ B\ D \qquad A\ D\ B\ C$$

　ここで，$A$ が他の 3 チームに勝つ確率はいずれも $\dfrac{2}{3}$，$B$ が他の 3 チームに勝つ確率はいずれも $\dfrac{1}{3}$，$C$ が $D$ に勝つ確率は $\dfrac{1}{2}$ であるとする。なお，引き分けはないものとする。

(1) $A$ が優勝する確率は，どの組み合わせでも $\dfrac{\boxed{ア}}{\boxed{イ}}$ であり，

　　$B$ が優勝する確率は，どの組み合わせでも $\dfrac{\boxed{ウ}}{\boxed{エ}}$ である。

(2) それぞれの組み合わせにおいて，$C$ が優勝する確率は，

　　$(a)$ では $\dfrac{\boxed{オ}}{\boxed{カ}}$，$(b)$ では $\dfrac{\boxed{キ}}{\boxed{クケ}}$，$(c)$ では $\dfrac{\boxed{コ}}{\boxed{サシ}}$ である。

(3) さらに，$(a)$，$(b)$，または $(c)$ のどの組み合わせにするかを，抽選によって決めるものとする。

　　このとき，$A$ と $D$ が対戦する確率は $\dfrac{\boxed{スセ}}{\boxed{ソタ}}$ である。

ヒント！ **(1)** は易しいね。**(2)** の **(a)** の組み合わせで **C** が優勝する確率は，1回戦で **A**，**B** のいずれが勝ち上がってくるかの場合分けが必要となるね。**(b)**，**(c)** の場合も同様だよ。**(3)** も，**(a)**，**(b)**，**(c)** のいずれの組み合わせになるかで，場合分けがいるんだね。

## 解答＆解説

## ココがポイント

強いチーム　弱いチーム

**A**，**B** が他チームに勝つ確率は，それぞれ $\dfrac{2}{3}$，

中位のチーム

$\dfrac{1}{3}$ で，**C** が **D** に勝つ確率は $\dfrac{1}{2}$ なんだね。

**(1)**（ⅰ）どの組み合わせにおいても，**A** が優勝する確率は，**A** が 2 回続けて勝てばいいわけだから，$\left(\dfrac{2}{3}\right)^2 = \dfrac{4}{9}$ ……………(答)(ア，イ)

⇦ **A** は，どのチームと対戦しても，確率 $\dfrac{2}{3}$ で勝つんだね。

（ⅱ）どの組み合わせにおいても，**B** が優勝する確率は，**B** が 2 回続けて勝てばいいわけだから，$\left(\dfrac{1}{3}\right)^2 = \dfrac{1}{9}$ ……………(答)(ウ，エ)

⇦ **B** は，どのチームと対戦しても，確率 $\dfrac{1}{3}$ で勝つんだね。

**(2)** それじゃ，**C** が優勝する確率を求めるよ。

⇦ 各組み合わせによって条件が変わる。

・**(a)** の組み合わせでは，

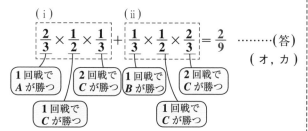

（ⅰ）　　　　　　（ⅱ）

$$\underbrace{\dfrac{2}{3} \times \dfrac{1}{2} \times \dfrac{1}{3}}_{} + \underbrace{\dfrac{1}{3} \times \dfrac{1}{2} \times \dfrac{2}{3}}_{} = \dfrac{2}{9}$$ ………(答)(オ，カ)

1回戦で **A** が勝つ　　2回戦で **C** が勝つ　　1回戦で **B** が勝つ　　2回戦で **C** が勝つ

1回戦で **C** が勝つ　　　　　　1回戦で **C** が勝つ

⇦ **(a)** の組み合わせで **C** が優勝するのは，次のパターンだ。

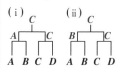

174

・$(b)$ の組み合わせでは，

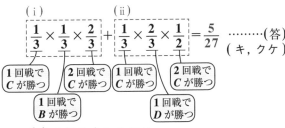

$$\underbrace{\frac{1}{3} \times \frac{1}{3} \times \frac{2}{3}}_{\text{(i)}} + \underbrace{\frac{1}{3} \times \frac{2}{3} \times \frac{1}{2}}_{\text{(ii)}} = \frac{5}{27}$$ ………(答)（キ，クケ）

- **1回戦で C が勝つ**
- **2回戦で C が勝つ**
- **1回戦で C が勝つ**
- **2回戦で C が勝つ**
- **1回戦で B が勝つ**
- **1回戦で D が勝つ**

⇦ $(b)$ の組み合わせで C が優勝するのは，次の（i）と（ii）のパターンだ。

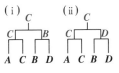

・$(c)$ の組み合わせでは，

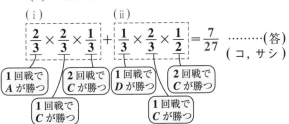

$$\underbrace{\frac{2}{3} \times \frac{2}{3} \times \frac{1}{3}}_{\text{(i)}} + \underbrace{\frac{1}{3} \times \frac{2}{3} \times \frac{1}{2}}_{\text{(ii)}} = \frac{7}{27}$$ ………(答)（コ，サシ）

- **1回戦で A が勝つ**
- **2回戦で C が勝つ**
- **1回戦で D が勝つ**
- **2回戦で C が勝つ**
- **1回戦で C が勝つ**
- **1回戦で C が勝つ**

⇦ $(c)$ の組み合わせで C が優勝するのは，次の（i）と（ii）のパターンだ。

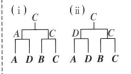

**(3)** $A$ と $D$ が対戦する確率は，$(a)$，$(b)$，$(c)$ の組み合わせによって，それぞれ確率が異なるので，

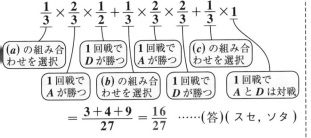

$$\frac{1}{3} \times \frac{2}{3} \times \frac{1}{2} + \frac{1}{3} \times \frac{2}{3} \times \frac{2}{3} + \frac{1}{3} \times 1$$

- **$(a)$ の組み合わせを選択**
- **1回戦で D が勝つ**
- **1回戦で A が勝つ**
- **$(c)$ の組み合わせを選択**
- **1回戦で A が勝つ**
- **$(b)$ の組み合わせを選択**
- **1回戦で D が勝つ**
- **1回戦で A と D は対戦**

$$= \frac{3+4+9}{27} = \frac{16}{27}$$ ……(答)（スセ，ソタ）

⇦ $(a)(b)$ の組み合わせでは，A と D がともに 1 回戦を勝ち上がらないといけないけど，$(c)$ の組み合わせでは，自動的に 1 回戦で対戦する。

$(a)$ の組み合わせ

$(b)$ の組み合わせ

$(c)$ の組み合わせ

　どうだった？　場合分けをして確率計算をやっていく，典型的な問題だったんだね。この手の問題も共通テストは狙ってくるかもしれないから，よく練習しておこう。

## ● ジャンケンの確率はあいこに注意しよう！

グー・チョキ・パーでジャンケンをするときの確率を計算する，ボクの
オリジナル問題だ。頑張って解いてくれ。

| 演習問題 51 | 制限時間 5 分 | 難易度 ★ ★ | CHECK1 | CHECK2 | CHECK3 |
|---|---|---|---|---|---|

5 人でジャンケンを 1 回行い，負けたものは抜けて，残ったものの人
数を $X$ とおく。また，$X = k$ $(k = 1, 2, 3, 4, 5)$ となる確率を $P(X = k)$
とおく。このとき，次の確率を求めよ。ただし，分数はすべて既約分数
で答えよ。

$$P(X = 1) = \frac{\boxed{\text{ア}}}{\boxed{\text{イウ}}}, \qquad P(X = 2) = \frac{\boxed{\text{エオ}}}{\boxed{\text{カキ}}},$$

$$P(X = 3) = \frac{\boxed{\text{クケ}}}{\boxed{\text{コサ}}}, \qquad P(X = 4) = \frac{\boxed{\text{シ}}}{\boxed{\text{スセ}}}, \qquad P(X = 5) = \frac{\boxed{\text{ソタ}}}{\boxed{\text{チツ}}},$$

ヒント！ $k = 1, 2, 3, 4$ のとき，$P(X = k) = \dfrac{n(X = k)}{n(U)}$ として確率計算すれば
いい。ここで $n(U)$ は，5 人のジャンケンで出す全ての手ということだから，
$n(U) = 3^5$ となる。$n(X = k)$ については，次の Baba のレクチャーで勉強すると
いい。$X = 5$ となるとき，あいこで 5 人全員が残る場合の場合分けは複雑になる
ので，余事象から攻めればいいんだよ。

### Baba のレクチャー

ジャンケンの確率も覚えておこう！

(ⅰ) $m$ 人が 1 回ジャンケンして，そのうち $k$ 人 $(k = 1, 2, \cdots, m-1)$

が勝ち残る確率は，

$$P(X = k) = \frac{n(X = k)}{n(U)} = \frac{{}_m\text{C}_k \times 3}{3^m}$$

$(k = 1, 2, \cdots, m-1)$

となるんだね。

> $m$ 人中 $k$ 人の勝者を選ぶ場合の数

> グーで勝つか，チョキで勝つ
> か，パーで勝つかの 3 通り

> $m$ 人が，それぞれ，グー，チョキ，パー
> の 3 通りのいずれかを出すわけだから，
> 出る手の全場合の数 $n(U)$ は $3^m$ だね。

(ⅱ) $m$ 人がジャンケンをして，あいこで $m$ 人全員が勝ち残る場合，
$m$ 人が全員グーを出すのか，あるいはグー・チョキ・パーのすべ
てが出ているかなどなど…，その計算は非常に複雑になるね。

　ここで，"困ったときの余事象だのみ"で，余事象を使って，
次のように計算すればいいんだよ。

$$P(X=m)=1-\{P(X=1)+P(X=2)+\cdots+P(X=m-1)\}$$

全確率

これが，$X=m$ となる事象の余事象の確率だね。すな
わち，$X=1$，または $X=2$，または…$X=m-1$ となる
確率だ！

## 解答＆解説

## ココがポイント

5 人が 1 回ジャンケンをして，$k$ 人

⇦ここではあいこは除く。

($k=1$，2，3，4）が勝ち残る確率は，

5人中 $k$ 人の勝者を選ぶ

$$P(X=k)=\frac{{}_5C_k \times 3}{3^5}\quad \begin{array}{l}\text{グー・チョ}\\\text{キ・パーの}\\\text{いずれかで}\\\text{勝つ}\end{array}=\frac{{}_5C_k}{3^4}\ \text{より，}$$

出す手の全場合の数

$k=1$ のとき $P(X=1)=\dfrac{{}_5C_1}{3^4}=\dfrac{5}{81}$ …………(答)
　　　　　　　　　　　　　　　　（ア, イウ）

$k=2$ のとき $P(X=2)=\dfrac{{}_5C_2}{3^4}=\dfrac{10}{81}$ …………(答)
　　　　　　　　　　　　　　　　（エオ, カキ）

$k=3$ のとき $P(X=3)=\dfrac{{}_5C_3}{3^4}=\dfrac{10}{81}$ …………(答)
　　　　　　　　　　　　　　　　（クケ, コサ）

$k=4$ のとき $P(X=4)=\dfrac{{}_5C_4}{3^4}=\dfrac{5}{81}$ …………(答)
　　　　　　　　　　　　　　　　（シ, スセ）

以上より，1 回のジャンケンであいことなって，
5 人全員が残る場合の確率 $P(X=5)$ は，

$$P(X=5)=1-\left(\frac{5}{81}+\frac{10}{81}+\frac{10}{81}+\frac{5}{81}\right)=\frac{17}{27}\ \cdots\text{(答)}$$

$P(X=1)\ P(X=2)\ P(X=3)\ P(X=4)$　（ソタ, チツ）

⇦ $P(X=5)=1-P(X\neq5)$

全確率　余事象の確率

## ● 導入のある問題にチャレンジしよう！

では次，導入に従って解く問題を **2** 題続けて解いてみよう！

| 演習問題 52 | 制限時間 10 分 | 難易度 ★ | CHECK1 | CHECK2 | CHECK3 |
|---|---|---|---|---|---|

**(1)** **1** から **4** までの数字を，重複を許して並べてできる **4** 桁の自然数は，全部で $\boxed{アイウ}$ 個ある。

**(2)** **(1)** の $\boxed{アイウ}$ 個の自然数のうちで，**1** から **4** までの数字を，重複なく使ってできるものは $\boxed{エオ}$ 個ある。

**(3)** **(1)** の $\boxed{アイウ}$ 個の自然数のうちで，**1331** のように，異なる二つの数字を **2** 回ずつ使ってできるものの個数を，次の考え方に従って求めよう。

　（ⅰ）**1** から **4** までの数字から異なる二つを選ぶ。この選び方は $\boxed{カ}$ 通りある。

　（ⅱ）（ⅰ）で選んだ数字のうち小さい方を，一・十・百・千の位のうち，どの **2** 箇所に置くか決める。置く **2** 箇所の決め方は $\boxed{キ}$ 通りある。小さい方の数字の置く場所を決めると，大きい方の数字を置く場所は残りの **2** 箇所に決まる。

　（ⅲ）（ⅰ）と（ⅱ）より，求める個数は $\boxed{クケ}$ 個である。

**(4)** **(1)** の $\boxed{アイウ}$ 個の自然数を，それぞれ別々のカードに書く。できた $\boxed{アイウ}$ 枚のカードから **1** 枚引き，それに書かれた数の四つの数字に応じて，次の各確率を求めよ。

　（ⅰ）四つとも同じ数字となる確率は $\dfrac{\boxed{コ}}{\boxed{サシ}}$ であり，**2** 回現れる数字が二つである確率は $\dfrac{\boxed{ス}}{\boxed{セソ}}$ である。

　（ⅱ）**3** 回現れる数字が一つと，**1** 回だけ現れる数字が一つである確率は，$\dfrac{\boxed{タ}}{\boxed{チツ}}$ であり，**2** 回現れる数字が一つと，**1** 回だけ現れる数字が二つである確率は $\dfrac{\boxed{テ}}{\boxed{トナ}}$ である。

178

**ヒント！** 長文の問題ではあるけれど, (1), (2), (3) の場合の数が導入となって, (4) の確率を求める問題になっているんだね。時間内に解いてみよう！

## 解答 & 解説

(1) **1** から **4** までの **4** つの数字を重複を許して並べて作る **4** 桁の自然数は,

$$4^4 = 2^8 = 256$$ 個ある。 ……………………(答)( アイウ )

(2) **1** から **4** までの **4** つの数字を重複することなく並べて作る **4** 桁の自然数は,

$$4! = 4 \times 3 \times 2 \times 1 = 24$$ 個ある。………(答)( エオ )

(3) **(1)** の **4** 桁の数字の内, 異なる二つの数字が **2** 回ずつ現れるものの個数を次のように求める。

( ⅰ ) **1, 2, 3, 4** の **4** つから異なる **2** つを選ぶ場合の数は, $_4C_2 = \dfrac{4!}{2!\,2!} = \dfrac{4 \cdot 3}{2 \cdot 1} = 6$ 通りある。

……(答)( カ )

( ⅱ ) 選んだ **2** つの数字の内, 小さい方を千, 百, 十, 一の位のどの位置に配置するか, そのやり方は, $_4C_2 = \dfrac{4!}{2!\,2!} = 6$ 通りある。

……(答)( キ )

( ⅲ ) ( ⅰ ), ( ⅱ ) より, 求める自然数の個数は,

$$6 \times 6 = 36$$ 個ある。 ………………(答)( クケ )

(4) **(1)** の **256** 個の自然数をそれぞれ **1** 枚ずつ書いた **256** 枚のカードから **1** 枚のカードを引いたとき, 次のそれぞれの場合の確率を求める。

( ⅰ ) ・四つとも同じ数字になる場合は, **4** 通りあるので, そのときの確率は,

$$\dfrac{4}{256} = \dfrac{2^2}{2^8} = \dfrac{1}{2^6} = \dfrac{1}{64}$$ ………(答)( コ, サシ )

・**2** 回現れる数字が二つの場合, **(3)** より **36** 通りあるので,

## ココがポイント

⇦
千 百 十 一 の位
○○○○
$4 \times 4 \times 4 \times 4$ 通り

⇦
千 百 十 一 の位
○○○○
$4 \times 3 \times 2 \times 1$ 通り

⇦
千 百 十 一 の位
○○○○
選んだ数の内, 小さい方をどの位置に配置するかは, $_4C_2$ 通りある。

⇦ **1111** と **2222** と **3333** と **4444** の **4** 通り

⇦ **1212** や **4334** など …となる場合

$$\frac{36}{256} = \frac{2^2 \times 3^2}{2^8} = \frac{3^2}{2^6} = \frac{9}{64} \quad \cdots\cdots(\text{答})(\text{ス,セソ})$$

(ⅱ)・3回現れる数字が一つと，1回だけ現れる

数が一つの場合，

(ア)3回現れる数を選び出すのに，

$_4C_1 = 4$ 通り

(イ)残り3個から，1回だけ現れる数を

選び出すのに，$_3C_1 = 3$ 通り

(ウ)千，百，十，一の位のいずれか1つに，

1回だけ現れる数が入るのに，

$_4C_1 = 4$ 通り

以上(ア)(イ)(ウ)より $4 \times 3 \times 4 = 48$ 通り

よって，このときの確率は，

$$\frac{48}{256} = \frac{2^4 \times 3}{2^8} = \frac{3}{2^4} = \frac{3}{16} \quad \cdots(\text{答})(\text{タ,チツ})$$

・2回現れる数字が一つと，1回だけ現れる

数が二つの場合，

(ア)2回現れる数を選び出すのに，

$_4C_1 = 4$ 通り

(イ)残り3個から，1回ずつ現れる二つ

の数を選び出すのに，$_3C_2 = 3$ 通り

(ウ)同じもの2つを含む4つの数の順列は，

$$\frac{4!}{2!} = \frac{4 \cdot 3 \cdot 2 \cdot 1}{2 \cdot 1} = 12 \text{ 通り}$$

以上(ア)(イ)(ウ)より $4 \times 3 \times 12 = 144$ 通り

よって，このときの確率は，

$$\frac{144}{256} = \frac{2^4 \times 3^2}{2^8} = \frac{3^2}{2^4} = \frac{9}{16} \quad \cdots\cdots\cdots\cdots(\text{答})$$

$$(\text{テ,トナ})$$

これも，スラスラ解けるようになるまで，反復練習しよう。

⇦ **1131** や **2444** など
…となる場合

千 百 十 一 の位
⇦ ○○○○

いずれか1つに1回
だけ現れる数が入る。
($_4C_1 = 4$ 通り)

⇦ **2213** や **4124** など
…となる場合

⇦ $(a\ a\ b\ c)$ の順列と同じ
で，$\frac{4!}{2!}$ 通りとなる。

⇦ $144 = 12^2 = (2^2 \times 3)^2$
$= 2^4 \times 3^2$

| 演習問題 53 | 制限時間 12 分 | 難易度 ★★ | CHECK1 | CHECK2 | CHECK3 |

赤い玉が **2** 個，青い玉が **3** 個，白い玉が **5** 個ある。これらの **10** 個の玉を袋に入れてよくかきまぜ，その中から **4** 個を取り出す。とり出したものに同じ色の玉が **2** 個あるごとに，これを **1** 組としてまとめる。まとめられた組に対して，赤は **1** 組につき **5** 点，青は **1** 組につき **3** 点，白は **1** 組につき **1** 点が与えられる。このときの得点の合計を $X$ とする。

**(1)** $X$ は ア 通りの値をとり，その最大値は イ ，最小値は ウ である。

**(2)** $X$ が最大値をとる確率は，$\dfrac{エ}{オカ}$ である。

**(3)** $X$ が最小値をとる確率は，$\dfrac{キク}{ケコ}$ である。また，$X$ が最小値をとるという条件の下で，3 色の玉が取り出される条件付き確率は，$\dfrac{サ}{シス}$ である。

ヒント！ **(1)** は，体系立てて調べないと，ミスを出す可能性が高い。だから，表を作って，効率よくすべての場合を調べていくことにしよう。そして，**(1)** を基に，**(2)**，**(3)** を解いていけばいいんだね。**(3)** では，条件付き確率 $P_A(B) = \dfrac{P(A \cap B)}{P(A)}$ も問われているので，公式通り解いてみよう。

## 解答&解説

赤玉 **2** 個，青玉 **3** 個，白玉 **5** 個の計 **10** 個の玉から，**4** 個を取り出すとき，次のように得点が与えられる。

( i ) 赤玉 **2** 個の組があれば，**1** 組につき **5** 点
( ii ) 青玉 **2** 個の組があれば，**1** 組につき **3** 点
( iii ) 白玉 **2** 個の組があれば，**1** 組につき **1** 点

これら得点の合計を $X$ とおく。このとき，取り出される4個の玉のすべての条件について，$X$ を調べるために表を利用する。

## ココがポイント

4 個取り出す
○○○○

⇦たとえば，
・赤2個，青2個であれば，
$X = 5 + 3 = 8$ 点
・青2個，白2個であれば，
$X = 3 + 1 = 4$ 点
これを体系立てて調べよう。

**得点 $X$ の表**

| 赤玉 | 青玉 | 白玉 | 得点 $X$ |
|:---:|:---:|:---:|:---:|
| 2 | 2 | 0 | 8 |
| 2 | 1 | 1 | 5 |
| 2 | 0 | 2 | 6 |
| 1 | 3 | 0 | 3 |
| 1 | 2 | 1 | 3 |
| 1 | 1 | 2 | 1 |
| 1 | 0 | 3 | 1 |
| 0 | 3 | 1 | 3 |
| 0 | 2 | 2 | 4 |
| 0 | 1 | 3 | 1 |
| 0 | 0 | 4 | 2 |

取り出した **4** 個の内, 赤玉は **2** 個か, または **1** 個か, または **0** 個なので, それぞれの場合について青玉と白玉の個数を調べて, 得点 $X$ を求めればいい。

**(1)** 右の表より, $X$ の取り得る値は,

$$X = 1, 2, 3, 4, 5, 6, 8$$

（最小値）　　　　（最大値）

の **7** 通りであり, ……(答)（ア）

その最大値は **8**, 最小値

は **1** である。……(答)（イ, ウ）

**(2)** **10** 個の玉から **4** 個を取り出す

全場合の数 $n(U)$ は,

$$n(U) = {}_{10}\mathrm{C}_4 = \frac{10!}{4!\,6!}$$

$$= \frac{10 \cdot 9 \cdot 8 \cdot 7}{4 \cdot 3 \cdot 2 \cdot 1}$$

$$= 210 \text{ (通り)}$$

$X$ が最大値 $X = 8$ となる場合は,

$(赤, 青) = (2, 2)$ より, このとき

の確率 $P(X = 8)$ は,

（2個の赤玉から2個取り出す）　（3個の青玉から2個取り出す）

$$P(X = 8) = \frac{{}_2\mathrm{C}_2 \times {}_3\mathrm{C}_2}{210}$$

$$= \frac{1 \times 3}{210} = \frac{1}{70} \quad ………………(答)（エ, オカ）$$

**(3)** $X$ が最小値 $X = 1$ となる場合は,

$(赤, 青, 白) = (1, 1, 2), (1, 0, 3),$

$(0, 1, 3)$ の **3** 通りより,

このときの確率 $P(X = 1)$ は,

182

$$P(X=1)=\underbrace{\frac{{}_2C_1\times{}_3C_1\times{}_5C_2}{210}}_{\boxed{\text{赤1, 青1, 白2}\atop\text{の確率}}}+\underbrace{\frac{{}_2C_1\times{}_5C_3}{210}}_{\boxed{\text{赤1, 白3 の}\atop\text{確率}}}+\underbrace{\frac{{}_3C_1\times{}_5C_3}{210}}_{\boxed{\text{青1, 白3 の}\atop\text{確率}}}$$

⇦ これら 3 つの場合は、
"または"の関係より、
3 つの確率の和になる。

$$=\frac{2\times3\times10}{210}+\frac{2\times10}{210}+\frac{3\times10}{210}$$

$$=\frac{60+20+30}{210}=\frac{110}{210}=\frac{11}{21}\quad\cdots\cdots\cdots\text{(答)}$$

$$\text{(キク, ケコ)}$$

⇦ ${}_2C_1=2$, ${}_3C_1=3$,
$${}_5C_2={}_5C_3=\frac{5!}{3!2!}$$
$$=\frac{5\cdot4}{2\cdot1}=10$$

2 つの事象 $A, B$ を次のように定める。

$$\begin{cases} A:X=1 \text{ である。} \\ B:3\text{色の玉が取り出される。} \end{cases}$$

このとき、事象 $A$ が起こったという条件の下で、
事象 $B$ が起こる条件付き確率 $P_A(B)$ は、

$$P_A(B)=\frac{P(A\cap B)}{\boxed{P(A)}}\quad\cdots\cdots① \text{ である。}$$

$$\boxed{P(X=1)=\frac{11}{21}}$$

⇦ 条件付き確率
$$P_A(B)=\frac{P(A\cap B)}{P(A)}$$
の公式通りだ。

ここで、$P(A)=P(X=1)=\dfrac{11}{21}$

$$P(A\cap B)=\frac{{}_2C_1\times{}_3C_1\times{}_5C_2}{210}=\frac{2\times3\times10}{210}$$

$$=\frac{60}{210}=\frac{2}{7}$$

⇦ $X=1$ で、かつ 3 色の玉
を取り出す確率 $P(A\cap B)$
は、(赤, 青, 白)=(1,
1, 2)の確率なんだね。

以上を①に代入して、

$$P_A(B)=\left(\frac{\dfrac{2}{\boxed{7}}}{\dfrac{11}{\boxed{21}}}\right)=\frac{2\times\cancel{21}^3}{\cancel{7}\times11}=\frac{6}{11}\quad\cdots\cdots\text{(答)(サ, シス)}$$

これも過去出題された問題だったんだ。表をうまく使うことがコツなんだね。

## ● 事象の独立と条件付き確率にもトライしよう！

最後は，ボクのオリジナル問題だ。この解法パターンも頭に入れておいてくれ。

2つの独立な事象 $A$, $B$ があり，それぞれが起こる確率は，$P(A)=\dfrac{1}{4}$，

$P(B)=\dfrac{2}{3}$ である。このとき，次の確率を求めよ。

(1) $P(A \cap B)=\dfrac{1}{\boxed{ア}}$，　　　$P(A \cap \overline{B})=\dfrac{1}{\boxed{イウ}}$，　　　$P(\overline{A} \cap B)=\dfrac{1}{\boxed{エ}}$

$\quad P(\overline{A} \cap \overline{B})=\dfrac{1}{\boxed{オ}}$　である。

(2) $A$ が起こるという条件の下で，$B$ が起こらない条件付き確率は

$\quad P_A(\overline{B})=\dfrac{1}{\boxed{カ}}$　であり，$B$ が起こらないという条件の下で$A$が起こ

る条件付き確率は，$P_{\overline{B}}(A)=\dfrac{1}{\boxed{キ}}$　である。

---

**ヒント！**　(1)$A$と$B$が独立な事象より，$P(A \cap B)=P(A) \cdot P(B)$ となるし，
その他 $P(\overline{A} \cap B)=P(\overline{A}) \cdot P(B)$ など…となる。(2)条件付き確率の定義より，
$P_A(\overline{B})=\dfrac{P(A \cap \overline{B})}{P(A)}$，$P_{\overline{B}}(A)=\dfrac{P(A \cap \overline{B})}{P(\overline{B})}$ となるんだね。

---

### 解答 & 解説

(1) 2つの独立な事象 $A$, $B$ の確率が，

$\quad P(A)=\dfrac{1}{4}$，$P(B)=\dfrac{2}{3}$ より，$P(\overline{A})=\dfrac{3}{4}$，$P(\overline{B})=\dfrac{1}{3}$

よって，

$\quad P(A \cap B)=P(A) \cdot P(B)=\dfrac{1}{4} \cdot \dfrac{2}{3}=\dfrac{1}{6}$ ……(答)(ア)

$\quad P(A \cap \overline{B})=P(A) \cdot P(\overline{B})=\dfrac{1}{4} \cdot \dfrac{1}{3}=\dfrac{1}{12}$ …(答)(イウ)

### ココがポイント

⇦ $P(\overline{A})=1-P(A)=1-\dfrac{1}{4}$
$P(\overline{B})=1-P(B)=1-\dfrac{2}{3}$
が成り立つ。

⇦ $A$ と $B$ が独立より，
$P(A \cap \overline{B})=P(A) \cdot P(\overline{B})$
も成り立つ。

$$P(\overline{A}\cap B)=P(\overline{A})\cdot P(B)=\frac{3}{4}\cdot\frac{2}{3}=\frac{1}{2}\quad\cdots\cdots(\text{答})(\text{エ})$$

$$P(\overline{A}\cap\overline{B})=P(\overline{A})\cdot P(\overline{B})=\frac{3}{4}\cdot\frac{1}{3}=\frac{1}{4}\quad\cdots\cdots(\text{答})(\text{オ})$$

⇐ $A$, $B$ が独立より，
$P(\overline{A}\cap B)=P(\overline{A})\cdot P(B)$
$P(\overline{A}\cap\overline{B})=P(\overline{A})\cdot P(\overline{B})$
も成り立つ。

(2) $P(A\cap B)=\dfrac{1}{6}$, $P(A\cap\overline{B})=\dfrac{1}{12}$, $P(\overline{A}\cap B)=\dfrac{1}{2}$,

$P(\overline{A}\cap\overline{B})=\dfrac{1}{4}$ より，これらを表にまとめると，

右のようになる。よって

・条件付き確率 $P_A(\overline{B})$ は，

繁分数の計算
$\left(\dfrac{\frac{d}{c}}{\frac{b}{a}}\right)=\dfrac{ad}{bc}$

表

| | $B$ | $\overline{B}$ | |
|---|---|---|---|
| $A$ | $\frac{1}{6}$ | $\frac{1}{12}$ | $\frac{1}{4}$ |
| $\overline{A}$ | $\frac{1}{2}$ | $\frac{1}{4}$ | $\frac{3}{4}$ |
| | $\frac{2}{3}$ | $\frac{1}{3}$ | |

$$P_A(\overline{B})=\frac{P(A\cap\overline{B})}{P(A)}=\left(\frac{\frac{1}{12}}{\frac{1}{4}}\right)$$

$$=\frac{4}{12}=\frac{1}{3}\quad\cdots\cdots\cdots\cdots\cdots(\text{答})(\text{カ})$$

・条件付き確率 $P_{\overline{B}}(A)$ は，

$$P_{\overline{B}}(A)=\frac{P(A\cap\overline{B})}{P(\overline{B})}=\left(\frac{\frac{1}{12}}{\frac{1}{3}}\right)$$

$$=\frac{3}{12}=\frac{1}{4}\quad\cdots\cdots\cdots\cdots\cdots(\text{答})(\text{キ})$$

### Baba のレクチャー

2つの事象 $A$, $B$ が独立のとき $P(A\cap B)=P(A)\cdot P(B)$ より，たとえば
$P(A\cap\overline{B})=P(A)-P(A\cap B)=P(A)-P(A)\cdot P(B)$

$= P(A)\{1-P(B)\}=P(A)\cdot P(\overline{B})$ となるんだね。
　　　　　　$P(\overline{B})$

$P(\overline{A}\cap B)=P(\overline{A})\cdot P(B)$, $P(\overline{A}\cap\overline{B})=P(\overline{A})\cdot P(\overline{B})$ も同様に成り立つ。

185

**1.** 順列の数：$_n\mathrm{P}_r = \dfrac{n!}{(n-r)!}$　　　　組合わせの数：$_n\mathrm{C}_r = \dfrac{n!}{r!(n-r)!}$

**2.** 確率 $P(A)$ の定義

すべての根元事象が同様に確からしいとき，

$$P(A) = \frac{n(A)}{n(U)} = \frac{\text{事象 } A \text{ の場合の数}}{\text{全事象 } U \text{ の場合の数}} \quad \left[ = \dfrac{\boxed{A}}{\boxed{U}} \right]$$

**3.** 確率の加法定理

（ⅰ）$A \cap B \neq \phi$（$A$ と $B$ が互いに排反でない）のとき，

　　$P(A \cup B) = P(A) + P(B) - P(A \cap B)$

（ⅱ）$A \cap B = \phi$（$A$ と $B$ が互いに排反）のとき，

　　$P(A \cup B) = P(A) + P(B)$

**4.** 余事象の確率の利用

　　$P(A) = 1 - P(\overline{A})$

**5.** 独立な試行の確率

独立な試行 $T_1$，$T_2$ があり，$T_1$ における事象 $A$，$T_2$ における事象 $B$ を考えるとき，試行 $T_1$ で $A$ が起こり，かつ試行 $T_2$ で $B$ が起こる確率は，$P(A) \times P(B)$

**6.** 反復試行の確率

1 回の試行で事象 $A$ の起こる確率を $p$ とおくとき，事象 $A$ の起こらない確率 $q$ は，$q = 1 - p$ となる。

この試行を $n$ 回行って，そのうち $r$ 回だけ事象 $A$ の起こる確率は，

　　$_n\mathrm{C}_r \, p^r q^{n-r}$　$(r = 0,\ 1,\ 2,\ \cdots,\ n)$

**7.** 条件付き確率

事象 $A$ が起こったという条件の下で，事象 $B$ が起こる条件付き確率

$$P_A(B) = \frac{P(A \cap B)}{P(A)}$$

# 講義7 整数の性質

## 整数問題の解法パターンをマスターしよう!

▶整数問題
($A \cdot B = n$ 型、範囲を押さえる型)

▶最大公約数 $g$ と最小公倍数 $L$

▶ユークリッドの互除法と 1 次不定方程式

▶ $n$ 進法表示の数

(私の鼻)−(1センチ)=歴史が変わる!

ハナないけど・・・

# ◆講◆義◆7 整数の性質

それでは，これから"**整数の性質**"について，講義しよう。一般に，整数問題を苦手にしている人は多い。それは，未知数の数より方程式の数の方が少なくても，整数の様々な条件を利用して解いていかなければならないので，解法に多様なヴァリエーションがあるからなんだね。

でも，ここでは，共通テストが狙ってきそうな整数問題のテーマを中心に，その解法パターンを分かりやすく解説するから，整数問題に対する苦手意識を克服できるだけでなく，整数問題を解いていく楽しみも味わえるようになると思う。

それでは，これから共通テストで出題が予想される整数問題のテーマを下に示しておこう。

- 整数問題（$A \cdot B = n$ 型，範囲を押さえる型）
- 最大公約数と最小公倍数
- ユークリッドの互除法と 1 次不定方程式
- $n$ 進法表示の数

一般に，整数問題は，ジックリ考えさせる問題が多く，標準から難関レベルの大学が 2 次試験で好んで出題してくる傾向があるんだね。しかし，共通テストでは，解くのに使える時間が非常に限られているため，整数問題を完答するのは，なかなか大変かもしれない。

でも，だからこそ，これから解説する頻出典型の整数問題の解法パターンをシッカリマスターしておけば，たとえ部分点狙いであっても，得点力で大きく差をつけることができるようになるんだね。

どう？やる気が湧いてきた？いいね，では早速講義を始めよう。

## ● まず，$A \cdot B = n$ 型の整数問題にチャレンジしてみよう！

　未知の整数が $x$ と $y$ や，$a$ と $b$ など，2 つに対して，方程式が 1 つであっても解の組を求める典型的なものとして，$A \cdot B = n$ 型の整数問題があるんだね。共通テストに限らず，整数問題の定番メニューといってもいい問題なので，ここでその解法パターンをマスターしておこう。

　では，次の演習問題を，制限時間内で，スラスラ解けるようになるまで練習してごらん。

| 演習問題 55 | 制限時間 10 分 | 難易度 ★★ | CHECK 1 | CHECK 2 | CHECK 3 |
|---|---|---|---|---|---|

(1) $\dfrac{3}{x} + \dfrac{2}{y} = 2$ を満たす整数 $x$，$y$ の値の組は，

$(x , y) = (\boxed{\text{ア}} , \boxed{\text{イウ}}) , (\boxed{\text{エ}} , \boxed{\text{オ}}) ,$

$(\boxed{\text{カ}} , \boxed{\text{キ}})$ である。

（ただし，$\boxed{\text{ア}} < \boxed{\text{エ}} < \boxed{\text{カ}}$ とする。）

(2) 整数 $a$，$b$ が，$a^2 = b^2 + 5$ を満たすものとする。このとき，$a$ と $b$ の値の組 $(a , b)$ は，

$(a , b) = (\boxed{\text{ク}} , \boxed{\text{ケ}}) , (\boxed{\text{コ}} , \boxed{\text{サシ}}) , (\boxed{\text{スセ}} , \boxed{\text{ソ}}) ,$

$(\boxed{\text{タチ}} , \boxed{\text{ツテ}})$ である。

ヒント！　(1)(2) ともに，未知数は $x$，$y$ や $a$，$b$ のように 2 個あるにもかかわらず，方程式はたった 1 つしかないんだね。一般には，これは解けないでオシマイにしていいんだけど，この未知数が整数という条件がつくと，解けてしまうんだ。これが整数問題の面白いところなんだ。

　今回の問題を解くキー・ワードは，$A \cdot B = n$（$A$，$B$：整数の式，$n$：整数）なんだよ。これについて，まず，次の Baba のレクチャーで詳しく解説しよう。未知数が 2 つの方程式を $A \cdot B = n$ の形にもち込んだ後，$A$，$B$ の取り得る整数値の表を作って解いていくことが，ポイントなんだね。

整数問題は，(ⅰ)$AB = n$ 型と (ⅱ) 範囲を押さえる型に，大きく大別される。ここではまず，(ⅰ)$AB = n$ 型の整数問題について解説するよ。

$AB = n$ 型の整数問題

$A \cdot B = n$ の形にもち込む。

$(A , B ：整数の式)(n ：整数)$

その後は，右のような表を利用して解けばいいんだ。

| $A$ | 1 | $n$ | ⋯ | $-1$ |
|---|---|---|---|---|
| $B$ | $n$ | 1 | ⋯ | $-n$ |

ここで，次の例題を考えてみよう。

◆例題◆

> $xy$ と $x$ と $y$ の方程式がきたら，このパターンかなとピーンとくればいいよ。

整数 $x , y$ が，$\underline{xy - x - y = 1}$ を満たすとき，$x , y$ の値の組をすべて求めよ。

**解答**

$xy - x - y = 1$

$x(y - 1) - (y - 1) = 1 + 1$

$(x - 1)(y - 1) = 2$

> $A \cdot B = 2$ で，$A , B$ が整数の条件がなければ，$A , B$ の値の組合せは，$(A , B) = (\sqrt{2} , \sqrt{2}), \left(\dfrac{2}{100}, 100\right), \cdots$ と無限にある！

$[\ A\ \cdot\ B\ = n\ の形だ！]$

ここで，$x , y$ は整数だから，$x - 1$，$y - 1$ も整数だね。よって，右のような表ができるんだね。

| 整数 | | | | |
|---|---|---|---|---|
| $x - 1$ | 1 | 2 | $-1$ | $-2$ |
| $y - 1$ | 2 | 1 | $-2$ | $-1$ |

整数

$\therefore (x - 1 , y - 1) = (1 , 2), (2 , 1)$

$(-1 , -2), (-2 , -1)$ より，

$(x , y) = (2 , 3), (3 , 2), (0 , -1), (-1 , 0)$ の 4 通りですべてだ！

これで，$A \cdot B = n$ 型の整数問題の解法も分かっただろう？それじゃ，この演習問題 **55** の整数問題を解いてごらん。同様に解けるよ。

## 解答＆解説

**(1)** $\dfrac{3}{x} + \dfrac{2}{y} = 2$ ……①

（$x$, $y$ は，$0$ 以外の整数）

①の両辺に $xy$ をかけて，

$3y + 2x = 2xy$

$2xy - 2x - 3y = 0$

$2x(y-1) - 3(y-1) = 0 + 3$

$(2x-3)(y-1) = 3$

ここで，$x$, $y$ は整数だから，$2x-3$ と $y-1$ も整数だ。この $2$ つの整数をかけて $3$ になるのは，次の表のように $4$ 通りだけだね。

| $2x-3$ | 3 | 1 | -3 | -1 |
|---|---|---|---|---|
| $y-1$ | 1 | 3 | -1 | -3 |

$(2x-3,\ y-1) = (3,\ 1),\ (1,\ 3)$
$\qquad\qquad\qquad (-3,\ -1),\ (-1,\ -3)$

$\therefore (x,\ y) = (3,\ 2),\ (2,\ 4),$
$\qquad\qquad (0,\ 0),\ (1,\ -2)$

ここで，$x \ne 0$，$y \ne 0$ に注意して，求める $x$，$y$ の値の組は，次のようになって，答えだ。

$(x,\ y) = (1,\ -2),\ (2,\ 4),\ (3,\ 2)$
$\qquad\qquad\qquad$……………(答)(ア, イウ, エ, オ, カ, キ)

## ココがポイント

⇦ $x$, $y$ は分母にあるから当然，$x \ne 0$，$y \ne 0$ だ。

⇦ $xy$ と $x$ と $y$ の式がきたので，$A \cdot B = n$ の形にすればいいんだ。

⇦ $A \cdot B = n$ の形が出来たね。

⇦ たとえば，
$\begin{cases} 2x-3=3 \\ y-1=1 \end{cases}$ のとき，
$x=3$，$y=2$
となるんだね。
他の組についても同様だ。

　解く要領が分かると整数問題も楽しいだろう？　その調子で，**(2)** も解いてみてくれ。さらに，強くなるよ。

(2) 整数 $a$, $b$ が,

$$a^2 = b^2 + 5 \ \cdots\cdots ② \quad \text{を満たすんだね}.$$

②を変形して, $A \cdot B = n$ の形にもち込む。

$$a^2 - b^2 = 5$$

$$(a+b)(a-b) = 5$$

　　ここで, $a$, $b$ は整数だから, $a+b$ と $a-b$

のとり得る値の組は下の表の通りだ。

| $a+b$ | 5 | 1 | $-1$ | $-5$ |
|-------|---|---|------|------|
| $a-b$ | 1 | 5 | $-5$ | $-1$ |

よって,

$$(a+b, a-b) = (⑤, \boxed{1}), (1, 5),$$
$$(-1, -5), (-5, -1)$$

ここで, 　$a+b = ⑤ \cdots\cdots ③$ 　　のとき,
$$a-b = \boxed{1} \cdots\cdots ④$$

③＋④より, $2a = 6$ 　∴ $a = 3$

③－④より, $2b = 4$ 　∴ $b = 2$

よって, $(a, b) = (3, 2)$ となるんだね。

　　他の場合も同様に計算して, 求める $(a, b)$

の値の組は, 次の通りだ。

$$(a, b) = (3, 2), (3, -2), (-3, 2), (-3, -2)$$
$$\cdots\cdots(答)(ク,ケ,コ,サシ,スセ,ソ,タチ,ツテ)$$

⇦ $a^2 - b^2 = (a+b)(a-b)$ として, $AB = n$ の形にもち込む。

　　どうだった？ (ⅰ) $A \cdot B = n$ の形の整数問題にも慣れた？ それじゃ, 次,

(ⅱ) 範囲を押さえる型の整数問題にもチャレンジしてみよう。

## ● 整数問題では，範囲をシッカリ押さえよう！

次も，整数問題だから，方程式の数より未知数の数の方が多いんだけど，未知数のとり得る値の範囲を押さえると，意外にアッサリ解けてしまう。

| 演習問題 56 | 制限時間 6 分 | 難易度 ★★ | CHECK 1 | CHECK 2 | CHECK 3 |

整数 $x$，$y$ が，方程式 $3x^2 + 2y^2 - 5y - 3 = 0$ ……① を満たすものとする。

このとき，整数 $x$，$y$ の組 $(x, y)$ は，

$(x, y) = (\boxed{\ \ ア\ \ }, \boxed{\ \ イ\ \ })$，$(\pm\boxed{\ \ ウ\ \ }, \boxed{\ \ エ\ \ })$ である。

ヒント！ これも整数問題だから，2 つの未知数 $x$，$y$ に対して，方程式は 1 つしかないんだね。①を変形して，$-2y^2 + 5y + 3 = 3x^2$ とすると，当然 $3x^2 \geqq 0$ だから，これから $y$ のとり得る値の範囲が出てくるんだね。このように，整数問題では "範囲を押さえる" ことが大切なんだ。

### 解答＆解説

$3x^2 + 2y^2 - 5y - 3 = 0$ ……① $(x, y：整数)$

ここで，①を変形すると，

$-2y^2 + 5y + 3 = 3x^2$ ……②

ここで，$3x^2 \geqq 0$ より，②から，

$-2y^2 + 5y + 3 \geqq 0$

この両辺に $-1$ をかけて，

（不等号の向きが変わる！）

$2y^2 - 5y - 3 \leqq 0$，$(2y+1)(y-3) \leqq 0$

$\therefore -\dfrac{1}{2} \leqq y \leqq 3$

### ココがポイント

⇦一般に（実数）$^2 \geqq 0$ だから，$3x^2 \geqq 0$ だね。これから，$y$ の範囲を押さえるんだ。

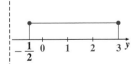

よって，整数 $y$ のとり得る値は，$y=0$，$1$，$2$，$3$ の $4$ つだけだね。これらの値をそれぞれ

$3x^2=-2y^2+5y+3$ ……② に代入して，$x$ の値を調べてみると，

( i ) <u>$y=0$</u> のとき，② より，

$\quad 3x^2=3$ ，$x^2=1$　$\therefore$ <u><u>$x=\pm1$</u></u>

⇦ $(x,\ y)=(\underline{\pm1,\ 0})$ となる。

( ii ) $y=1$ のとき，② より，

$\quad 3x^2=-2\cdot1^2+5\cdot1+3=6$

$\quad x^2=2$　$\therefore$ $x=\pm\sqrt{2}$ となって，不適。

⇦ $x$ は整数でなければいけない！

( iii ) $y=2$ のとき，② より，

$\quad 3x^2=-2\cdot2^2+5\cdot2+3=5$

$\quad x^2=\dfrac{5}{3}$　$\therefore$ $x=\pm\sqrt{\dfrac{5}{3}}$ となって，不適。

⇦ $x$ は整数でなければいけない！

( iv ) <u>$y=3$</u> のとき，② より，

$\quad 3x^2=-2\cdot3^2+5\cdot3+3=0$

$\quad x^2=0$　$\therefore$ <u><u>$x=0$</u></u>

⇦ $(x,\ y)=(\underline{0,\ 3})$ となる。

以上 ( i ) ～ ( iv ) より，求める整数の組 $(x,\ y)$ は，

$\quad (x,\ y)=(\underline{0,\ 3})$，$(\underline{\pm1,\ 0})$ ………(答)(ア,イ,ウ,エ)

　　　　　⤴　　　　⤴
　　　(iv) の結果　( i ) の結果

　どう？整数問題も解法パターンが分かると，面白いものだろう？では次，同じく範囲を押さえるタイプの整数問題なんだけれど，未知の整数が $3$ つある場合の問題も解いてみよう。このレベルの問題まで解いておけば，本番の共通テストにも自信をもって臨めると思う。

194

| 演習問題 57 | 制限時間6分 | 難易度 ★ ★ | | CHECK*1* | CHECK*2* | CHECK*3* |

$a+b+c=abc$……① （ただし，$a \leqq b \leqq c$）をみたす正の整数 $a$，$b$，$c$ の

値の組 $(a, b, c)$ は，$(a, b, c)=(\boxed{\text{ア}}, \boxed{\text{イ}}, \boxed{\text{ウ}})$ のみである。

**ヒント！** 3つの正の整数 $a, b, c$ に対して，方程式は①の1つだけだけれど，①と $a \leqq b \leqq c$ の条件から，$abc=a+b+c \leqq c+c+c=3c$ となるので $ab \leqq 3$ と，範囲を押さえることができるんだね。頑張ろう！

## 解答＆解説

## ココがポイント

$a$，$b$，$c$ は自然数で，$a \leqq b \leqq c$ の条件があるので，

$1 \leqq a \leqq b \leqq c$……② となる。

ここで，方程式 $a+b+c=abc$……① より，

$abc=\underset{\sim}{a}+\underset{=}{b}+c \leqq c+c+c=3c$

| $a$ の代わりに $c$ を 代入 $(a \leqq c)$ | $b$ の代わりに $c$ を 代入 $(b \leqq c)$ |

⇦ $a \leqq c$，$b \leqq c$ の条件から，$ab$ の取り得る値の範囲を押さえるんだね。

よって，$abc \leqq 3c$ より，両辺を $c(>0)$ で割り，

$ab \leqq 3$……③ となる。

ここで，$a, b$ は自然数より，③式から，$ab$ の取り得る値は，

(ⅰ) $ab=1$，または (ⅱ) $ab=2$，または (ⅲ) $ab=3$ の3通りのみである。

(ⅰ) $ab=1$ のとき，

$a, b$ は $a \leqq b$ をみたす自然数より，

$(a, b)=(1, 1)$ となる。

よって，$a=1$，$b=1$ を①に代入すると，

$1+1+c=1 \cdot 1 \cdot c$    $2+c=c$

$2=0$ となって，矛盾する。

∴不適

⇦ $a, b$ が単に実数であれば，$(a, b)=\left(100, \dfrac{1}{100}\right)$ や $\left(\dfrac{1}{\sqrt{3}}, \sqrt{3}\right)$ など…無数に組み合わせがあるけれど，$a, b$ が共に自然数という条件から，$(a, b)=(1, 1)$ の1組のみになる。

(ⅱ) $ab = 2$ のとき，

$\quad$ $a$，$b$ は $a \leq b$ をみたす自然数より，

$\quad$ $(a，b) = (1，2)$ となる。

⇦ $a$, $b$ は自然数より，この1組だけだね。

$\quad$ よって，$a = 1$，$b = 2$ を，$a + b + c = abc$ ……①

に代入すると，

$\quad$ $1 + 2 + c = 1 \cdot 2 \cdot c$ $\quad$ $3 + c = 2c$ $\quad$ $\therefore c = 3$

$\quad$ これは，$a \leq b \leq c$ をみたす。

$\quad$ $\therefore (a，b，c) = \underline{(1，2，3)}$ となる。

(ⅲ) $ab = 3$ のとき，

$\quad$ $a$，$b$ は $a \leq b$ をみたす自然数より，

$\quad$ $(a，b) = (1，3)$ となる。

⇦ $a$, $b$ は自然数より，この1組だけだね。

$\quad$ よって，$a = 1$，$b = 3$ を①に代入すると，

$\quad$ $1 + 3 + c = 1 \cdot 3 \cdot c$ $\quad$ $4 + c = 3c$ $\quad$ $2c = 4$

$\quad$ よって，$c = 2$ となるが，これは，$\underset{3}{b} \leq \underset{2}{c}$ をみた

さない。

$\quad$ $\therefore$ 不適

以上 (ⅰ), (ⅱ), (ⅲ) より，$a + b + c = abc$ ……①

$(a \leq b \leq c)$ をみたす自然数の組 $(a，b，c)$ は，

$(a, b, c) = (1, 2, 3)$ のみである。 $\quad$ ……………(答)

$\qquad\qquad\qquad\qquad\qquad\qquad$ $(ア, イ, ウ)$

これで，$AB = n$ 型と，範囲を押さえる型の整数問題の解き方の要領も理解できたと思う。後は，よく復習して，整数問題を解くための糸口を見つける目を養うこと，そして，場合分けも含めて，かなり計算量も多いので，迅速に正確に結果を出せるようにすること，これが，整数問題を解いて得点力を上げるポイントになるんだね。

## ● 最大公約数 $g$ と最小公倍数 $L$ の問題も解こう！

これから，$2$ つの正の整数 $a$，$b$ の最大公約数 $g$ と最小公倍数 $L$ の問題も共通テストで出題される可能性が高いと思う。ここでよく練習しておこう。

| 演習問題 58 | 制限時間 8 分 | 難易度 ★★ | CHECK1 | CHECK2 | CHECK3 |
|---|---|---|---|---|---|

次の問いに答えよ。

(1) $2$ つの正の整数 $a$，$b$ $(a<b)$ があり，$a+b=468$ をみたす。また，これらの最大公約数は $78$ である。このとき，

$a=\boxed{\text{アイ}}$，$b=\boxed{\text{ウエオ}}$ である。

(2) $2$ つの正の整数 $p$，$q$ $(p<q)$ があり，$p \cdot q=8214$ をみたす。また，これらの最小公倍数は $222$ である。このとき，

$(p,q)=(\boxed{\text{カキ}}, \boxed{\text{クケコ}})$，または $(\boxed{\text{サシ}}, \boxed{\text{スセソ}})$ である。

（ただし，$\boxed{\text{カキ}} < \boxed{\text{サシ}}$ である。）

### Baba のレクチャー

$2$ つの正の整数 $a$，$b$ の最大公約数を $g$，最小公倍数を $L$ とおくと，次の公式が成り立つので，頭に入れよう。

(1) $\begin{cases} a=g \cdot a' \\ b=g \cdot b' \end{cases}$ ……$(*1)$ （$a'$ と $b'$ は互いに素である。）

「$a'$ と $b'$ の公約数は $1$ しかない」という意味

(2) $L=g \cdot a' \cdot b'$ ……$(*2)$

$\begin{array}{r|ll} g & a & b \\ \hline & a' & b' \end{array}$ （$L$）

(3) $Lg=ab$ ……$(*3)$

$(*2)$ より $Lg=g \cdot a' \cdot b' \cdot g = \underset{a}{ga'} \cdot \underset{b}{gb'} = ab$ となって，$(*3)$ は成り立つね。

$(ex)$ $a=54$，$b=81$ のとき，$a=\underset{g}{27} \cdot \underset{a'}{2}$，$b=\underset{g}{27} \cdot \underset{b'}{3}$ より，

最大公約数 $g=27$，最小公倍数 $L=g \cdot a' \cdot b'=27 \cdot 2 \cdot 3=162$

また，$L \cdot g=162 \times 27=4374$，$a \cdot b=54 \times 81=4374$ となって，$Lg=ab$ ……$(*3)$ も成り立つことも分かるんだね。

**(1)** 2つの正の整数 $a$, $b$ $(a < b)$ があり，

$a + b = 468$ ……① をみたし，最大公約数 $g$ は，

$g = 78$ …………② である。ここで，

$a = 78 \cdot a'$ ……③, $b = 78 \cdot b'$ ……④ ($a'$ と $b'$ は互

いに素) とおいて，③，④を①に代入すると，

⇦ $a = g \cdot a'$, $b = g \cdot b'$
　（$a'$ と $b'$ は互いに素）

$78 \cdot a' + 78 \cdot b' = 468 \qquad 78(a' + b') = 468$

$a' + b' = \dfrac{468}{78} = 6$ ……⑤ となる。

⇦ $78\overline{)468}$ の計算で商 $6$，$468$，$0$

ここで，$a < b$ より，$a'$ と $b'$ は $a' < b'$ をみた

す互いに素な正の整数より，⑤から，

$(a', b') = (1, 5)$ のみである。

よって，$a' = 1$ と $b' = 5$ を③，④に代入すると，

⇦ $(a', b') = (2, 4)$ のと
きは，$a'$ と $b'$ は公約数
$2$ をもつので，互いに
素ではないね。また，
$(a', b') = (3, 3), (4, 2),$
$(5, 1)$ は，$a' < b'$ をみ
たさない。

$\begin{cases} a = 78 \times 1 = 78 & \cdots\cdots\text{(答)(アイ)} \\ b = 78 \times 5 = 390 & \cdots\cdots\text{(答)(ウエオ)} \end{cases}$

**(2)** 2つの正の整数 $p$, $q$ $(p < q)$ があり，

$p \cdot q = 8214$ ……⑥ をみたし，最小公倍数 $L$ は，

$L = 222$ ……⑦ である。

ここで，最大公約数を $g$ とおくと，

$\begin{cases} p = g \cdot p' & \cdots\cdots⑧ \\ q = g \cdot q' & \cdots\cdots⑨ \end{cases}$ と表せる。

($p'$ と $q'$ は，$p' < q'$ をみたす互いに素な整数)

⇦ $p < q$ より，$g \cdot p' < g \cdot q'$
　 ∴ $p' < q'$ となる。

まず，$\underline{L}\,g = \underline{p\,q} \qquad 222 \cdot g = 8214$

　　　$\boxed{222(⑦より)}\ \boxed{8214(⑥より)}$

∴ $g = \dfrac{8214}{222} = 37$ ……⑩ となる。

⇦ $222\overline{)8214}$ の計算で商 $37$，$666$，$1554$，$1554$，$0$

198

また，$L = \underset{\boxed{222}}{g} \cdot \underset{\boxed{37(\text{⑩より})}}{p' \cdot q'}$ より，

$p'q' = \dfrac{222}{37} = 6 \cdots\cdots$⑪ となる。

$\Leftarrow$ $37\overline{)\,222\,}$ の筆算 $\begin{array}{r} 6 \\ \hline 222 \\ 222 \\ \hline 0 \end{array}$

$p'$ と $q'$ は，$p' < q'$ をみたす互いに素な正の整数より，

⑪から，

$(p',\ q') = (1,\ 6)$，または $(2,\ 3)$ となる。

$\Leftarrow (p', q') = (3, 2), (6, 1)$
は，$p' < q'$ をみたさない。

(i) $p' = 1$，$q' = 6$ のとき，⑧，⑨より，

$p = \underset{g}{37} \times \underset{p'}{1} = 37$，$q = \underset{g}{37} \times \underset{q'}{6} = 222 \cdots\cdots\cdots\cdots\cdots$(答)

（カキ，クケコ）

(ii) $p' = 2$，$q' = 3$ のとき，⑧，⑨より，

$p = \underset{g}{37} \times \underset{p'}{2} = 74$，$q = \underset{g}{37} \times \underset{q'}{3} = 111 \cdots\cdots\cdots\cdots\cdots$(答)

（サシ，スセソ）

どう？最大公約数 $g$，最小公倍数 $L$ の問題にも慣れた？ここで使う公式は，

(i) $\begin{cases} a = g \cdot a' \\ b = g \cdot b' \quad (a' \text{と} b' \text{は互いに素}) \end{cases}$　　(ii) $L = g \cdot a' \cdot b'$

(iii) $Lg = ab$ の3つなんだね。シッカリ頭に入れて，うまく使いこなしていくことだ。

● 互除法と1次不定方程式にもトライしよう！

では次，ユークリッドの互除法と1次不定方程式の問題の解説に入ろう。これは，解法のパターンを覚えてしまえば，後はスピード勝負の問題になるんだね。次の演習問題で，解法のパターンと計算テクニックの両方を身に付けるといいと思うよ。頑張ろう！

25 で割ると 5 余り，17 で割ると 6 余る正の整数の内，3 桁のものを，次の手順に従って求めよ。

求める正の整数を $n$ とおくと，$n$ は，整数 $x$，$y$ を用いて，

$n = 25x + 5 = 17y + \boxed{ア}$ ……① とおける。

よって，①より，$25x - 17y = \boxed{イ}$ ……② となる。

ここで，25 と 17 の最大公約数 $g$ を求めるために，ユークリッドの互除法を用いると，

$25 = 17 \times \boxed{ウ} + 8$ ……③

$17 = 8 \times \boxed{エ} + 1$ ……④

$8 = 1 \times 8 + 0$  となる。

よって，25 と 17 の最大公約数 $g = \boxed{オ}$ となるので，25 と 17 は互いに素である。ここで，③，④を用いて変形すると，

$25 \times (-\boxed{カ}) - 17 \times (-\boxed{キ}) = 1$ ……⑤ となる。

②－⑤より，$25(x + \boxed{ク}) - 17(y + \boxed{ケ}) = 0$

$\qquad\qquad 25(x + \boxed{ク}) = 17(y + \boxed{ケ})$

ここで，25 と 17 は互いに素より，整数 $k$ を用いると，

$x + \boxed{ク} = \boxed{コサ}\, k \qquad \therefore x = \boxed{コサ}\, k - \boxed{ク}$ ……⑥ となる。

⑥を①に代入して，$n = \boxed{シスセ}\, k - 45$

よって，$100 \leqq n < 1000$ をみたす 3 桁の整数 $n$ は，

$n = \boxed{ソタチ}$，または $\boxed{ツテト}$ である。（$\boxed{ソタチ} < \boxed{ツテト}$ とする。）

---

**ヒント！** 1 次不定方程式 $25x - 17y = 1$（$x$，$y$：整数）の 1 組の解を 25 と 17 についてのユークリッドの互除法から求めればいいんだね。この導入は，典型的な 1 次不定方程式の解法のパターンそのままなので，この問題を反復練習して，ここでシッカリマスターしておこう！

## 解答&解説 | ## ココがポイント

求める正の整数を $n$ とおくと，$2$ つの整数 $x$，$y$ を
用いて，

$n = \underline{25x + 5} = \underline{17y + 6}$ ……① となる。………(答)(ア)

⟸ $n$ は，$25$ で割ると $5$ 余り，$17$ で割ると $6$ 余る $3$ 桁の数だ。

よって，①より，$25x - 17y = 6 - 5$

∴ $25x - 17y = 1$ ……② となる。……………(答)(イ)

⟸ $1$ 次不定方程式が導けた。

ここで，$25$ と $17$ にユークリッドの互除法を用いて

⟸ $2$ つの自然数 $a$，$b\,(a > b)$ について，

$$a = b \cdot \underset{\text{商}}{q} + \underset{\text{余り}}{r}$$

の形にすると，$a$ と $b$ の最大公約数と，$b$ と $r$ の最大公約数は等しい。

$25 = \underline{17} \times 1 + \underline{8}$ ……③……(答)(ウ)

$\underline{17} = \underline{8} \times 2 + \underline{1}$ ……④……(答)(エ)

$\underline{8} = \underline{1} \times 8 + 0$

最大公約数 $g$

このような表記法もある。

$$\begin{array}{r} 1 \\ 17\overline{)25} \\ 17 \end{array} \quad \begin{array}{r} 2 \\ 8\overline{)17} \\ 16 \end{array} \quad \begin{array}{r} 8 \\ 1\overline{)8} \\ 8 \\ \hline 0 \end{array}$$

よって，$25$ と $17$ の最大公約数 $g$ は $g = 1$ となるので，$25$ と $17$ は互いに素である。……………(答)(オ)

ここで，④より，

$17 - 2 \cdot \underline{8} = 1$ …………………④′

③より，$\underline{8} = 25 - 1 \cdot 17$ ……③′

③′を④′に代入して，

$17 - 2\overbrace{(25 - 1 \cdot 17)} = 1$

$25 \times (-2) + 17 \times 3 = 1$

∴ $25 \times (-2) - 17 \times (-3) = 1$ ……⑤……(答)(カ，キ)

⟸ ⑤は，②の $1$ つの解の組が，$(x, y) = (-2, -3)$ であることを示している。

よって，②と⑤を並べて書くと，

$$\begin{cases} 25 \cdot \ x \ - 17 \cdot \ y \ = 1 \ \cdots\cdots② \\ 25 \cdot (-2) - 17 \cdot (-3) = 1 \ \cdots\cdots⑤ \end{cases}$$

ここで，②−⑤を計算すると，

$25 \cdot (x + 2) - 17 \cdot (y + 3) = 0$ となる。……(答)(ク，ケ)

$$\therefore\ 25\cdot\underbrace{(x+2)}_{\text{17 の倍数}}=17\cdot\underbrace{(y+3)}_{\text{25 の倍数}}\ \cdots\cdots ⑤'$$

ここで，$x+2$ と $y+3$ は整数より，右辺は $17$ の倍数なので，左辺も $17$ の倍数である。しかし，$\underline{25\ と}$ $\underline{17\ は互いに素}$なので，$x+2$ が $17$ の倍数となる。

$\boxed{\text{公約数が 1 ということ}}$

よって，整数 $k$ を用いると，

$$x+2=17k\ (k:\text{整数})\ \cdots\cdots\cdots\cdots\cdots(\text{答})(\text{コサ})$$

$$\therefore\ x=\underset{\sim}{17k-2}\ \cdots\cdots ⑥\ \text{となる。}$$

$⑥$ を，$n=25\underset{\sim}{x}+5\ \cdots\cdots①$ に代入して，

$$n=25\overbrace{(17k-2)}+5$$

$$\therefore\ \underline{\underline{n}}=\underline{425k-45}\ (k:\text{整数})$$

$$\boxed{\begin{array}{l}25\times 17=\dfrac{100}{4}\times 17\\[2mm]=\dfrac{1700}{4}=425\end{array}}$$

$$\cdots\cdots\cdots\cdots\cdots\cdots(\text{答})(\text{シスセ})$$

ここで，$n$ は $3$ 桁の自然数より，

$100\leqq n<1000$ をみたす。よって，

$$100\leqq\underline{425k-45}<1000$$

$$145\leqq 425k<1045$$

$$\underline{\dfrac{145}{425}}\leqq k<\underline{\dfrac{1045}{425}}\qquad\therefore\ k=1,\,2$$

$\boxed{\text{1 より小}}\qquad\boxed{\text{2 より大かつ 3 未満}}$

$\cdot\ k=1$ のとき，$n=\underline{425\cdot 1-45}=380$

$$\cdots\cdots(\text{答})(\text{ソタチ})$$

$\cdot\ k=2$ のとき，$n=\underline{425\cdot 2-45}=805$

$$\cdots\cdots(\text{答})(\text{ツテト})$$

⇦ $x+2=17k$ を，$⑤'$ に代入すると，
$$25\cdot\cancel{17}k=\cancel{17}(y+3)$$
$$y+3=25k$$
$$\therefore\ y=25k-3\ \text{と表せる。}$$

⇦ $n=425k-45$ より，
$\cdot\ k=1$ のとき，
　$n=425\cdot 1-45=380$
$\cdot\ k=2$ のとき，
　$n=425\cdot 2-45=805$
この $2$ つだけなのが，すぐわかるね。$n$ は，$425$ 刻みで増・減するからだ。共通テストの場合，このように直感的に計算して答えにしてもいいよ。

## ● 数の $n$ 進数法表示も，押さえておこう！

日頃，ボク達は **10** 進法表示の数に慣れているんだけれど，数は **2** 進法でも，**3** 進法でも，…，つまり $n$ 進法で表示することもできる。共通テストでも今後出題される可能性のある，この数の $n$ 進法表示の問題もやっておこう。

| 演習問題 60 | 制限時間 7 分 | 難易度 ★ | CHECK1 | CHECK2 | CHECK3 |
|---|---|---|---|---|---|

(1) 整数 $a$ が $n$ 進法表示の数であるとき，$a_{(n)}$ と表すことにすると，

  ( i ) $35_{(10)} = \boxed{アイウエ}_{(3)}$ である。

  ( ii ) $412_{(10)} = \boxed{オカキク}_{(5)}$ である。

  ( iii ) $1085_{(10)} = \boxed{ケコサシ}_{(8)}$ である。

(2) 小数 $x$ が $n$ 進法表示の数であるとき，$x_{(n)}$ と表すことにすると，

  ( i ) $0.8125_{(10)} = 0.\boxed{スセソタ}_{(2)}$ である。

  ( ii ) $0.552_{(10)} = 0.\boxed{チツテ}_{(5)}$ である。

  ( iii ) $0.46875_{(10)} = 0.\boxed{トナ}_{(8)}$ である。

(3) $38.304_{(10)} = \boxed{ニヌネ}.\boxed{ノハヒ}_{(5)}$ である。

### Baba のレクチャー

$(ex)$・$41_{(10)}$ を **3** 進法表示したかったら

右図のように計算して，

$41_{(10)} = \underline{1112_{(3)}}$ となる。次に，

$1 \times 3^3 + 1 \times 3^2 + 1 \times 3^1 + 2 \times 3^0{}_{(10)}$
$= 27 + 9 + 3 + 2_{(10)} = 41_{(10)}$ だね。

```
3)41  余り
3)13 …2 ↑
3) 4 …1
   1 …1
```

・$0.6875_{(10)}$ を **4** 進法表示したかったら

右図のように計算して，

$0.6875_{(10)} = \underline{0.23_{(4)}}$ となる。

$\dfrac{2}{4} + \dfrac{3}{4^2}{}_{(10)} = \dfrac{11}{16}{}_{(10)}$
$= 0.6875_{(10)}$ となるんだね。

```
0].6875
 ×   4
2].75
 × 4
3].
```

この要領で解いていけばいいんだね。シッカリ計算しよう！

ココがポイント

(1)(i) 10 進法表示の $35_{(10)}$ を 3 進法表示で表すには，右のように計算して，

$35_{(10)} = 1022_{(3)}$ ……………(答)(アイウエ)

となる。

```
3) 35  余り
3) 11  …2 ↑
3)  3  …2 |
    1  …0
```

(ii) 10 進法表示の $412_{(10)}$ を 5 進法表示で表すには，右のように計算して，

$412_{(10)} = 3122_{(5)}$ ……………(答)(オカキク)

となる。

```
5) 412  余り
5)  82  …2 ↑
5)  16  …2 |
     3  …1
```

(iii) 10 進法表示の $1085_{(10)}$ を 8 進法表示で表すには，右のように計算して，

$1085_{(10)} = 2075_{(8)}$ ……………(答)(ケコサシ)

となる。

```
8) 1085  余り
8)  135  …5 ↑
8)   16  …7 |
      2  …0
```

(2)(i) 10 進法表示の $0.8125_{(10)}$ を 2 進法表示で表すには，右のように計算して，

$0.8125_{(10)} = 0.1101_{(2)}$ ………(答)(スセソタ)

となる。

```
0|.8125
 ×    2
1|.625
 ×   2
1|.25
 ×  2
0|.5
 × 2
1|.
```

(ii) 10 進法表示の $0.552_{(10)}$ を 5 進法表示で表すには，右のように計算して，

$0.552_{(10)} = 0.234_{(5)}$……………(答)(チツテ)

となる。

```
0|.552
 ×   5
2|.76
 ×  5
3|.8
 × 5
4|.
```

(iii) 10 進法表示の $0.46875_{(10)}$ を 8 進法表示で

表すには，右のように計算して，

$$0.46875_{(10)} = 0.36_{(8)} \cdots\cdots\cdots\cdots (答)(トナ)$$

となる。

$$
\begin{array}{r}
0{\big|}.46875 \\
\times \qquad 8 \\
\hline
3{\big|}.75 \\
\times \quad 8 \\
\hline
6{\big|}.
\end{array}
$$

**(3)** 10 進法表示の $38.304_{(10)}$ について，

(ア) $38_{(10)}$ を 5 進法表示で表すには，

右のように計算して，

$$38_{(10)} = 123_{(5)}$$ である。次に，

$$
\begin{array}{r}
5{\big)}38 \quad 余り \\
5{\big)}\ 7 \cdots 3 \\
1 \cdots 2
\end{array}
$$

(イ) $0.304_{(10)}$ を 5 進法表示で表すには，

右のように計算して，

$$0.304_{(10)} = 0.123_{(5)}$$ である。

$$
\begin{array}{r}
0{\big|}.304 \\
\times \quad 5 \\
\hline
1{\big|}.52 \\
\times \quad 5 \\
\hline
2{\big|}.6 \\
\times 5 \\
\hline
3{\big|}.
\end{array}
$$

以上 (ア), (イ) より $38.304_{(10)}$ を 5 進法で表示

すると，

$$38.304_{(10)} = 123.123_{(5)}$$ である。$\cdots\cdots\cdots\cdots$(答)

(ニヌネ, ノハヒ)

以上で，10 進法表示の数を $n$ 進法表示の数に変換するやり方にも自信がついたと思う。

では次は，$n$ 進法表示の循環小数を既約分数に書き換える問題も解いてみることにしよう。少しレベルは上がるけれども，キミ達なら大丈夫だ。チャレンジしよう！

次の $n$ 進法表示の循環小数を最も簡単な $n$ 進法表示の既約分数で表す
と次のようになる。

(1) $0.\dot{2}3\dot{4}_{(10)} = \dfrac{\boxed{アイ}}{\boxed{ウエオ}}_{(10)}$ である。

(2) $0.\dot{6}\dot{3}_{(8)} = \dfrac{\boxed{カキ}}{\boxed{クケ}}_{(8)}$ である。

(3) $0.\dot{2}\dot{4}_{(5)} = \dfrac{\boxed{コサ}}{\boxed{シス}}_{(5)}$ である。

(4) $0.\dot{1}10\dot{0}_{(2)} = \dfrac{\boxed{セソタ}}{\boxed{チツテ}}_{(2)}$ である。

**ヒント!** (1) $x = 0.\dot{2}3\dot{4} = 0.234234234\cdots$ とおいて，両辺に **1000** をかける
と，$1000x = 234 + x$ となるので，これから $x$ を既約分数の形で表せばいいん
だね。(2), (3), (4) は **10** 進法表示ではないけれど，同様に解いていこう。

### 解答 & 解説

(1) $x = 0.\dot{2}3\dot{4}_{(10)}$ ……① とおく。

①の両辺に **1000** をかけて，

$1000x = \underline{234.234234\cdots}$

$\underbrace{(234 + 0.\dot{2}3\dot{4} = 234 + x)}$

$1000x = 234 + x$ となる。よって，

$x = \dfrac{234}{999} = \dfrac{26}{111}_{(10)}$ ……………(答)(アイ, ウエオ)

(2) $x = 0.\dot{6}\dot{3}_{(8)}$ ……② とおく。

②の両辺に $100_{(8)}$ をかけると，

$100x = 63 + \underline{0.\dot{6}\dot{3}}$ $\qquad 100x = 63 + x$

$\underbrace{(x)}$

$(100 - 1)x = 63$

$\underbrace{(77_{(8)})} \leftarrow$ 8 進法表示の数の引き算だからね

### ココがポイント

$\Leftarrow x = 0.234234\cdots$
のこと。

$\Leftarrow (1000 - 1)x = 234$
$999x = 234$
$x = \dfrac{234}{999}$

$\Leftarrow$ これは，すべて **8** 進法表
示の式なんだね。

$\Leftarrow (100 - 1)_{(8)} = 77_{(8)}$

$$\therefore x = \frac{63}{77}{}_{(8)} = \frac{6 \times 8 + 3}{7 \times 8 + 7}{}_{(10)} = \frac{51}{63}{}_{(10)}$$

分子・分母を3で割る

⇦ 8進法表示では既約分数がよく分からないので、10進法表示にして既約分数を求めた後、8進法表示に戻す。

$$= \frac{17}{21}{}_{(10)} = \frac{2 \times 8 + 1}{2 \times 8 + 5}{}_{(10)} = \frac{21}{25}{}_{(8)} \quad \cdots\cdots\cdots (答)$$

(カキ, クケ)

(3) $x = 0.\overset{\cdot\cdot}{2}\overset{}{4}{}_{(5)}$ ……③とおく。

③の両辺に $100_{(5)}$ をかけると、

$$100x = 24 + \underbrace{0.\overset{\cdot\cdot}{2}4}_{x} \qquad 100x = 24 + x$$

⇦ これは、すべて5進法表示の式だ。

$$\underbrace{(100 - 1)}_{44_{(5)}}x = 24$$

5進法表示の数の引き算だからね

⇦ $(100 - 1)_{(5)} = 44_{(5)}$

$$\therefore x = \frac{24}{44}{}_{(5)} = \frac{2 \times 5 + 4}{4 \times 5 + 4}{}_{(10)} = \frac{14}{24}{}_{(10)} = \frac{7}{12}{}_{(10)}$$

⇦ まず、10進法表示にして、既約分数を求めた後で、5進法表示の数に戻す。

$$= \frac{1 \times 5 + 2}{2 \times 5 + 2}{}_{(10)} = \frac{12}{22}{}_{(5)} \quad \cdots\cdots(答)(コサ, シス)$$

(4) $x = 0.\overset{\cdot}{1}10\overset{\cdot}{0}{}_{(2)}$ ……④とおく。

④の両辺に $10000_{(2)}$ をかけると、

$$10000x = 1100 + \underbrace{0.\overset{\cdot}{1}10\overset{\cdot}{0}}_{x}$$

⇦ すべて、2進法表示の式だ。

$$10000x = 1100 + x$$

$$\underbrace{(10000 - 1)}_{1111_{(2)}}x = 1100$$

2進法表示の数の引き算だからね

⇦ $(10000 - 1)_{(2)} = 1111_{(2)}$

$$\therefore x = \frac{1100}{1111}{}_{(2)} = \frac{1 \times 2^3 + 1 \times 2^2}{1 \times 2^3 + 1 \times 2^2 + 1 \times 2 + 1}{}_{(10)}$$

⇦ まず、10進法表示にして、既約分数を求めた後で、2進法表示の数に戻す。

$$= \frac{8 + 4}{8 + 4 + 2 + 1}{}_{(10)} = \frac{12}{15}{}_{(10)} = \frac{4}{5}{}_{(10)}$$

$$= \frac{1 \times 2^2 + 0 \times 2 + 0}{1 \times 2^2 + 0 \times 2 + 1}{}_{(10)} = \frac{100}{101}{}_{(2)} \quad \cdots\cdots\cdots\cdots(答)$$

(セソタ, チツテ)

これで、$n$進法表示の式の計算にも慣れた?

## 講義 7 ● 整数の性質　公式エッセンス

**1. 整数問題**

（ⅰ）$A \cdot B = n$ 型　（$A$，$B$：整数の式，$n$：整数）

$A \cdot B = n$ の形に持ち込んで，$A$ と $B$ の値の表を作って解く。

（ⅱ）範囲を押さえる型

与えられた条件を利用して，未知の整数の取り得る値の範囲
を調べて解く。

**2. 2つの自然数 $a$，$b$ の最大公約数 $g$ と最小公倍数 $L$**

（ⅰ）$\begin{cases} a = g \cdot a' \\ b = g \cdot b' \end{cases}$　（$a'$，$b'$：互いに素な正の整数）

（ⅱ）$L = g \cdot a' \cdot b'$　　　　（ⅲ）$a \cdot b = g \cdot L$

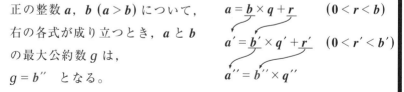

**3. 除法の性質**

整数 $a$ を正の整数 $b$ で割ったときの商を $q$，余りを $r$ とおくと，

$a = b \times q + r$　（$0 \leqq r < b$）　が成り立つ。

**4. ユークリッドの互除法**

正の整数 $a$，$b$ ($a > b$) について，
右の各式が成り立つとき，$a$ と $b$
の最大公約数 $g$ は，
$g = b''$　となる。

$$a = b \times q + r \qquad (0 < r < b)$$
$$a' = b' \times q' + r' \quad (0 < r' < b')$$
$$a'' = b'' \times q''$$

**5. 1次不定方程式 $ax + by = 1$ …① ($a$，$b$：互いに素) の解法**

①の組の整数解 $(x_1, y_1)$ を，ユークリッドの互除法より求め，

$ax_1 + by_1 = 1$ …②を作る。①－②より，$aX = bY$ ($a$，$b$：互いに素)

の形に帰着させる。

**6. (10進数) → (2進法) への変換**

($ex$) 右の計算式より，

$$\underline{15_{(10)}} = \underline{1111_{(2)}}$$

10進法表示　　2進法表示

# 講義 8 図形の性質

## 図形的なセンスに磨きをかけよう！

- ▶チェバの定理、メネラウスの定理
- ▶中線定理、方べきの定理、トレミーの定理
- ▶三角形の五心
  （重心、外心、内心、垂心、傍心）

- ▶三角比との融合
- ▶正多面体（オイラーの多面体定理）

サクセス・ストーリーに

ばばじぞうあり！

# ◆講◆義◆ 8 図形の性質

　さァ，共通テスト数学 **I・A** の "**図形の性質**" の講義を始めよう。これも，共通テストでは頻出分野の **1** つなので，シッカリ練習しておこう。

　そして，この "**図形の性質**" の知識は，共通テスト数学 **I・A** では "三角比" の問題を解く上で，また，共通テスト数学 **II・B** では "平面ベクトル" の問題を解く上でも，役に立つことがしばしばあるので，その意味でも，これから教える内容を自分のものにして，使いこなせるようにしておく必要があるんだね。

　ここで，"**図形の性質**" で狙われる頻出テーマを下に列挙しておこう。
・チェバ・メネラウスの定理
・中線・方べき・トレミーの定理
・三角形の五心
・三角比との融合問題
・正多面体（オイラーの多面体定理）

　エッ？　公式が多くて大変そうだって？　でも，逆に，公式が使いこなせるようになると，問題がスムーズに解けるようになるんだよ。さらに，ここでは当然図形的なセンスも要求される。これについても，これから解いていく問題の中で十分に磨きをかけていけるはずだ。頑張ろうな！

## ● チェバ・メネラウスの定理をマスターしよう！

チェバの定理，メネラウスの定理は，三角形の線分比を求めるのに非常に役に立つ。ここでは，その基本事項も示しておく。さらに，この問題で，中線定理もマスターできるはずだ。まず，ウォーミング・アップ問題だよ。テンポよく制限時間内に解いてくれ。

---

| 演習問題 62 | 制限時間 8 分 | 難易度 ★ | CHECK*1* | CHECK*2* | CHECK*3* |

3 辺の長さ $BC = 6$ ， $CA = 4$ ， $AB = 5$ の三角形 $ABC$ がある。

辺 $BC$ の中点を $M$ ，辺 $CA$ を $2 : 3$ に内分する点を $P$ とおく。

また，直線 $AM$ と $BP$ の交点を $Q$ とおき，直線 $CQ$ と辺 $AB$ の交点を $R$ とおく。

このとき，

(1) $AR : RB = \boxed{ア} : \boxed{イ}$ であり，

$\quad CQ : QR = \boxed{ウ} : \boxed{エ}$ である。

(2) $\dfrac{AQ}{AM} = \dfrac{\boxed{オ}}{\boxed{カ}}$ であり，

$\quad AQ = \dfrac{\boxed{キ}\sqrt{\boxed{クケ}}}{\boxed{コ}}$ である。

---

ヒント！ 図形的な問題の場合，問題文を読んで腕組して考えていたって何にもならないよ。まず，自分なりに，与えられた条件から図を描くことだ。そして，図を描きながら，作戦を立てるんだよ。(1) チェバ・メネラウスの定理を使えば，一発で答えが出てくるよ。公式の覚え方は，**Baba** のレクチャーで詳しく話す。(2) 前半は，メネラウスの定理でスグに結果が出せるはずだ。後半部分は，まず，中線定理を使って **AM** を出すといいんだね。

(ⅰ) チェバの定理

　右図のように，△ABC の 3 頂点から 3
本の直線が出て 1 点で交わるものとする。
この 3 本の直線と各辺との交点を D，E，
F とおくと，3 辺 BC，CA，AB は，3 点 D，
E，F によって，それぞれ①：②，③：④，
⑤：⑥の比に内分されるだろう。この内
分比を求めるのが，チェバの定理だ。

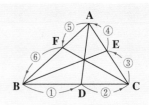

チェバの定理では，①，②，
…，⑥の順に三角形を一周
するだけだから，簡単だね。

チェバの定理

$$\frac{②}{①} \times \frac{④}{③} \times \frac{⑥}{⑤} = 1$$

(ⅱ) メネラウスの定理

　メネラウスの定理も，チェバの定理と
同様に①から⑥までの線分比に対する公
式なんだ。ただ，チェバより複雑だよ。
右図に示すように，三角形の 2 頂点から
2 本の直線が出て，2 辺との交点が内分
点となってるね。

　この内の 1 つの内分点を出発点として，
①で行った後，②で戻り，その後③，④
とそのまま行き，最後に⑤，⑥で中に切
り込んで元の出発点の位置に帰ってくる
んだ。2 つの図を入れておいたので，分
かり易いはずだ。

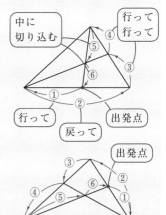

メネラウスの定理では，①，
②，…，⑥の順番は，行っ
て (①)，戻って (②)，行っ
て行って (③，④)，中に切
り込む (⑤，⑥) と覚えよう。

メネラウスの定理

$$\frac{②}{①} \times \frac{④}{③} \times \frac{⑥}{⑤} = 1$$

### 解答&解説

### ココがポイント

(1) 図1のように，△ABC の辺 BC と辺 CA は，点 M，P によってそれぞれ，1:1 と 2:3 に内分されているんだね。

ここで，$AR : RB = m : n$ とおくと，

チェバの定理より，

$$\frac{1}{1} \times \frac{3}{2} \times \frac{n}{m} = 1$$

> チェバは，
> ①から⑥まで
> 一周まわるだけ

$$\therefore \frac{n}{m} = \frac{2}{3}$$

よって，$AR : RB = 3 : 2$ ………(答)(ア, イ)

次に，$CQ : QR = s : t$ とおくと，図2に示すように，今度はメネラウスの定理が使えるんだね。

$$\frac{5}{3} \times \frac{1}{1} \times \frac{t}{s} = 1$$

> メネラウスは，
> 行って（①），戻って（②），
> 行って行って（③，④），
> 中に切り込む（⑤，⑥）
> と覚えるんだ！

$$\therefore \frac{t}{s} = \frac{3}{5} \quad \text{だね。}$$

よって，$CQ : QR = 5 : 3$ ………(答)(ウ, エ)

(2) $AQ : QM = u : v$ とおくと，この比もメネラウスの定理を使うと簡単に出る。後は，線分 AM の長さを中線定理を使って求めると，$u : v$ の比から線分 AQ の長さが求まるんだね。

図1

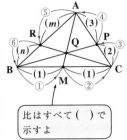

> 比はすべて（ ）で示すよ

図2

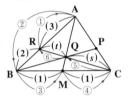

## Baba のレクチャー

中線定理で線分の長さがわかる！

　チェバやメネラウスの定理では線分の比
が分かるんだね。それに対し，中線定理は，
線分の長さを求める公式だ。

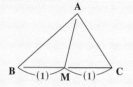

> 中線定理
> △ABC の辺 BC の中点を M とおくと，次式が成り立つ。
> $$AB^2 + AC^2 = 2(AM^2 + BM^2)$$

AQ : QM $= u : v$ とおくと，図 3 よりメネラウ
スの定理を用いて，

$$\frac{2}{1} \times \frac{3}{2} \times \frac{v}{u} = 1, \quad \frac{v}{u} = \frac{1}{3}, \quad u : v = 3 : 1$$

$$\therefore \text{AQ} : \text{QM} = \overset{u}{(3)} : \overset{v}{(1)} \text{より}, \underbrace{\frac{\text{AQ}}{\text{AM}} = \frac{\overset{u}{③}}{\underset{u+v}{④}}}_{} \cdots\cdots(\text{答})$$
$$(\text{オ}, \text{カ})$$

図 4 より，△ABC に中線定理を用いると，

$$\underset{5^2}{\text{A}\overset{u}{\text{B}}{}^2} + \underset{4^2}{\text{A}\overset{u}{\text{C}}{}^2} = 2(\text{AM}^2 + \underset{3^2}{\text{B}\overset{u}{\text{M}}{}^2})$$

$$5^2 + 4^2 = 2(\text{AM}^2 + 3^2)$$

$$\text{AM}^2 = \frac{23}{2} \quad \therefore \text{AM} = \sqrt{\frac{23}{2}} = \boxed{\frac{\sqrt{46}}{2}}$$

$$\therefore \text{AQ} = \frac{3}{4}\boxed{\text{AM}} = \frac{3\sqrt{46}}{8} \cdots\cdots\cdots\cdots\cdots\cdots(\text{答})$$
$$(\text{キ}, \text{クケ}, \text{コ})$$

図 3

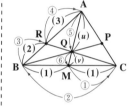

図 4 中線定理では，線
　　分の比ではなくて，
　　長さを求める。

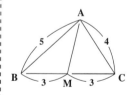

## ● 円の内接四角形には "方べきの定理" が使える！

次の問題では，メネラウスの定理を使うけれど，円に内接する四角形が出てくるので，"方べきの定理" も利用することになるんだね。

| 演習問題 63 | 制限時間 10 分 | 難易度 ★★ | CHECK*1* | CHECK*2* | CHECK*3* |

三角形 ABC の辺 AB，AC 上にそれぞれ点 D，E を

AD : AE = 2 : 3 となるようにとる。直線 DE と直線 BC は点 F で交わるとする。

(1) AD : BD = 2 : 3，AE : CE = 3 : 1 であるとき，三角形 ADE の面積を S，四角形 BCED の面積を T とすれば，

$\dfrac{S}{T} = \dfrac{\boxed{ア}}{\boxed{イ}}$ である。

(2) BD : CE = 3 : 1 とする。このとき，$\dfrac{BF}{CF} = \dfrac{\boxed{ウ}}{\boxed{エ}}$ である。

さらに，4 点 B，C，E，D が同一円周上にあるとき，AD = 2a，CE = b とおくと，

$\boxed{オ}\,a = \boxed{カ}\,b$ である。したがって，

$\dfrac{AB}{AC} = \dfrac{\boxed{キ}}{\boxed{ク}}$，$\dfrac{AD}{BD} = \dfrac{\boxed{ケ}}{\boxed{コ}}$ である。

また，$\dfrac{EF}{DF} = \dfrac{\boxed{サ}}{\boxed{シ}}$ となる。

ヒント！ (1) は，三角形の面積の公式を使うといいよ。(2) では，"メネラウスの定理" と "方べきの定理" をウマク使えばいい。

(1) $\triangle$ ABC において，AD : AE = 2 : 3，

AD : BD = 2 : 3，AE : CE = 3 : 1 より，図1の

ようになる。ここで，三角形 ABC の面積を

$\triangle$ ABC などと表すと，

図1

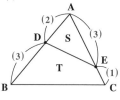

$$S = \triangle ADE = \frac{1}{2} \underbrace{\text{AD}}_{\frac{2}{5}\text{AB}} \cdot \underbrace{\text{AE}}_{\frac{3}{4}\text{AC}} \cdot \sin A$$

$$= \frac{1}{2} \cdot \frac{2}{5} AB \cdot \frac{3}{4} AC \cdot \sin A$$

$$= \frac{3}{10} \cdot \boxed{\frac{1}{2} AB \cdot AC \cdot \sin A} \quad \leftarrow \triangle ABC$$

$$= \frac{3}{10} \triangle ABC$$

また，四角形 BCED の面積 T は，

$$T = \triangle ABC - S = \triangle ABC - \frac{3}{10} \triangle ABC$$

$$= \frac{7}{10} \triangle ABC$$

$$\therefore \frac{S}{T} = \frac{3}{7} \quad \cdots\cdots\cdots\cdots\cdots\cdots\text{(答)(ア，イ)}$$

⇦ $\dfrac{S}{T} = \dfrac{\frac{3}{10}\triangle ABC}{\frac{7}{10}\triangle ABC} = \dfrac{3}{7}$ だ。

(2) AD : AE = 2 : 3 より，AD = 2a，AE = 3a，

BD : CE = 3 : 1 より，BD = 3b，CE = b とおく

よ。( a，b : 正の定数 )

⇦ 早い時点で，a，b を使った方がいいよ。

図2のように，$\triangle$ ABF を想定すると，メネラ

ウスの定理から，BF : CF の比が分かるね。

図2

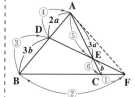

$$\frac{BF}{CF} \times \frac{2a}{3b} \times \frac{b}{3a} = 1 \qquad \frac{BF}{CF} \times \frac{2}{9} = 1$$

よって，$\dfrac{BF}{CF} = \dfrac{9}{2}$ $\cdots\cdots\cdots\cdots\cdots$(答)(ウ，エ)

## Baba のレクチャー

方べきの定理は円の内接四角形に有効だ！

方べきの定理には，次の **3** 通りがあるので，状況に応じて使い分けよう。

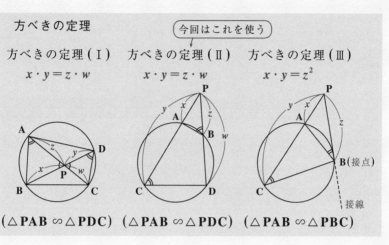

方べきの定理

今回はこれを使う

方べきの定理 (Ⅰ)　　方べきの定理 (Ⅱ)　　方べきの定理 (Ⅲ)

$x \cdot y = z \cdot w$　　　　$x \cdot y = z \cdot w$　　　　$x \cdot y = z^2$

$(\triangle PAB \backsim \triangle PDC)$　$(\triangle PAB \backsim \triangle PDC)$　$(\triangle PAB \backsim \triangle PBC)$

四角形 **BCED** が円に内接するとき，図 **3** より，方べきの定理が使える。

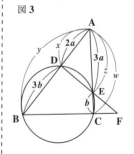

図3

$$2a \times (2a + 3b) = 3a \times (3a + b) \quad [xy = zw]$$

$$4a + 6b = 9a + 3b \quad \boxed{これから\ b = \frac{5}{3}a\ だ！}$$

$$\therefore \underline{5a = 3b} \quad\cdots\cdots\cdots\cdots\cdots\cdots\cdots(答)(オ, カ)$$

$$\therefore \frac{AB}{AC} = \frac{2a + 3\overset{\frac{5}{3}a}{\textcircled{b}}}{3a + \underset{\frac{5}{3}a}{\textcircled{b}}} = \frac{6a + 15a}{9a + 5a} \quad \boxed{\begin{array}{l}分子・分母を\\3 倍した。\end{array}}$$

$$= \frac{21}{14} = \frac{3}{2} \quad\cdots\cdots\cdots\cdots\cdots(答)(キ, ク)$$

また，$\dfrac{AD}{BD} = \dfrac{2a}{\underset{5a}{\boxed{3b}}} = \dfrac{2a}{5a} = \dfrac{2}{5}$ …………(答)(ケ, コ)

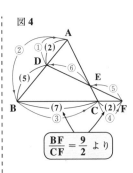

図4

$\dfrac{BF}{CF} = \dfrac{9}{2}$ より

最後に，**EF：DF** の比は，図 **4** のようにメネラ

ウスの定理を使って，まず **EF：DE** の比を計算す

ればいいよね。

$\dfrac{7}{2} \times \dfrac{2}{7} \times \dfrac{DE}{EF} = 1$　　よって，$\dfrac{DE}{EF} = \dfrac{1}{1}$ より，

$\dfrac{EF}{DF} = \dfrac{1}{2}$ ……………………………………(答)(サ, シ)

どうだった？　平面図形の問題にも，そろそろ慣れてきただろうね。ま

ず，図を描いて，どのような公式・定理が使えるかをジックリ考えていけ

ばいいんだね。そうすることによって，図形的センスも磨かれていくんだ

よ。平面図形の問題も自力で解けるようになると，その面白さ，楽しさが

分かってくるはずだ。

## ● 方べきの定理とメネラウスの定理の融合問題をもう1題解こう！

方べきの定理とメネラウスの定理の **2** つを利用する問題も，次の例題で解いてみよう。公式や定理は使って覚えていくことが大切なんだね。

| 演習問題 64 | 制限時間 6 分 | 難易度 ★★ | CHECK*1* | CHECK*2* | CHECK*3* |
|---|---|---|---|---|---|

$\triangle ABC$ において，$AB = 3$，$BC = 7$，$CA = 5$ とする。

辺 $AC$ 上に点 $D$ を $AD = 3$ となるようにとり，$\triangle ABD$ の外接円と直線 $BC$ の交点で，$B$ と異なるものを $E$ とする。このとき，

$BC \cdot CE = \boxed{\text{アイ}}$ であるから，$CE = \dfrac{\boxed{\text{ウエ}}}{\boxed{\text{オ}}}$ である。

直線 $AB$ と直線 $DE$ の交点を $F$ とするとき，$\dfrac{BF}{AF} = \dfrac{\boxed{\text{カキ}}}{\boxed{\text{ク}}}$ であり，

$AF = \dfrac{\boxed{\text{ケコ}}}{\boxed{\text{サ}}}$ である。

ヒント！ $\triangle ABC$ と，$\triangle ABD$ の外接円の図を描けば方べきの定理が利用できることに気付くはずだ。次に $\triangle ABC$ と $\triangle FBE$ の形から，$\dfrac{BF}{AF}$ を求めるのに，メネラウスの定理を使うことに気付けばいいんだね。頑張ろう！

### 解答＆解説

右図に，$AB = 3$，$BC = 7$，$CA = 5$ の $\triangle ABC$ と，$\triangle ABD$ の外接円を図 **1** に示す。この円と辺 $BC$ との交点を $E$ とおく。

$CE = x$ とおき，方べきの定理を用いると，

$$BC \cdot CE = \underset{5}{AC} \cdot \underset{2}{CD} = 5 \times 2 = 10$$

$$\therefore \underset{7}{BC} \cdot \underset{x}{CE} = 10 \quad\cdots\cdots\cdots① \cdots\cdots(答)(アイ)$$

①に $BC = 7$ を代入すると，

$$x = CE = \frac{10}{7} \quad\cdots\cdots\cdots② となる。\cdots\cdots(答)$$
$$(ウエ, オ)$$

### ココがポイント

図1

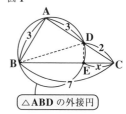

△ABD の外接円

$\left( \begin{array}{l} 方べきの定理 \\ 2 \times 5 = x \times 7 \end{array} \right)$

$BC = 7$ より，

$BE = BC - CE = 7 - \dfrac{10}{7} = \dfrac{49-10}{7}$

$\therefore \ BE = \dfrac{39}{7}$ である。

直線 $AB$ と直線 $DE$ の交点を $F$ とおく。

図 $2$ に示すように，$AF = y$ とおいて，これを

求める。

図 $2$ の形から，図 $3$ に示すようなメネラウスの定理

$\left( \dfrac{②}{①} \times \dfrac{④}{③} \times \dfrac{⑥}{⑤} = 1 \right)$ が使えることに気付けばいい

んだね。よって，

$\dfrac{BF}{AF} \times \dfrac{\dfrac{10}{7}}{\dfrac{39}{7}} \times \dfrac{3}{2} = 1$

$\dfrac{BF}{AF} = 1 \times \dfrac{2}{3} \times \dfrac{\overset{13}{39}}{10} = \dfrac{13}{5}$ …………③となる。

…… (答)(カキ，ク)

ここで，$AF = y$，$BF = y + 3$ を③に代入して，

$\dfrac{y+3}{y} = \dfrac{13}{5}$    $5(y+3) = 13y$

$5y + 15 = 13y$    $8y = 15$

$\therefore \ y = AF = \dfrac{15}{8}$  である。……………(答)(ケコ，サ)

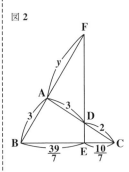

図 2

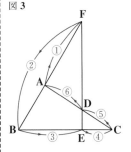

図 3

　どう？これで方べきの定理とメネラウスの定理の融合問題にもかなり自信が付いたでしょう？後は，自分で納得がいくまで何度でも反復練習しておくことだね。

## ● 円の内接四角形には "トレミーの定理" も使える！

次も円に内接する四角形の問題だ。これで，三角形の頂角の二等分線，円周角，さらに，"方べきの定理" や "トレミーの定理" もマスターできる！

---

| 演習問題 65 | 制限時間 10 分 | 難易度 ★★ | CHECK 1 | CHECK 2 | CHECK 3 |
|---|---|---|---|---|---|

3 辺の長さが $BC = 9$, $CA = 8$, $AB = 10$ の $\triangle ABC$ がある。内角 A の二等分線が，$\triangle ABC$ の外接円と交わる点を D ，また，直線 AD と直線 BC の交点を E とおく。このとき，

(1) $BE = \boxed{\text{ア}}$ であり，$EC = \boxed{\text{イ}}$ である。

(2) $AE = x$，$ED = y$，$CD = z$ とおくと，

$xy = \boxed{\text{ウエ}}$ ……① であり，$\boxed{\text{オ}}\, z = x + y$ ……② である。

また，$\triangle ABE \backsim \triangle CDE$ より，$xz = \boxed{\text{カキ}}$ ……③ である。

以上①，②，③ より，$x = \boxed{\text{ク}} \sqrt{\boxed{\text{ケコ}}}$ である。

---

ヒント！　**(1)** 頂角 A の二等分線と辺 BC の交点を E とおくと，
$BE : EC = AB : AC$ となる。(三角形の頂角の二等分線の定理)
**(2)** 四角形 ABDC は，円に内接するので，①については，方べきの定理 (I) を使えばいい。②は，トレミーの定理を用いると出てくる。これは，頂角の二等分線の定理と併せて Baba のレクチャーで詳しく解説しよう。そして，最後の③は，問題文にあるように，$\triangle ABE$ と $\triangle CDE$ の相似から導ける。

---

### Baba のレクチャー

頂角の二等分線の定理

$\triangle ABC$ の頂角 A の二等分線と辺 BC の交点を D とおくと，

$BD : DC = AB : AC = c : b$ となる。

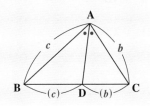

---

## Baba のレクチャー

トレミーの定理も，円の内接四角形に有効だ！

"トレミーの定理"は，円に内接する四角

形の **4** 辺の長さと，**2** 本の対角線の長さに

ついての重要な定理だ。

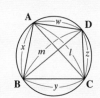

右のような円に内接する四角形 **ABCD** に

ついて，**4** つの辺の長さを $AB=x$, $BC=y$, $CD=z$, $DA=w$，また，

**2** つの対角線の長さを $AC=l$, $BD=m$ とおくと，次のトレミーの

定理が成り立つんだ。

> トレミーの定理
>
> $$\underline{x \times z + y \times w = l \times m}$$

対辺同士のかけ算　　　　　対角線のかけ算

対辺同士のかけ算

---

### 解答 & 解説

(1) △ABC の頂角 A の二等分線と辺 BC との交

　　点を E とおくと，図 **1** のように，

　　$BE:EC = AB:AC = 10:8 = 5:4$ だね。

　　ここで，$BC = 9$ だから，

　　　　$BE = 5$ ……(答)(ア), $EC = 4$ ……(答)(イ)

(2) 図 **2** のように，四角形 ABDC は円に内接する。

　　ここで，$AE = x$, $ED = y$, $CD = z$ とおくと，

　　(ア) 同じ弧 DB に対する円周角なので，

　　　　$\angle DAB = \angle DCB$ だね。

### ココがポイント

図1

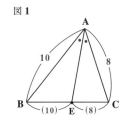

図2

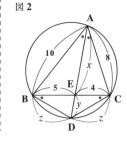

222

(イ) 同じ弧 DC に対する円周角なので，

$\angle DAC = \angle DBC$ だ。

ここで，$\angle DAB = \angle DAC$ だから，(ア)(イ)より，$\angle DCB = \angle DBC$ だね。よって，

$CD = BD = z$ だ。

⇦ △DBC は，BD＝CD の二等辺三角形だ。

(ⅰ) 四角形 ABDC に方べきの定理(Ⅰ)を用いて，　$x \times y = 5 \times 4$

$\therefore\ xy = 20$ ……① ………………(答)(ウエ)

(ⅱ) 四角形 ABDC にトレミーの定理を用いて，

$$\underbrace{10 \times z}_{\text{対辺同士の積}} + \underbrace{8 \times z}_{\text{対辺同士の積}} = \underbrace{(5+4) \times (x+y)}_{\text{対角線の積}}$$

$\therefore\ 2z = x + y$ ……② ………………(答)(オ)

(ⅲ) 図 3 に示すように，

$\angle BAE = \angle DCE$ ← 円周角 (•)

$\angle AEB = \angle CED$ ← 対頂角 (×)

$\therefore\ \triangle ABE \backsim \triangle CDE$

よって，$AE : CE = AB : CD$ より，

$x : 4 = 10 : z$

$\therefore\ xz = 40$ ……③ ………………(答)(カキ)

図 3

⇦ △ABE ∽ △CDE (相似) から，
AE : CE = BE : DE
∴ x : 4 = 5 : y より，
方べきの定理(Ⅰ)
xy = 20 が導かれる。

ここで，②の両辺に x をかけて，

$2xz = x(x+y)$ 　　 $\therefore\ 2\underset{40}{xz} = x^2 + \underset{20}{xy}$ ……④

④に①，③を代入して，

$2 \times 40 = x^2 + 20$ 　　 $x^2 = 60$

$x = \sqrt{60} = 2\sqrt{15}$ ………………(答)(ク，ケコ)

⇦ ∵ $x > 0$

## ● 三角形の重心と内心を押さえよう！

三角形の五心 (重心，内心，外心，垂心，傍心) に関する問題は，共通テストでも頻繁に出題されるはずだ。それでは，まず五心の中でも最も重要な重心と内心の問題から始める。これらも，問題を解くことによって，実践的にマスターしていこう！

| 演習問題 66 | 制限時間 6 分 | 難易度 ★ | CHECK1 | CHECK2 | CHECK3 |
|---|---|---|---|---|---|

(1) 3 辺の長さが，$BC = 4$，$CA = 2$，$AB = 3$ の △ABC がある。

この重心を G とおくとき，

$$AG = \frac{\sqrt{\boxed{アイ}}}{\boxed{ウ}}$$ である。

(2) 3 辺の長さの比が，$BC : CA : AB = 4 : 2 : 3$ の △ABC がある。

この内心を I とおくとき，線分 AI の延長と辺 BC とが交わる点を P とおく。

$AP = 5$ のとき，

$$AI = \frac{\boxed{エオ}}{\boxed{カ}}$$ である。

> **ヒント！** (1) △ABC の各頂点から引いた 3 本の中線が交わる点が重心 G だから，当然 "中線定理" が利用できるのが分かるね。(2) △ABC の内心は，3 つの頂角の二等分線が交わる点なんだね。したがって，この 3 つの頂角の二等分線と各辺との交点により，各辺の内分比が分かる。後は，"メネラウスの定理" が使えそうなのが分かるね。このように，これまで学習してきた知識と，重心や内心の知識が連動するようになると，解法の糸口が見えてくるはずだ。

## Baba のレクチャー

重心と内心の性質を押さえよう！

（ⅰ）重心 G

> 頂点と対辺の中点とを結ぶ線分のこと

　△ABC の各頂点から 3 本の中線を引くと，それらは一点で交わる。この点を重心 G と呼ぶよ。右図のように，重心 G は，

> この場合，AM のこと

各中線を 2：1 の比に内分する。これが大事な重心の性質だ。

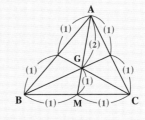

（ⅱ）内心 I

　△ABC の 3 つの内角の二等分線は 1 点で交わる。その点を内心 I という。右図に示すように，内心 I は，△ABC の内接円の中心なんだね。また，右図の AP は∠A の二等分線だから，BP：PC＝AB：AC となるのもいいね。

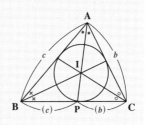

---

## 解答＆解説

**(1)** 図 1 のように，辺 BC の中点を M とおくと，線分 AM を 2：1 に内分する点が重心 G なんだね。

　まず，中線定理で，AM の長さを求める。

$$2(AM^2 + BM^2) = AB^2 + AC^2$$ より，

$$2(AM^2 + 2^2) = 3^2 + 2^2$$

## ココがポイント

図1

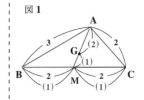

$\therefore AM^2 = \dfrac{5}{2}$ より， $AM = \sqrt{\dfrac{5}{2}} = \dfrac{\sqrt{10}}{2}$

$\therefore$ 求める線分 $AG$ の長さは，

$$AG = \dfrac{2}{3}AM = \dfrac{2}{3} \cdot \dfrac{\sqrt{10}}{2} = \dfrac{\sqrt{10}}{3} \quad \cdots\cdots(答)$$
$$(\text{ア イ， ウ})$$

(2) $\triangle ABC$ において，$BC:CA:AB=4:2:3$ より，

$BC=4k$，$CA=2k$，$AB=3k$ $(k:$正の定数$)$

とおくよ。$\triangle ABC$ の各内角の二等分線の交点

が内心 $I$ だから，それぞれの角の二等分線と

対辺の交点を図2のように $P$，$Q$，$R$ とおくと，

図2

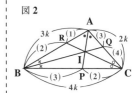

$BP:PC = AB:AC = 3:2$

$CQ:QA = BC:BA = 4:3$

$AR:RB = CA:CB = 2:4 = 1:2$

ここで，$AP=5$ と与えられているから，図3

のように，$\triangle ABC$ にメネラウスの定理を使っ

て，$AI:IP$ の比を求めればいいよね。

図3 メネラウスの定理だ。

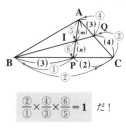

$$\dfrac{\text{②}}{\text{①}} \times \dfrac{\text{④}}{\text{③}} \times \dfrac{\text{⑥}}{\text{⑤}} = 1 \quad \text{だ！}$$

$AI:IP = m:n$ とおくと，メネラウスの定理

より，

$$\dfrac{5}{3} \times \dfrac{3}{4} \times \dfrac{n}{m} = 1 \qquad \therefore \dfrac{n}{m} = \dfrac{4}{5}$$

よって，$AI:IP = 5:4$ だね。

以上より，$AI = \overbrace{\boxed{\dfrac{5}{9}}}^{\frac{m}{m+n}} \cdot AP = \dfrac{5}{9} \times 5 = \dfrac{25}{9} \cdots(答)$
$$(\text{エ オ， カ})$$

どう？ 重心が中線定理と，また内心がチェバ・メネラウスの定理と密接

に関連してることが分かった？

もう1題，三角形の内心 I の問題を解いてみよう。これは，過去に出題 された問題だよ。

---

| 演習問題 67 | 制限時間 12 分 | 難易度 ★★ | CHECK1 | CHECK2 | CHECK3 |

1 辺の長さが 1 の正方形 ABCD の辺 BC を 1：3 に内分する点を E とする。D を中心とする半径 1 の円と，線分 DE との交点を F とする。点 F におけるこの円 D の接線と辺 AB，BC との交点をそれぞれ G，H とする。さらに直線 GE と直線 BD との交点を I とする。

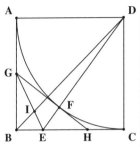

$\boxed{\text{キ}}$ ～ $\boxed{\text{サ}}$ には，次の⓪～Ⓕのうちから正しいものを一つずつ選べ。

⓪ EH　　① FD　　② FE　　③ GE　　④ GF　　⑤ GH

⑥ GI　　⑦ GJ　　⑧ IE　　⑨ JB　　Ⓐ BEI　　Ⓑ BIE

Ⓒ EBI　　Ⓓ EFG　　Ⓔ FEG　　Ⓕ FGE

(1) 点 I が △BGH の内心であることを示す。E は BC を 1:3 に内分するから EC $=\dfrac{\boxed{\text{ア}}}{\boxed{\text{イ}}}$ である。△ECD において三平方の定理 (ピタゴラスの定理) を用いれば ED $=\dfrac{\boxed{\text{ウ}}}{\boxed{\text{エ}}}$ となる。よって EF $=\dfrac{\boxed{\text{オ}}}{\boxed{\text{カ}}}$ である。△GBE と △GFE は直角三角形で，斜辺 GE を共有し，BE $=\boxed{\text{キ}}$ であるから △GBE ≡ △GFE が成り立つ。ゆえに ∠BGE $=∠\boxed{\text{ク}}$ となる。一方，∠GBI $= 45° = ∠\boxed{\text{ケ}}$ であるから I は △BGH の内心であることがわかる。

(2) 次に，△BGH の内接円 I の半径 $r$ を求める。GA $=$ GF $=$ GB なので，G は AB の中点であることがわかる。I から GB に下ろした垂線と GB との交点を J とする。JI $=\boxed{\text{コ}}=r$ であって JI // BE であるから GB：BE $=\boxed{\text{サ}}$：JI が成り立つ。ゆえに $r=\dfrac{\boxed{\text{シ}}}{\boxed{\text{ス}}}$ となる。

ヒント！ **(1)** I が△BGH の内心であることを示すには，∠GBI ＝∠EBI ＝ 45°
は分かっているので，∠BGE ＝∠FGE を示せばいいんだね。内心は，三角形の
2 つの内角の二等分線の交点だからね。**(2)** では，相似な 2 つの直角三角形
△GBE と△GJI の相似比を利用すればいいんだね。

## 解答＆解説

**(1)** 右図のような，1 辺の長さ 1 の正方形 ABCD

について，点 E は辺 BC を 1 : 3 に内分する。

よって，$BE = \dfrac{1}{4}$ ，$EC = \dfrac{3}{4}$ ……(答)(ア，イ)

ここで，直角三角形 ECD は $EC = \dfrac{3}{4}$ ，$CD = 1$

より，これに三平方の定理を用いると，

$$ED^2 = \underbrace{\left(\dfrac{3}{4}\right)^2}_{\boxed{EC^2}} + \underbrace{1^2}_{\boxed{CD^2}} = \dfrac{9+16}{16} = \dfrac{25}{16}$$

$\boxed{\because ED > 0}$

$\therefore ED = \sqrt{\dfrac{25}{16}} = \dfrac{5}{4}$ となる。………(答)(ウ，エ)

よって，$EF = \underbrace{ED}_{\boxed{\frac{5}{4}}} - \underbrace{DF}_{\boxed{半径 1}} = \dfrac{5}{4} - 1 = \dfrac{1}{4}$ となる。

………(答)(オ，カ)

## ココがポイント

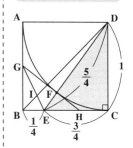

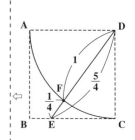

## Baba のレクチャー

ここで，I が，△BGH の内心であることを
示すには，∠GBI ＝∠EBI ＝ 45°は明らか
なので，後は，∠BGE ＝∠FGE となるこ
とを示せばいいんだね。

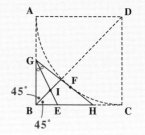

ここで, **2** つの直角三角形 △**GBE** と △**GFE**
について, これらは,

$$\begin{cases} \cdot 斜辺\ \mathbf{GE}\ を共有し, \\ \cdot \mathbf{BE}=\mathbf{FE}=\dfrac{1}{4}\ となる。\ \therefore ② \quad \cdots\cdots(答)(キ) \end{cases}$$

よって, 斜辺と他の **1** 辺が等しい直角三角形
は合同となるので, ("合同"を表す記号)

  △**GBE** ≡ △**GFE**

  ∴ ∠**BGE** = ∠**FGE** となる。 ∴ Ⓕ ···(答)(ク)

また, 明らかに

  ∠**GBI** = **45°** = ∠**EBI**  ∴ Ⓒ ······(答)(ケ)

より, **I** は, △**BGH** の **2** つの内角の二等分線
の交点となるので, △**BGH** の内心である。

ここまでは, 大丈夫? では, 次にいこう!

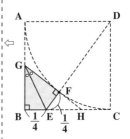

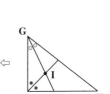

**(2)** 次, △**BGH** の内接円 **I** の半径を $r$ とおいて,
  $r$ を求める。まず,

  <u>**GA** = **GF** = **GB**</u> なので, **G** は **AB** の中点となる。

---

△**GBE** ≡ △**GFE** ( 合同 ) より,

<u>**GB** = **GF**</u> ······⑦ となるのはいいね。

次に, **2** つの直角三角形 △**DGF** と △**DGA** に
ついても,

$$\begin{cases} \cdot 斜辺\ \mathbf{DG}\ を共有し,\quad (同じ円の半径) \\ \cdot \mathbf{DF}=\mathbf{DA}=1 \quad\quad\quad より, \end{cases}$$

△**DGF** ≡ △**DGA** ( 合同 ) となる。

∴ <u>**GF** = **GA**</u> ······④ もいえる。

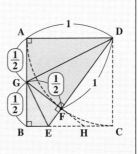

以上⑦, ④より, <u>**GA** = **GF** = **GB** = $\dfrac{1}{2}$</u> となる。

よって，$GB = \dfrac{1}{2}\overset{1}{\widehat{(AB)}} = \dfrac{1}{2}$ だね。

ここで，$I$ から $GB$ に下ろした垂線の足を $J$ とすると，

$JI = JB = r$ となる。$\therefore$ ⑨ ……………(答)(コ)

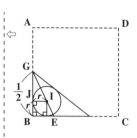

また，$JI \parallel BE$ ( 平行 ) より，

2 つの直角三角形△$GBE$ と△$GJI$ は，

$$\begin{cases} \angle BGE \text{ が共通,} \\ \angle GBE = \angle GJI = 90° \end{cases}$$

と，2 組の角がそれぞれ等しいので，相似となる。

$\therefore \triangle GBE \backsim \triangle GJI$

よって，

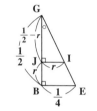

$$\underset{\boxed{\frac{1}{2}}}{GB} : \underset{\boxed{\frac{1}{4}}}{BE} = \underset{\boxed{\frac{1}{2}-r}}{GJ} : \underset{\boxed{r}}{JI} \qquad \therefore ⑦ \ \cdots\cdots\cdots\text{(答)(サ)}$$

$$\overbrace{\dfrac{1}{2} : \dfrac{1}{4} = \left(\dfrac{1}{2}-r\right) : r}$$

$$\dfrac{1}{2}r = \dfrac{1}{4}\cdot\left(\dfrac{1}{2}-r\right)$$

両辺を 8 倍して

$$4r = 1 - 2r$$

$$6r = 1 \quad \therefore r = \dfrac{1}{6} \ \cdots\cdots\cdots\cdots\text{(答)(シ，ス)}$$

どうだった？ 制限時間内で解けた人は自信をもっていいよ。最後までできなかった人も，解答＆解説をよく読んで，後日，再チャレンジしてみよう。平面図形の問題って，各設問毎に，図のどこに焦点を当てればいいかを常に考えていかなければならないんだね。よく練習して，コツをつかんでいってくれ！

## ● 外心や垂心の問題にもチャレンジしよう！

次は，三角形の外心と垂心がテーマの問題で，図形的センスを磨くのに
いい問題だと思うよ。これも過去問で三角比との融合問題でもあるん
だよ。

---

| 演習問題 68 | 制限時間 12 分 | 難易度 ★★ | CHECK*1* | CHECK*2* | CHECK*3* |

$\triangle ABC$ の外心を $O$ , 直線 $BO$ と外接円の交点を $D$ とする。また, 垂
心を $H$ , 直線 $AH$ と直線 $BC$ の交点を $E$ とする。

(1) 次の $\boxed{アイ}$ ～ $\boxed{オカ}$ に当てはまるものを, 記号 $A$ ～ $E$ のうちか
ら選べ。

($\boxed{アイ}$ のアとイ, $\boxed{ウエ}$ のウとエについては, 解答の順序を問
わない)

$AH \,/\!/\, \boxed{アイ}$ , $CH \,/\!/\, \boxed{ウエ}$ であるから, 四角形 $AH\boxed{オカ}$ は平
行四辺形である。

(2) $\triangle ABC$ において, $\angle A = 75°$, $\angle B = 45°$, 外接円の半径が $2$ であ
るとする。直線 $AH$ と外接円の交点を $F$ とする。

このとき $AH = \boxed{キ}\cos\boxed{クケ}°$, $CH = \boxed{コ}$,
$\angle CBF = \boxed{サシ}°$, $\angle CHE = \boxed{スセ}°$,
$BE = \sqrt{\boxed{ソ}}$, $EF = \sqrt{\boxed{タ}}$ である。

---

**ヒント！** (1) 直径の上に立つ円周角は直角であることと, 三角形の垂心の性質
から, $AH \,/\!/\, DC$ , $CH \,/\!/\, AD$ が見えてくるはずだ。(2) 四角形 $AHCD$ は平行四辺
形で, $AH = CD$ , $CH = AD$ だから, $AH$ , $CH$ の代わりに $CD$ と $AD$ の長さを求
めればいいんだ。

## Baba のレクチャー

外心と垂心の性質を押さえよう！

(ⅰ) 外心 O

　△ABC の各辺の垂直二等分線は 1 点で交わる。この点を外心 O と呼ぶ。

　外接円の半径を R とおくと，当然 OA＝OB＝OC＝R となるんだね。この R は，三角比の正弦定理で計算できる。

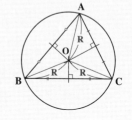

(ⅱ) 垂心 H

　△ABC の各頂点からそれぞれの対辺におろした 3 本の垂線は，1 点で交わる。この点を垂心 H と呼ぶよ。この垂心 H は，△ABC の外部にある場合もあり，△ABC が直角三角形の場合，垂心 H は，直角な頂点の位置にある。

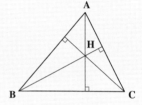

## 解答&解説

(1) ここでは，2 組の平行線を見つけるんだね。

　(ⅰ) 図 1 から，図 (ⅰ) の部分を抜き取ると，∠BCD は直径 BD の上に立つ円周角より，∠BCD＝90°だね。

　　　また，∠AEB＝90°より，

　　　　　AH∥DC ……………………(答)(アイ)

## ココがポイント

図 1

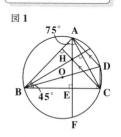

図 (ⅰ)

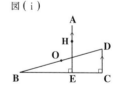

(ii) 同様に，**BD** は直径より，∠**DAB** = **90°** だね。

　　2直線 **CH** と **AB** の交点を **G** とおくと，

　　　∠**CGB** = **90°**

　　よって，**CH // DA**　……………(答)(ウエ)

以上(i)(ii)より，四角形 **AHCD** は平行四辺形となるんだね。　………………(答)(オカ)

図(ii)

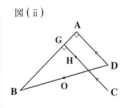

(2) 平行四辺形 **AHCD** から，当然 **AH = DC**

よって，**AH** の代わりに **DC** を求めればいい。

図2より，∠**BDC** = ∠**BAC** = **75°**

$$\therefore \frac{\overset{(AH)}{(DC)}}{\underset{(4)}{(BD)}} = \cos 75° \text{ より，}$$

弧 **BC** に対する同じ円周角

**AH** = **4cos 75°**　……………………(答)(キ, クケ)

図2

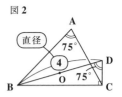

直径

⇦三角比との融合問題でもある！

　次，平行四辺形 **AHCD** から，**CH = DA** だね。よって，**DA** の値を求めるよ。

ここで，∠**DBC** = ∠**DAC** = **15°**

∠**DAB** − ∠**CAB** = 90° − 75°

弧 **DC** に対する同じ円周角

よって，図3のように，△**ABD** は

　∠**BAD** = **90°** ← 直径に対する円周角

　∠**ABD** = ∠**ABC** − ∠**DBC** = **30°** の直角三角形だ。

　　　　　45°　　　15°

図3

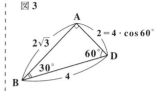

$$\therefore \frac{\overset{(CH)}{(DA)}}{\underset{(4)}{(BD)}} = \underset{}{\underbrace{\cos 60°}_{\frac{1}{2}}} \text{ より，}$$

**CH** = $4 \cdot \dfrac{1}{2}$ = **2**　………………………(答)(コ)

233

次に，図 4 に示すように，△ABE は直角二等辺三角形だから，

$$\angle CAF = \angle BAC - \angle BAE = 75° - 45° = 30°$$

がすぐ分かるね。よって，弧 CF に対する同じ円周角なので，

$$\angle CBF = \angle CAF = 30° \quad \cdots\cdots\cdots(答)(サシ)$$

図 5 のように，△ABD は直角三角形なので，

$$\angle DAE = 90° - 45° = 45° \quad だね。$$

また，AD∥HC なので，同位角の関係より，

$$\angle CHE = \angle DAE = 45° \quad \cdots\cdots\cdots(答)(スセ)$$

図 3 より，AB = $2\sqrt{3}$ だね。

すると図 6 で，△ABE は，辺の比が $1:1:\sqrt{2}$ の直角二等辺三角形だから，

$$BE = \frac{1}{\sqrt{2}} AB = \frac{2\sqrt{3}}{\sqrt{2}} = \sqrt{6} \quad \cdots\cdots\cdots(答)(ソ)$$

図 7 のように，$\angle EBF = 30°$，$\angle BEF = 90°$ より，△BEF は，辺の比が $\sqrt{3}:1:2$ の直角三角形だね。

$$\therefore EF = \frac{1}{\sqrt{3}} BE = \frac{\sqrt{6}}{\sqrt{3}} = \sqrt{2} \quad \cdots\cdots\cdots(答)(タ)$$

図 4
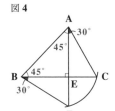

図 5
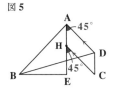

図 6
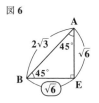

図 7
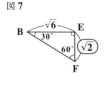

　この問題もかなりレベルの高い問題だったから，制限時間で解くのは大変だったかも知れないね。でも，図形的なセンスを磨くのにいい問題だから，繰り返し解いておこう。

## ● 傍心の問題も解いてみよう！

最後に，傍心の問題にもチャレンジしてみよう。これも，結構骨のある過去問だよ。時間内に解けるように頑張ろう！

| 演習問題 69 | 制限時間 12 分 | 難易度 ★★ | CHECK*1* | CHECK*2* | CHECK*3* |
|---|---|---|---|---|---|

$AB = AC$ である二等辺三角形 $ABC$ の内接円の中心を $I$ とし，内接円 $I$ と辺 $BC$ の接点を $D$ とする。辺 $BA$ の延長と点 $E$ で，辺 $BC$ の延長と点 $F$ で接し，辺 $AC$ と接する $\angle B$ 内の円の中心 ( 傍心 ) を $G$ とする。

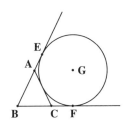

以下の文章中の アイ ， ウエ ， オカ については，当てはまる文字を $A \sim G$ のうちから選べ。ただし，オとカは解答の順序を問わない。

(1) $AD = GF$ が成り立つことを示そう。

$$2\angle EAG = \angle E \boxed{アイ} = \angle ABC + \angle B \boxed{ウエ} = 2\angle ABC$$

であるから，$\angle EAG = \angle ABC$ となる。したがって，直線 $\boxed{オカ}$ と直線 $BF$ は平行である。さらに，$A$ ，$I$ ，$D$ は一直線上にあって，$\angle ADC = \angle GFD = \boxed{キク}$ ° であるから，四角形 $ADFG$ は $\boxed{ケ}$ となる。よって，$AD = GF$ である。ただし，$\boxed{ケ}$ には，次の ⓪〜③のうちから最もふさわしいものを選べ。

    ⓪正方形　　①台形　　②長方形　　③ひし形

(2) $AB = 5$ ，$BD = 2$ のとき，$IG$ の長さを求めよう。

まず，$AD = \sqrt{\boxed{コサ}}$ であり，$AI = \dfrac{\boxed{シ}\sqrt{\boxed{コサ}}}{\boxed{ス}}$ となる。

また，$\angle AGI = \angle CBI = \angle ABI$ であるから，$AG = \boxed{セ}$ となり，

$IG = \dfrac{\boxed{ソ}\sqrt{\boxed{タチ}}}{\boxed{ツ}}$ である。

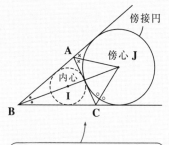

ヒント！ **(1)** 四角形 ADFG が長方形であることを示して，**AD＝GF** が成り立つことを示せばいい。**(2)AI：ID＝AB：BD** であること，また △ABG が **AG＝AB** の二等辺三角形であること，これらを示すことがポイントだよ。

## Baba のレクチャー

**傍心と傍接円**

　三角形の **1** つの内角と，他の **2** つの外角の **2** 等分線は **1** 点 **J** で交わる。この **J** を傍心という。

　傍心は，**1** 辺と他の **2** 辺の延長に接する円の中心であり，この円のことを傍接円という。

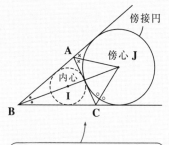
傍接円
傍心 J
A
内心
I
B
C

> 右図のように，辺 AC に対する傍接円以外に，辺 AB，辺 BC に対する傍接円もある。よって，**1** つの△ABC に対して，傍心と傍接円は，それぞれ **3** 個ずつ存在するんだね。

> 上図は，内角 **B** と，外角 **A**，外角 **C** の **2** 等分線の交点として得られる傍心 **J** と，それを中心とする傍接円を示した。**B** と内心 **I** と傍心 **J** は同一直線上にあることも要注意だよ。

### 解答 ＆ 解説

**AB＝AC** の二等辺三角形 **ABC** の内心を **I**，また，辺 **AC** と **2** 辺 **BC**，**BA** の延長と接する傍接円の中心 ( 傍心 ) を **G** とおく。

**(1)** △**ABC** は二等辺三角形より，

　　∠**ABC** ＝ ∠**ACB** であり，図中，これらの角を共に " ● " で表すことにしよう。すると，

### ココがポイント

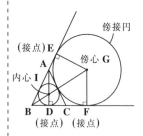
傍接円
(接点)E
A
傍心 G
内心 I
B　D　C　F
(接点)　(接点)

236

△ABC の外角 ∠EAC は，2 つの内角 ∠ABC と ∠BCA の和に等しいので，

$$2\angle EAG = \angle EAC = \angle ABC + \boxed{\angle BCA} = 2\angle ABC$$

（上部に ∠ABC，同位角）

AG は外角 ∠EAC の二等分線 …(答)(アイ，ウエ)

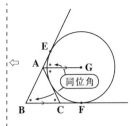

∴ ∠EAG = ∠ABC となって，同位角が等しいので，直線 AG と直線 BF は平行だね。すなわち，AG // BF（平行）だ。……(答)(オカ)

また，2 点 D と F は，それぞれ直線 BC に対する内接円と傍接円の接点であるので，

∠ADC = ∠GFD = 90° となる。…(答)(キク)

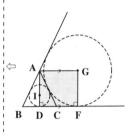

よって，四角形 ADFG は長方形である。

∴ ② ……………………………………(答)(ケ)

以上より，AD = GF となる。

ここまでは，大丈夫？ じゃ，次にいくよ。

(2) AB = 5，BD = 2 のとき，IG の長さを求める。

直角三角形 ABD に，三平方の定理を用いて，

$$AD^2 = \underset{\left(5^2\right)}{AB^2} - \underset{\left(2^2\right)}{BD^2} = 25 - 4 = 21$$

（"なぜなら" 記号）

∴ AD = $\sqrt{21}$ （∵ AD > 0）………(答)(コサ)

次に，線分 BI は，∠ABD の二等分線より，

AI : ID = AB : BD = 5 : 2

三角形の頂角の二等分線の定理

∴ AI = $\dfrac{5}{7}\underset{\left(\sqrt{21}\right)}{AD} = \dfrac{5\sqrt{21}}{7}$ となる。…(答)(シ，ス)

**AG // BF** より，

$\angle\mathbf{AGB} = \angle\mathbf{CBI}$ ←─ 錯角

また，**BI** は $\angle\mathbf{ABC}$ の二等分線より，

$\angle\mathbf{CBI} = \underline{\angle\mathbf{ABI}}$

∴ $\underline{\underline{\angle\mathbf{AGB}}} = \underline{\underline{\angle\mathbf{ABI}}}$ より，△**ABG** は，

**AG = AB**（= **5**）の二等辺三角形だね。

∴ **AG = 5** ……………………………(答)(セ)

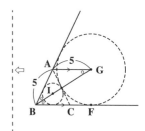

よって，直角三角形 **AIG** において，

$\mathbf{AI} = \dfrac{5\sqrt{21}}{7}$，**AG = 5** より，三平方の定理を用

いて，

$$\mathbf{IG}^2 = \mathbf{AI}^2 + \mathbf{AG}^2 = \left(\dfrac{5\sqrt{21}}{7}\right)^2 + 5^2$$

$$= \dfrac{25 \times \overset{3}{\cancel{21}}}{\underset{7}{\cancel{49}}} + 25 = \dfrac{3 \times 25 + 7 \times 25}{7}$$

$$= \dfrac{25 \times 10}{7} \quad \longleftarrow \boxed{\begin{array}{l}\text{途中経過なので，}\\ \text{この形でいい！}\end{array}}$$

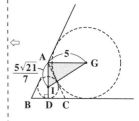

ここで，**IG > 0** より，$\boxed{\text{分子・分母に } \sqrt{7} \text{ をかけて}}$

$$\mathbf{IG} = \sqrt{\dfrac{25 \times 10}{7}} = \dfrac{5\sqrt{10}}{\sqrt{7}} = \dfrac{5\sqrt{70}}{7} \text{………(答)}$$

(ソ，タチ，ツ)

　これで，平面図形についての解説講義は終了です。最後に，オイラーの多面体定理を用いる正多面体の問題を解いておくことにしよう。ボクのオリジナル問題だ。頑張って解いてみてくれ！

## ● 正多面体の問題にもチャレンジしよう！

次の問題は，オイラーの多面体定理 $f+v-e=2$ を利用する問題だよ。

| 演習問題 70 | 制限時間 8 分 | 難易度 ★★ | CHECK1 | CHECK2 | CHECK3 |

正多面体 $T$ の面の数を $f$，頂点の数を $v$，辺の数を $e$ とおくと，

$f=\dfrac{v^2}{4}-1$ と $e=3v-6$ の関係式が成り立つものとする。このとき，

(1) $v=\boxed{\text{ア}}$，$f=\boxed{\text{イ}}$，$e=\boxed{\text{ウエ}}$ となるので，この正多面体 $T$ は，

$\boxed{\text{イ}}$ 個の $\boxed{\text{オ}}$ を表面にもつ $\boxed{\text{カ}}$ である。

（$\boxed{\text{オ}}$ と $\boxed{\text{カ}}$ は，下の⓪〜⑦の内，適切なものを選べ。）

⓪正三角形 ①正方形 ②正五角形 ③正四面体

④正六面体 ⑤正八面体 ⑥正十二面体 ⑦正二十面体

(2) この正多面体 $T$ の 1 辺の長さが $a$ であるとき，この体積を $V$ とおくと，

$V=\dfrac{\sqrt{\boxed{\text{キ}}}}{\boxed{\text{ク}}}a^{\boxed{\text{ケ}}}$ である。

ヒント！　オイラーの多面体定理 $f+v-e=2$（"メンテ代から千円引いてニッコリ" と覚えるといいんだね。）を利用して，$v$ の 2 次方程式にもち込んで解けばいいんだね。$T$ の体積計算では，対称性を利用しよう。

### 解答＆解説

(1) 正多面体 $T$ の面の数 $f$，頂点の数 $v$，辺の数 $e$ の間に，次の関係式が成り立つ。

$f=\dfrac{v^2}{4}-1$ ……①，$e=3v-6$ ……②

よって，①，②をオイラーの多面体定理の公式：$f+v-e=2$ に代入すると，

$\dfrac{v^2}{4}-1+v-(3v-6)=2$

$\dfrac{v^2}{4}-2v+3=0$ 　両辺に 4 をかけて

$v^2-8v+12=0$

$(v-2)(v-6)=0$ 　　∴ $v=2$，または 6

### ココがポイント

$\Leftarrow f+v-e=2$

「メンテ代から千円引いてニッコリ」と覚えよう。

$v = 2$ のとき，$f = e = 0$ となるので不適。

$\therefore v = 6$ ………………………………………(答)( ア )

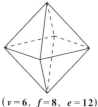

$\Leftarrow \begin{cases} f = \dfrac{v^2}{4} - 1 & \cdots\cdots ① \\ e = 3v - 6 & \cdots\cdots ② \end{cases}$

正八面体

このとき，①，②より

$f = \dfrac{6^2}{4} - 1 = 9 - 1 = 8$ …………………(答)( イ )

$e = 3 \cdot 6 - 6 = 18 - 6 = 12$ …………(答)( ウエ )

よって，この正多面体 $T$ は，8 個の正三角形を表面にもつ正八面体である。

$\therefore$ ⓪，⑤ である。……………………(答)( オ，カ )

$(v = 6,\ f = 8,\ e = 12)$

(2) よって，1 辺の長さが $a$ のこの正八面体 ABCDEF について，対角線 BD に頂点 A から下した垂線の足を O とおくと，△ABO は，辺の比が $1 : 1 : \sqrt{2}$ の直角二等辺三角形となるので，

$AO = \dfrac{a}{\sqrt{2}}$

よって，四角すい ABCDE の体積を $V'$ とおくと，

$V' = \dfrac{1}{3} \times a^2 \times \dfrac{a}{\sqrt{2}} = \dfrac{1}{3\sqrt{2}}a^3$

底面積 — 高さ AO

正八面体の対称性より，求める正八面体 $T$ の体積 $V$ は $V'$ の 2 倍である。

$\therefore V = 2V' = \dfrac{\sqrt{2}}{3}a^3$ ………………(答)( キ，ク，ケ )

1 辺の長さ $a$ の正八面体 ABCDEF の体積 $V$

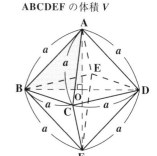

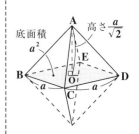

$\Leftarrow 2V' = 2 \cdot \dfrac{1}{3\sqrt{2}}a^3$

$= \dfrac{\sqrt{2}}{3}a^3$

## 講義8 ● 図形の性質　公式エッセンス

**1. 中点連結の定理**

△ABC の 2 辺 AB, AC の中点 M, N について,

MN//BC　かつ　$MN = \dfrac{1}{2}BC$

**2. 中線定理**

△ABC の辺 BC の中点 M について,

$AB^2 + AC^2 = 2(AM^2 + \underline{BM^2})$　　CM² でもよい

**3. 頂角の二等分線の定理**

△ABC の頂角 ∠A の二等分線と辺 BC の交点 P に対して,

BP : PC = AB : AC

**4.（Ⅰ）チェバの定理**

$\dfrac{②}{①} \times \dfrac{④}{③} \times \dfrac{⑥}{⑤} = 1$

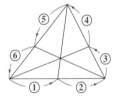

**（Ⅱ）メネラウスの定理**

$\dfrac{②}{①} \times \dfrac{④}{③} \times \dfrac{⑥}{⑤} = 1$

**5. 接弦定理**

右図で,

∠PRQ = ∠QPX

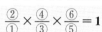

**6. 方べきの定理**

（Ⅰ）$x \cdot y = z \cdot w$

（Ⅱ）$x \cdot y = z \cdot w$

（Ⅲ）$x \cdot y = z^2$

**7. オイラーの多面体定理**

凸多面体の面の数を $f$, 頂点の数を $v$, 辺の数を $e$ とおくと,

$f + v - e = 2$ が成り立つ。

# ◆証明問題，論証問題◆

　センター試験数学 **I・A** は，**60**分の試験だったんだけれど，共通テスト数学 **I・A** では **10** 分長くなって，**70** 分のテストになったんだね。しかも，考える力や思考力を試す問題も出題される可能性も高くなってきているので，ここで，**Appendix**（付録）として，証明問題や論証問題についても解説しておこう。

　本来，共通テストのような短答式（マークシート式）の **1** 次試験では，数学の基礎学力を試す問題が中心であり，**2** 次試験で出題されるような証明問題や論証問題は，共通テストにはあまりなじまない。しかし，共通テストでも，これらの問題の出題頻度が上がってくることが予想されるので，その対策をしておく必要があるんだね。

　まず，初めにやっておくべきことは，各章で利用する公式の証明に気を付けることだね。短答式のテストでは，公式は一般には「使うもの」であるんだけれど，これからは「その証明法」もマスターしておく必要があるんだね。次に"集合と論理"の章で学んだように，命題の「背理法による証明」や「対偶命題による証明」にも習熟しておく必要があるんだね。

　それでは，これから共通テスト数学 **I・A** で出題されると予想される具体的な分野を下に示そう。
・余弦定理 $b^2 = c^2 + a^2 - 2ca\cos B$ の証明
・公式 $\sqrt{A^2} = |A|$ の証明と，これを用いた応用問題
・相加・相乗平均の不等式 $a + b \geqq 2\sqrt{ab}$ の証明と応用問題など

　ここでは，三角比の公式の証明として，余弦定理の証明をやっておこう。正弦定理や三角形の面積の公式，また，図形の性質のチェバ・メネラウスの定理など，様々な公式の証明については，「元気が出る数学 **I・A**」（マセマ）で，すべて確認しておこう。また，公式 $\sqrt{A^2} = |A|$ の証明をして，この公式を使って分数方程式を解く問題もやってみよう。さらに，相加・相乗平均の不等式と，対偶命題を利用する本格的な論証問題などもここで練習しておこう。これで共通テストでも高得点が狙えるようになるはずだ。

242

## ● 余弦定理の証明問題を解いてみよう！

　結構使い慣れている公式でも，いざ証明しようとすると難しく感じるものだね。今回は，三角比（図形と計量）の余弦定理を導入に従って証明してみよう。

| 補充問題 1 | 制限時間 5 分 | 難易度 ★ | CHECK 1 | CHECK 2 | CHECK 3 |
|---|---|---|---|---|---|

三角形 ABC について，BC $= a$，CA $= b$，
AB $= c$ とおき，3 つの頂点 A，B，C の頂
角を順に $\angle$A，$\angle$B，$\angle$C とおく。右図に示
すように，頂点 B を $xy$ 座標平面上の原点
の位置に置き，辺 BC を $x$ 軸の 0 以上の
部分と一致させておく。頂点 A から対辺
BC に下した垂線の足を H とおく。

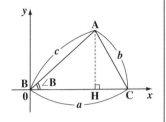

このとき，　ア　〜　ウ　に当てはまるも
のを下の⓪〜⑦の内から 1 つずつ選べ。

AH $= c \cdot$ 　ア　，BH $= c \cdot$ 　イ　 であり，CH $= a - c \cdot$ 　イ　 である。

よって，直角三角形 ACH に三平方の定理を用いると，

$b^2 =$ AH$^2 +$ CH$^2 = c^2 \cdot$ 　ア　$^2 + \left( a - c \cdot \right.$ 　イ　 $\left. \right)^2$ であり，これをまとめると

余弦定理 $b^2 =$ 　ウ　 ……(*) が導ける。

⓪ $\sin\angle$A　　① $\cos\angle$A　　② $\sin\angle$B　　③ $\cos\angle$B

④ $a^2 + b^2 - 2ab\sin\angle$A　　⑤ $a^2 + b^2 + 2ac\cos\angle$B　　⑥ $c^2 + a^2 - 2ca\cos\angle$B

余弦定理 (*) の公式を用いると，$a = 3$，$b = 4$，$c = 2$ のとき，

$\cos\angle$B $= \dfrac{\text{エオ}}{\text{カ}}$ である。

---

ヒント！　余弦定理の公式を導く問題なんだね。導入に従って導けばいい。余弦定理の公
式 (*) を用いれば，3 辺 $a$, $b$, $c$ の値が与えられているので，$\cos\angle$B を計算できるんだね。

### 解答＆解説

右図に示すように，

$\dfrac{\text{AH}}{c} = \sin\angle\text{B}$，　$\dfrac{\text{BH}}{c} = \cos\angle\text{B}$

### ココがポイント

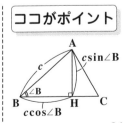

243

よって，

$AH = c \cdot \sin\angle B$ より，$\quad \therefore$ ② ……………………(答)（ア）

$BH = c \cdot \cos\angle B$ より，$\quad \therefore$ ③ ……………………(答)（イ）

$CH = BC - BH$

$\quad = a - c \cdot \cos\angle B$

よって，直角三角形 ACH に三平方の定理を用いて
変形すると，

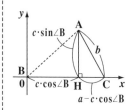

$$b^2 = AH^2 + CH^2$$
$$= (c \cdot \sin\angle B)^2 + (a - c \cdot \cos\angle B)^2$$
$$= c^2 \cdot \sin^2\angle B + a^2 - 2ca\cos\angle B + c^2 \cdot \cos^2\angle B$$
$$= c^2\underbrace{(\sin^2\angle B + \cos^2\angle B)}_{①} + a^2 - 2ca\cos\angle B$$

以上より，余弦定理

$b^2 = c^2 + a^2 - 2ca\cos\angle B$ ……(*) が

導ける。$\quad \therefore$ ⑥ ……………………(答)（ウ）

次に，$a = 3$，$b = 4$，$c = 2$ のとき，これらを (*) に
代入すると，

$$4^2 = 2^2 + 3^2 - 2 \cdot 2 \cdot 3 \cdot \cos\angle B$$
$$12\cos\angle B = 4 + 9 - 16$$
$$12\cos\angle B = -3$$
$$\therefore \cos\angle B = -\frac{3}{12} = \frac{-1}{4} \quad$$ ……………(答)（エオ，カ）

　特に難しくはなかったでしょう？同様に，他の余弦定理：$a^2 = b^2 + c^2 - 2bc\cos\angle A$，$c^2 = a^2 + b^2 - 2ab\cos\angle C$ も導くことができるんだね。

## ● 公式 $\sqrt{A^2}=|A|$ を利用する応用問題にチャレンジしよう!

$\sqrt{A^2}$ について,$A=3$ のとき $\sqrt{3^2}=\sqrt{9}=3$ であり,また,$A=-3$ のときも $\sqrt{(-3)^2}=\sqrt{9}=3$ となる。つまり,$A=\pm3$ のとき $\sqrt{A^2}=3$ となるので,これは $A$ の絶対値 $|A|$ と同じであることが分かるはずだ。今回の問題は,この公式の証明と,これを利用する応用問題になるんだね。

---

| 補充問題 2 | 制限時間8分 | 難易度 ★★ | CHECK*1* | CHECK*2* | CHECK*3* |

**(1)** 次の $\boxed{\text{ア}}$ ~ $\boxed{\text{ウ}}$ に当てはまるものを下の⓪~⑦の内から1つずつ選べ。

$\sqrt{A^2}$ について,

( i ) $A \geqq 0$ のとき,$\sqrt{A^2}=\boxed{\text{ア}}$ であり,

( ii ) $A < 0$ のとき,$\sqrt{A^2}=\boxed{\text{イ}}$ である。

以上 ( i )( ii ) より,$\sqrt{A^2}=\boxed{\text{ウ}}$ である。

  ⓪ $2A$     ① $-2A$     ② $A$     ③ $-A$

  ④ $2|A|$    ⑤ $-2|A|$   ⑥ $|A|$    ⑦ $-|A|$

**(2)** 方程式 $\sqrt{x^2+\dfrac{36}{x^2}-12}=1$ ……① を変形すると,$\left|x-\dfrac{\boxed{\text{エ}}}{x}\right|=1$ より,

①の解は,$x=\pm\boxed{\text{オ}}$ ,または $\pm\boxed{\text{カ}}$ である。

$\left(\text{ただし},\boxed{\text{オ}}<\boxed{\text{カ}}\text{とする。}\right)$

---

ヒント! **(1)** で,$\sqrt{A^2}$ についての公式を導き,**(2)** では,この公式を利用して,①の方程式を解くんだね。**(2)** では,場合分けが必要となるけれど,テンポよく解いていこう!

## 解答&解説

**(1)** $\sqrt{A^2}$ について,

( i ) $A \geqq 0$ のとき,$\sqrt{A^2}=\underset{\underset{\text{0以上}}{\uparrow}}{A}$ となる。∴②…(答)(ア)

( ii ) $A < 0$ のとき,$\sqrt{A^2}=\underset{\underset{\oplus}{\uparrow}}{-A}$ となる。∴③…(答)(イ)

以上 ( i )( ii ) より,$\sqrt{A^2}=|A|$  ∴⑥………(答)(ウ)

## ココがポイント

⇐ ( i )( ii ) より,

$$\sqrt{A^2}=\begin{cases}A & (A\geqq0)\\-A & (A<0)\end{cases}$$

よって,これは,

$$|A|=\begin{cases}A & (A\geqq0)\\-A & (A<0)\end{cases}$$

と同じなんだね。

**(2)** $(①の左辺) = \sqrt{x^2 + \dfrac{36}{x^2} - 12} = \sqrt{x^2 - 2 \cdot x \cdot \dfrac{6}{x} + \left(\dfrac{6}{x}\right)^2}$

$\qquad\qquad = \sqrt{\left(x - \dfrac{6}{x}\right)^2} = \left|x - \dfrac{6}{x}\right|$ （(1)の結果より）

⇦ $x^2 + \dfrac{36}{x^2} - 12$

$= x^2 - 2 \cdot x \cdot \dfrac{6}{x} + \left(\dfrac{6}{x}\right)^2$

$= \left(x - \dfrac{6}{x}\right)^2$

となる。

∴ ①を変形すると，

$\left|x - \dfrac{6}{x}\right| = 1$ ……①′ となる。 …………………(答)(エ)

よって，

(i) $x \geqq \dfrac{6}{x}$ のとき，$\left|x - \dfrac{6}{x}\right| = x - \dfrac{6}{x}$ より，①′は，

$\qquad x - \dfrac{6}{x} = 1 \qquad x^2 - 6 = x$

$\qquad x^2 - x - 6 = 0 \qquad (x+2)(x-3) = 0$

$\qquad \therefore x = -2,\ 3$ となる。

$\qquad \left(\text{これらは，} x \geqq \dfrac{6}{x} \text{をみたす。}\right)$

⇦ $x \geqq \dfrac{6}{x}$ をみたすことの
確認をすると，
・$x = -2$ のとき，
$-2 \geqq -\dfrac{6}{2}$ となってOK!
・$x = 3$ のとき，
$3 \geqq \dfrac{6}{3}$ となってOK!

(ii) $x < \dfrac{6}{x}$ のとき，$\left|x - \dfrac{6}{x}\right| = -\left(x - \dfrac{6}{x}\right)$ より，

$\qquad$①′は，

$\qquad -x + \dfrac{6}{x} = 1 \qquad -x^2 + 6 = x$

$\qquad x^2 + x - 6 = 0 \qquad (x-2)(x+3) = 0$

$\qquad \therefore x = 2,\ -3$ となる。

$\qquad \left(\text{これらは，} x < \dfrac{6}{x} \text{をみたす。}\right)$

⇦ $x < \dfrac{6}{x}$ をみたすことの
チェックをすると，
・$x = 2$ のとき，
$2 < \dfrac{6}{2}$ となってOK!
・$x = -3$ のとき，
$-3 < -\dfrac{6}{3}$ となってOK!

以上 (i)(ii) より，①′，すなわち①の方程式
の解は，

$\qquad \therefore x = \pm 2,\ \pm 3$ である。 …………(答)(オ, カ)

　どうだった？論証系の問題も解けると，結構面白くなってくると思う。
楽しみながら実力を付けていくことが一番なんだね。

　では，もう一題。今度は，背理法を利用する論証問題を解いてみよう。

## ● 相加・相乗平均の式と背理法を用いる論証問題も解いてみよう!

では次，相加・相乗平均の不等式と背理法の融合問題にもチャレンジしてみよう。

---

| 補充問題 3 | 制限時間8分 | 難易度 ★★ | CHECK1 | CHECK2 | CHECK3 |
|---|---|---|---|---|---|

**(1)** 正の数 $a, b$ について，次の ア ～ ウ に当てはまるものを下の
⓪～⑧の内から 1 つずつ選べ。

$\left(\sqrt{a}-\sqrt{b}\right)^2$ ア $0$ により，$a+b$ ア イ となる。

ただし，等号成立条件は ウ である。

⓪ $>$          ① $\geqq$          ② $<$

③ $\sqrt{ab}$      ④ $-\sqrt{ab}$      ⑤ $2\sqrt{ab}$

⑥ $a+b=0$    ⑦ $a=b$      ⑧ $a+2b=0$

**(2)** 2 つの正の数 $a, b$ を用いて，$X, Y$ は，

$X=2a+\dfrac{5}{b}$，$Y=\dfrac{2}{a}+5b$ と表される。このとき，

命題「$X$ と $Y$ の内，少なくとも 1 つは 7 以上である。」……(*) が真
であることを背理法により証明してみよう。次の エ に当てはまる
ものを下の⓪～②の内から 1 つ選べ。

(*) の否定は「 エ 」……(*)′ となる。

⓪ $X$ または $Y$ は，7 より小である。    ① $X$ と $Y$ は共に 7 より小である。
② $X$ と $Y$ の内，少なくとも 1 つは 7 より小である。

「 エ 」……(*)′ が成り立つと仮定すると，

$X+Y<$ オカ ……(*)″ となる。ところが，(1) の結果より，

$2a+\dfrac{2}{a}\geqq$ キ （等号成立条件：$a=$ ク ）であり，

$\dfrac{5}{b}+5b\geqq$ ケコ （等号成立条件：$b=$ サ ）である。

よって，$X+Y\geqq$ オカ となって，(*)″ と矛盾する。

ゆえに，背理法により，(*) は真である。

(1)で，相加・相乗平均の不等式を導き，(2)では，この公式と背理法を利用して，与えられた命題「$X$と$Y$の内，少なくとも1つは7以上である。」……(\*)が真であることを証明する問題なんだね。導入に従って解いていけば，それ程難しくはないので，大きな証明の流れを読み取りながら解答していけばいいんだね。

## 解答&解説

**ココがポイント**

(1) 正の数 $a$, $b$ について，

$(\sqrt{a}-\sqrt{b})^2 \geqq 0$ より，$\therefore$ ①$\cdots\cdots\cdots\cdots\cdots$(答)(ア)

$a-2\sqrt{ab}+b \geqq 0$

$\therefore a+b \geqq 2\sqrt{ab}$　$\therefore$ ⑤$\cdots\cdots\cdots\cdots\cdots$(答)(イ)

となる。

ここで，等号成立条件は，$\sqrt{a}=\sqrt{b}$

すなわち，$a=b$ である。　$\therefore$ ⑦$\cdots\cdots\cdots$(答)(ウ)

⇦ (実数の式)$^2 \geqq 0$
となる。

⇦ 本当の相加・相乗平均
の不等式は，
$\dfrac{a+b}{2} \geqq \sqrt{ab}$ だね。
$\underbrace{\dfrac{a+b}{2}}_{\boxed{相加\\平均}} \geqq \underbrace{\sqrt{ab}}_{\boxed{相乗\\平均}}$

(2) 正の数 $a$, $b$ により，$X$ と $Y$ を

$X=2a+\dfrac{5}{b}$, $Y=\dfrac{2}{a}+5b$ で表す。ここで，

命題「$X$ と $Y$ の内，少なくとも 1 つは 7 以上である。」……(\*)が真であることを背理法により示す。

(\*)の否定は，

「$X$ と $Y$ は共に 7 より小である。」……(\*)′

となる。　$\therefore$ ①$\cdots\cdots\cdots\cdots\cdots\cdots\cdots$(答)(エ)

ここで，(\*)′ が真であると仮定すると，

$X=2a+\dfrac{5}{b}<7$, かつ

$Y=\dfrac{2}{a}+5b<7$ となる。

よって，これらの辺々をたし合わせると，

⇦ 元の命題(\*)の否定
(\*)′ が真であると仮定
して，矛盾を導くこと
により，(\*)が真であ
ることを示す。
これが，背理法による
証明法なんだね。

$$X + Y = \underline{2a + \frac{2}{a}} + \underline{\frac{5}{b} + 5b} < 14 \quad \cdots\cdots (*)''$$

となる。$\cdots\cdots\cdots\cdots\cdots\cdots\cdots\cdots\cdots\cdots$(答)(オカ)

ところが，**(1)** で導いた相加・乗平均の不等式
を用いると，

$$\underline{2a + \frac{2}{a}} \geqq 2\sqrt{2a \times \frac{2}{a}} = 2\sqrt{4} = 4 \quad \cdots\cdots\cdots(答)(キ)$$

(等号成立条件：$a = 1$) $\cdots\cdots\cdots\cdots\cdots\cdots$(答)(ク)

⇦ 等号成立条件：
$2a = \frac{2}{a}$ より，
$a^2 = 1$ ∴ $a = 1$
$(\because a > 0)$

$$\underline{\frac{5}{b} + 5b} \geqq 2\sqrt{\frac{5}{b} \times 5b} = 2\sqrt{25} = 10 \quad \cdots\cdots(答)(ケコ)$$

(等号成立条件：$b = 1$) $\cdots\cdots\cdots\cdots\cdots\cdots$(答)(サ)

となる。

よって，

⇦ 等号成立条件：
$\frac{5}{b} = 5b$ より，
$b^2 = 1$ ∴ $b = 1$
$(\because b > 0)$

$$X + Y = \underset{\boxed{4以上}}{\underbrace{2a + \frac{2}{a}}} + \underset{\boxed{10以上}}{\underbrace{\frac{5}{b} + 5b}} \geqq 4 + 10 = 14$$

すなわち，$X + Y \geqq 14$ となって，$X + Y < 14 \cdots (*)''$
と矛盾する。

よって，背理法により，$(*)$の命題は真である。

どう？これで証明問題や論証問題にも少しは自信が付いたでしょう？
では，もう **1** 題，論証問題を解いてみよう。次の問題は，整数解をもつ **2**
次方程式の係数に関する証明問題で，ここでも，背理法を利用することに
なるんだね。論証問題も複数解くことにより，慣れていくと思う。頑張ろう！

## ● 2 次方程式の論証問題も解いてみよう!

2 次方程式の整数解についての論証問題も解いてみよう。

| 補充問題 4 | 制限時間 7 分 | 難易度 ★★ | CHECK *1* | CHECK *2* | CHECK *3* |
|---|---|---|---|---|---|

**(1)** 次の各 2 次方程式を解いて, 解を小さい順に示すと,

(ⅰ) $x^2 + 12x + 32 = 0$ の解は, $x = \boxed{アイ}$, $\boxed{ウエ}$ であり,

(ⅱ) $x^2 - 4x - 21 = 0$ の解は, $x = \boxed{オカ}$, $\boxed{キ}$ であり,

(ⅲ) $x^2 + 7x - 18 = 0$ の解は, $x = \boxed{クケ}$, $\boxed{コ}$ である。

**(2)** (1) の結果から, $x^2 + ax + b = 0$ ……※ ($a, b$：整数) の形の 2 次方程式が整数解をもつ場合, $a$ または $b$ は偶数であることが推定できる。
これから, 次の命題:

「$a, b$ が共に奇数ならば, ※の 2 次方程式は整数解をもたない。」…(\*\*)

が成り立つことを背理法により, 次のように証明してみよう。

次の $\boxed{サ}$ ～ $\boxed{ソ}$ に当てはまるものを下の ⓪～⑦ の内から 1 つ選べ。ただし, 同じものを選んでもかまわない。

※を変形して, $x(x+a) + b = 0$……※´ とおく。

$a$ と $b$ が共に奇数のとき※´, すなわち※の 2 次方程式が整数解をもつものと仮定すると, $x$ は整数とおける。よって,

(ⅰ) $x$ が奇数のとき $x(x+a)$ は $\boxed{サ}$ であり, $x(x+a) + b$ は $\boxed{シ}$ である。

(ⅱ) $x$ が偶数のとき $x(x+a)$ は $\boxed{ス}$ であり, $x(x+a) + b$ は $\boxed{セ}$ である。

以上 (ⅰ)(ⅱ) より, $x(x+a) + b$ $\boxed{ソ}$ となって, ※´, すなわち※と矛盾する。ゆえに, 背理法により命題 (\*\*) は成り立つ。

| ⓪ 偶数 | ① 奇数 | ② 2 以上の数 | ③ −2 より小さい数 |
|---|---|---|---|
| ④ $\neq 0$ | ⑤ $> 0$ | ⑥ $\geqq 2$ | ⑦ $< -2$ |

**ヒント!** (1)は, $x^2 + ax + b = 0$ の形の 2 次方程式より, たして $a$, かけて $b$ となる 2 つの整数を見つけて解いていけばよい。(2)は論証問題だね。※の左辺の式の値が奇数か偶数かを考えながら, 穴を埋めていけばいいんだね。

<table>
<tr><td>

**解答&解説**

**(1)** (i) $x^2+12x+32=0$ より，$(x+4)(x+8)=0$

　　　$\therefore x=-8,\ -4$ ……………(答)(アイ), (ウエ)

　(ii) $x^2-4x-21=0$ より，$(x+3)(x-7)=0$

　　　$\therefore x=-3,\ 7$ ………………(答)(オカ), (キ)

　(iii) $x^2+7x-18=0$ より，$(x-2)(x+9)=0$

　　　$\therefore x=-9,\ 2$ ………………(答)(クケ, コ)

**(2)** $x^2+ax+b=0$ …⊛ $(a,b:$整数) について命題:

　「$a,\ b$ が共に奇数ならば，⊛ は整数解をもたな

　　い。」……(∗∗)を背理法により証明する。

　$a,\ b$ が共に奇数のとき，⊛ は整数解をもつ，

　すなわち $x=($整数$)$ と仮定する。ここで⊛を

　変形して

　$x(x+a)+b=0$ ……⊛′ とおく。

　(i) $x$ が奇数のとき，

　　　・$\underset{奇}{x}\cdot\underset{奇}{(x+\underset{奇}{a})}=($奇数$)\times($偶数$)=($偶数$)$

　　　・$\underset{偶}{x(x+a)}+\underset{奇}{b}=($偶数$)+($奇数$)=($奇数$)$

　　　$\therefore x(x+a)$ は偶数で $x(x+a)+b$ は奇数より，

　　　⓪…………(答)(サ), ①……………(答)(シ)

　(ii) $x$ が偶数のとき，

　　　・$\underset{偶}{x}\cdot\underset{奇}{(x+\underset{偶}{a})}=($偶数$)\times($奇数$)=($偶数$)$

　　　・$\underset{偶}{x(x+a)}+\underset{奇}{b}=($偶数$)+($奇数$)=($奇数$)$

　　　$\therefore x(x+a)$ は偶数で $x(x+a)+b$ は奇数より，

　　　⓪……………(答)(ス), ①……………(答)(セ)

以上 (i)(ii) より，$x$ が奇数，偶数のいずれにお

いても，⊛′，すなわち⊛の左辺は奇数となる

ので $0($偶数$)$ にはなり得ない。すなわち，

$x^2+ax+b\neq0$ 　$\therefore$④ ………………(答)(ソ)

よって，⊛ と矛盾するので，命題(∗∗)は成り立つ。

</td><td>

**ココがポイント**

⇦ $x^2+\underset{\boxed{たして}}{(4+8)}x+\underset{\boxed{かけて}}{4\times8}=0$

⇦ $x^2+\underset{\boxed{たして}}{(-7+3)}x+\underset{\boxed{かけて}}{(-7)\times3}=0$

⇦ $x^2+\underset{\boxed{たして}}{(-2+9)}x+\underset{\boxed{かけて}}{(-2)\times9}=0$

⇦「$x^2+ax+b=0$……⊛
　$(a,\ b:$整数$)$ が整数
　解をもつとき，$a$ また
　は $b$ は偶数である。」
　の対偶だね。

⇦ $x=($整数$)$ のとき，
　(i)$x=($奇数$)$, または
　(ii)$x=($偶数$)$ だね。

⇦ $\underset{奇}{x}\cdot\underset{奇}{(x+\underset{奇}{a})}=($奇数$)\times($偶数$)$
　　$=($偶数$)$ より，

　　$\underset{偶}{x(x+a)}+\underset{奇}{b}=($奇数$)$

⇦ $\underset{偶}{x}\cdot\underset{奇}{(x+\underset{偶}{a})}=($偶数$)\times($奇数$)$
　　$=($偶数$)$ より，

　　$\underset{偶}{x(x+a)}+\underset{奇}{b}=($奇数$)$

</td></tr>
</table>

251

## ● 無理数の証明問題にもチャレンジしよう！

$2^{\frac{1}{3}}\left(=\sqrt[3]{2}\right)$ が無理数であることを示す論証問題も，ここで練習しておこう。

| 補充問題 5 | 制限時間7分 | 難易度 ★★ | CHECK 1 | CHECK 2 | CHECK 3 |

$2^{\frac{1}{3}}$ が無理数であることを次の手順に従って証明してみよう。

**(1)** 次の ア ～ エ に当てはまるものを，下の⓪～⑥の内から1つ選べ。

自然数 $m$ について，

命題：「$m$ が奇数であるならば，$m^3$ は ア である。」…………（＊1）

は，明らかに成り立つので，その イ 命題すなわち

イ 命題：「$m^3$ が ウ であるならば，$m$ は エ である。」…（＊1）′

も成り立つ。

| ⓪奇数 | ①偶数 | ②3以上の数 | ③−1以下の数 |
|---|---|---|---|
| ④逆 | ⑤裏 | ⑥対偶 | |

**(2)** 次の オ ～ サ に当てはまるものを，下の⓪～⑨の内から1つ選べ。

命題：「$2^{\frac{1}{3}}$ は無理数である。」……（＊2）が成り立つことを オ により示す。ここで $2^{\frac{1}{3}}$ を カ であると仮定すると，

$2^{\frac{1}{3}} = \dfrac{n}{m}$ ……①$\left(m,\ n\ は\ \boxed{キ}\ な自然数，すなわち\ \dfrac{n}{m}\ は既約分数\right)$

となる。①を変形して $2 \cdot m^{\boxed{ク}} = n^{\boxed{ク}}$ ……② となる。②の左辺は 2 の倍数より，右辺の $n^{\boxed{ク}}$ は コ の倍数である。よって（＊1）′より $n$ は コ の倍数となるので $n = \boxed{コ} \cdot k$ ……③ （$k$：自然数）とおける。③を②に代入すると $m^{\boxed{ク}} = 2 \times \boxed{サ}$ となり，$m^{\boxed{ク}}$ は 2 の倍数より（＊1）′から $m$ も コ の倍数である。

以上より $m$ と $n$ は共に コ の倍数となるので，これは $m$ と $n$ が キ の条件に反する。よって，矛盾である。

以上，背理法により，（＊2）の命題が成り立つことが証明できた。

| ⓪背理法 | ①数学的帰納法 | ②有理数 | ③無理数 |
|---|---|---|---|
| ④2 | ⑤3 | ⑥$2k^3$ | ⑦$3k^2$ |
| ⑧互いに素 | ⑨互いに合同 | | |

## 解答＆解説

**(1)** 命題：「$m$ が奇数であるならば，$m^3$ は奇数である。……($*1$) は明らかに真なのでその対偶命題：「$m^3$ が偶数ならば $m$ は偶数である」…($*1$)′ も成り立つ。 ∴ ⓪，⑥，①，① …(答)(ア，イ，ウ，エ)

元の命題が真ならば，その対偶も真になる。

**(2)** 命題：「$2^{\frac{1}{3}}$ は無理数である。」……($*2$) が成り立つことを背理法により示す。∴⓪……(答)(オ)

ここで，「$2^{\frac{1}{3}}$ は有理数である。」と仮定する。
$$\therefore ②\cdots\cdots(答)(カ)$$

すると，$2^{\frac{1}{3}} = \dfrac{n}{m}$ …① ($m$ と $n$ は互いに素な自

$m$ と $n$ の公約数は $1$ のみ。

然数) とおける。 ∴⑧………………(答)(キ)

①を変形して，$2m^3 = n^3$…② ∴⑤，⑤…(答)(ク，ケ)

②の左辺は $2$ の倍数より，右辺の $n^3$ も $2$ の倍数である。($*1$)′ より，$n^3$ が $2$ の倍数ならば $n$ も $2$ の倍数である。∴ $n = 2k$ ……③ ($k$：自然数) とおける。 ∴④ …………………………(答)(コ)

③を②に代入すると，$2m^3 = (2k)^3$ より，
$m^3 = 2 \times 2k^3$……④　∴⑥ ……………(答)(サ)

④の右辺は $2$ の倍数より，左辺の $m^3$ も $2$ の倍数である。そして ($*1$)′ より $m^3$ が $2$ の倍数ならば $m$ も $2$ の倍数である。以上より，$n$ と $m$ は共に $2$ の倍数となって $m$ と $n$ が互いに素の条件に反する。よって，矛盾である。

以上，背理法により，命題：「$2^{\frac{1}{3}}$ は無理数である。」は成り立つ。 …………………(終)

## ココがポイント

⇦ (奇数)³ ＝ (奇数)

⇦「$p \to q$」($p$ ならば $q$) の対偶は「$\overline{q} \to \overline{p}$」($q$ でないならば $p$ でない) だね。

⇦ 有理数とは，分数または整数のこと。

⇦①より，$2 = \left(\dfrac{n}{m}\right)^3$，$2 = \dfrac{n^3}{m^3}$
$2m^3 = n^3$

⇦「$m^3$ が偶数→ $m$ が偶数」とは，「$m^3$ が $2$ の倍数→ $m$ が $2$ の倍数」と同じことだね。

⇦ $2m^3 = 2^{k2} \cdot k^3$
$m^3 = 2 \cdot 2k^3$

## ● 頻出典型の整数問題も解いてみよう!

今回は $A \cdot B = n$ 型の頻出典型の整数問題も解いてみよう!

| 補充問題 6 | 制限時間 5 分 | 難易度 ★★ | CHECK 1 | CHECK 2 | CHECK 3 |

$\dfrac{x^2 - y^2 - 1}{x - y} = 4$ ……① をみたす正の整数 $x$, $y$ の組を次のように求める。

①より $x \neq y$ である。①を変形して,

$\left( x - \boxed{\text{ア}} \right)^2 = \left( y - \boxed{\text{イ}} \right)^2 + \boxed{\text{ウ}}$

$\left( x + y - \boxed{\text{エ}} \right)(x - y) = \boxed{\text{オ}}$ ……② となる。よって,

(i) $\begin{cases} x + y = \boxed{\text{カ}} \\ x - y = \boxed{\text{キ}} \end{cases}$ より, これを解いて $x = \boxed{\text{ク}}$, $y = \boxed{\text{ケ}}$ である。

  (これは $x \neq y$ をみたす。)

(ii) $\begin{cases} x + y = \boxed{\text{コ}} \\ x - y = \boxed{\text{サシ}} \end{cases}$ より, これを解いて $x = \boxed{\text{ス}}$, $y = \boxed{\text{セ}}$ である。

  (これは $x \neq y$ をみたす。)

**ヒント!** ①を変形して, $A \cdot B = n$ ($A$, $B$ : 整数の式, $n$ : 整数) の形にもち込むことがポイントだ。②がこの $A \cdot B = n$ の形の式なんだね。

### 解答&解説

$\dfrac{x^2 - y^2 - 1}{x - y} = 4$ ……① ($x \neq y$) をみたす正の整数 $x$,
$y$ の値の組をすべて求める。

①を変形して,

$x^2 - y^2 - 1 = 4x - 4y$

$x^2 - 4x = y^2 - 4y + 1$

$(x^2 - 4x + \underline{4}) = (y^2 - 4y + \underline{4}) + 1$

$(x - 2)^2 = (y - 2)^2 + 1$ ………………(答)(ア, イ, ウ)

$(x - 2)^2 - (y - 2)^2 = 1$

$(x - 2 + y - 2) \cdot \{x - 2 - (y - 2)\} = 1$ より,

### ココがポイント

⇦(分母)$= x - y \neq 0$ より,
  $x \neq y$ となる。

⇦左・右両辺に $\underline{4}$ をたして,
  $x$ と $y$ の平方完成の式を作る。

$\alpha^2 - \beta^2 = (\alpha + \beta)(\alpha - \beta)$

⇦左辺に公式:
  $\alpha^2 - \beta^2 = (\alpha + \beta)(\alpha - \beta)$
  を用いて, $A \cdot B = n$ の
  形の式を作る。

$(x+y-4)(x-y)=1$ ……② となる。…(答)(エ,オ)

**[　$A$　・　$B$　$=1$　]**

ここで，$x$，$y$ は共に正の整数より，$x+y-4$ と $x$ $-y$ も整数となる。よって，②の方程式から，次の **2** 組の連立方程式が導かれる。

$(\text{i})x+y-4=1$ かつ $x-y=1$

または，

$(\text{ii})x+y-4=-1$ かつ $x-y=-1$

よって，

$(\text{i})\begin{cases}x+y=5 &……③\\ x-y=1 &……④\end{cases}$ から，………………(答)(カ, キ)

　　　③+④より，$2x=6$　∴ $x=3$　………(答)(ク)

　　　③-④より，$2y=4$　∴ $y=2$　………(答)(ケ)

　　（これは $x \neq y$ をみたす。）

$(\text{ii})\begin{cases}x+y=3 &………⑤\\ x-y=-1 &……⑥\end{cases}$ から，…………(答)(コ, サシ)

　　　⑤+⑥より，$2x=2$　∴ $x=1$　………(答)(ス)

　　　⑤-⑥より，$2y=4$　∴ $y=2$　………(答)(セ)

　　（これは $x \neq y$ をみたす。）

⇦$A \cdot B=1$（$A \cdot B$：整数の式）
　より，**2** つの場合
　$(\text{i})A=1$ かつ $B=1$
　または，
　$(\text{ii})A=-1$ かつ $B=-1$
　のみが考えられるんだね。

⇦$A=1$ かつ $B=1$

⇦$A=-1$ かつ $B=-1$

　今回は，典型的な $A \cdot B=n$ 型の整数問題だったけれど，今後共通テストでも，この程度の整数問題は出題される可能性があるので，よく練習しておこう。

# ◆*Term・Index*◆

# 2025 年度版　快速！解答
# 共通テスト数学 I・A

MATHEMA

マセマ

著　者　馬場 敬之
発行者　馬場 敬之
発行所　マセマ出版社
〒 332-0023 埼玉県川口市飯塚 3-7-21-502
TEL 048-253-1734　FAX 048-253-1729
Email：info@mathema.jp
https://www.mathema.jp

| | | |
|---|---|---|
| 編　集 | 清代 芳生 | 令和 2 年 6 月 11 日　初版発行 |
| 校閲・校正 | 高杉 豊　馬場 貴史　秋野 麻里子 | 令和 3 年 6 月 16 日　改訂 1 4 刷 |
| 制作協力 | 久池井 茂　久池井 努　印藤 治 | 令和 4 年 6 月 17 日　改訂 2 4 刷 |
| | 滝本 隆　野村 烈　栄 瑠璃子 | 令和 5 年 6 月 14 日　2024 年度版 4 刷 |
| | 真下 久志　石神 和幸　松本 康平 | 令和 6 年 5 月 21 日　2025 年度版 初版発行 |
| | 奥村 康平　木津 祐太郎 | |
| | 間宮 栄二　町田 朱美 | |
| カバー作品 | 馬場 冬之 | |
| 本文イラスト | 児玉 則子 | |
| ロゴデザイン | 馬場 利貞 | |
| 印刷所 | 中央精版印刷株式会社 | |

ISBN978-4-86615-336-0 C7041